실무자를 위한

수처리
약품 기술

실무자를 위한

수처리 약품 기술

후지타겐지(藤田賢二) 저

김상배, 김일복, 김채석, 김창수,
박종문, 이준영, 장춘만 공역

씨아이알

인사말

먼저 책을 추천하고 번역에서부터 교정까지 성의를 다하신 김상배 위원, 책 발간을 기획하고 진행하면서 번역까지 아낌없는 집필을 하신 박종문 위원, 바쁘신 와중에도 직접 번역에 참여하여 주신 김채석 위원, 이준영 위원, 김창수 위원, 장춘만 위원과 번역서를 정리 및 작업한 김은선 님에게도 진심을 담아 감사드립니다.

우리 협회에서 전문성이 뛰어난 집필진이 본 저서의 번역과 집필에 총동원되어 약 6개월 동안 각 전문 분야를 나누어서 직접 해석하고, 용어 정의 및 상호 연관된 의미 분석으로 한 단어, 한 단어 정리하였습니다. 특히, 환경부로부터 2011년 8월 18일자로 허가를 받은 이후, 처음으로 책을 발간하면서 진정한 기술협회로서 전문성을 보여주게 되어 매우 다행스럽게 생각합니다.

이 책을 위해 집필진 모두가 본래 업무가 있지만 틈틈이 시간을 내어 열심히 작업을 하였으며 공휴일에도 모두 모여 늦게까지 토론하고, 마친 후 막걸리 한잔에 웃음으로 서로의 수고에 칭찬을 아끼지 않았습니다. 작업 과정은 힘들었지만 행복하게 이 책 내용을 정리하던 일이 새롭게 다가옵니다. 집필진 모두는 이 책을 보며 도움이 될 모든 독자의 행복한 모습이 기대됩니다. 우리나라에서 최초로 번역되는 수처리 약품의 기본과 주입기술서에 대한 자부심, 그리고 자신감으로 매우 즐겁고 설레는 마음으로 이 책을 발간합니다.

독자 여러분, 이 책에는 위에 언급된 집필진들의 행복하고 즐거운 마음을 표현한 곳이 한 줄도 없지만, 이 책을 보는 순간 모든 문제는 해결되고 우리와 같이 행복해지리라 믿습니다.

그동안 수고하신 모든 분에게 감사드리며, 특히 책을 발간하는 데 물심양면으로 후원해주신 금호환경(주) 김인숙 대표님, (주)동방수기 김태호 대표님, (주)두합크린텍 김진석 대표님, (주)이지스 명달호 대표님, (주)해인기술 김창수 대표님 및 (주)유천엔바이로 문찬용 대표님께 진심으로 감사드리며 마지막으로 도서출판 씨아이알 담당자 분들께도 감사드립니다.

2015년 4월

(사)한국생활폐기물기술협회

회장 김일복

저자 서문

물을 깨끗이 하려고 약품을 사용하는 시도는 오래되었으며, 기원전 이미 중국에서는 스프를 맑게 하는 수단으로 백반을 사용했다고 한다.

실제 수처리에 약품이 공업규모로 사용되었던 것은 1884년에 Hyatt가 급속 사여과장치를 발명하고 그 여과보조제로 황산철을 사용했던 것이 효시로, 탁수의 침전처리에 응집제가 사용되었던 것은 그 후의 일이다.

20세기에 들어와 응집침전의 조합에 따른 급속여과 시스템이 세계적으로 사용되기 시작했다. 급속여과에 따른 수질은 아직 의문시되고 있던 시대에 이 방법이 보급되는 것은 첫째로, 1910년에 시작한 염소에 의한 살균 프로세스의 도입에 관여한 바가 크다. 여과지로부터 세균이 누출해도 염소로 살균되기 때문이다.

한편, 응집처리로 침전지의 체류시간을 크게 단축시켰다. 응집침전처리의 성공으로 고속응집 침전지, 경사판 침전지, 경사관 침전지 등 체류시간이 짧은 침전지의 개발과 융성은 양질의 응집제와 그의 정확한 주입방법의 개발을 재촉했다.

이와 같이 맑은 물을 만드는 데 약품 사용은 응집침전과 급속여과라고 말하며, 20세기에 있어서 정수의 2대 프로세스와 불가분한 관계에 있고, 상호에 영향을 주어 다른 발달을 촉진시켜 현재에 이르고 있다.

광공업의 발달에 따라 증대하는 다양한 종류의 폐액을 처리하기 위해서도 약품이 사용되었다. 응집이나 살균을 위해서 뿐만 아니라, 중화, pH 조정, 산화, 환원이라는 용도나, 이온 교환수지의 재생제, 영양분이 부족한 폐수를 생물처리하는 경우의 영양제 등 수처리 분야의 여러 분야에서 약품이 사용되고 있다.

20세기 후반에는 수년간 사용되었던 살균제의 염소가 인체에 유해한 부산물을 만든다는 것 때문에 세기 초두에 시도되었던 오존, 이산화염소, 클로라민, 자외선 등이 염소 대체 소독법으로 재등장했다.

21세기에 들어서 막분리에 의해 정수처리가 일반화되기 시작했다. 응집침전여과로부터 막분리로의 변화는 약품사용 형태에서 변화를 가져오지만 수처리의 약품이 불필요해진 것은 아니다. 폐쇄막 세정에 지금까지보다 더 다양한 약제가 사용되었다.

약품주입기술은 공학의 넓은 범위에 걸쳐져 있다. 화학의 기초지식부터 기계, 전기, 계장의 엔지니어링, 더불어, 배관공사에 이르는 말단 기술까지를 포함한다. 어느 분야에서나 필요한 지식은 고급 지식 같은 것이 아니다. 어떻게 많은 자료를 수집하고, 그것을 어떻게 유효하게 사용해 통합하는가라는 것에 그 기술이 있다.

이러한 관점으로부터 이 책은 약품주입에 관한 자료를 가능한 한 많이 수집하고 저자의 경험을 더하여, 장(章)을 따라, 대국(大局)부터 개별적인 것까지 정리하여 기술했다. 즉, 제2장에서는 약품의 단락으로 수처리 기술을 총괄하고, 처리방식과 사용약품을 선정하는 것에 대해 제3장에서는 약품주입설비의 시방을 만드는 것에 대해, 제4장에서는 약품주입설비를 구체적으로 설계하는 것에 대해, 제5장에서는 플랜트(공장 설비)에 사용하는 기기나 계기를 선정하는 것에 대해, 기술정보를 제공한다. 현장 기술자가 실무에 활용할 수 있는 핸드북으로의 목적이 있다. 이 책이 여러분들에게 도움이 되었으면 한다.

본 서의 집필을 위해 副士電機(株)의 和田勝義 씨, 高校和孝 씨, 東京計装(株) 田中淳 씨, 荏原工業洗浄(株)의 尾崎智 씨, JFE엔지니어링(株) 池田正之 씨, 일본 다이어밸브(주)의 落合勳 씨, (주)이와키 皆川正利 씨, 前澤工業(주)에 向井藤利 씨로부터 자료를 제공받았다. 이에 감사함을 전한다.

2003년 9월

후지타겐지(藤田賢二)

역자 서문

인구의 도시 집중과 고도로 발달한 산업으로 깨끗한 자연환경이 점차 오염되어 우리들이 살고 있는 생태계에 매우 큰 문제가 되고 있습니다. 이 때문에 깨끗하고 아름다운 환경을 보전하려고 많은 노력을 기울이고 있습니다.

지구 상 모든 동식물이 생명을 유지하기 위한 깨끗한 물의 확보는 필수 불가결의 상황에 직면하고 있으며, 수질오염 환경이 점점 증가함에 따라 이를 해결하고자 하는 수처리 기술도 점차 발전하고 있는 상태입니다.

수처리의 목적은 오염된 물 중에서 오탁물질 및 유해물질을 물리적 또는 화학적 처리 방법으로 최대한 많이 제거하는 것으로, 수처리 약품의 사용은 필수적이 되고 있습니다. 이러한 수처리 약품을 취급하는 기술은 물리 화학의 기초지식은 물론 토목, 건축, 기계, 전기, 계측제어의 엔지니어링 분야뿐만 아니라 약품을 효율적이고 안전하게 공정에 주입하기 위한 기술과 약품 주입 배관공사에 이르기까지 다방면의 기술 집약이 요구되고 있습니다.

이에 역자들은 약품 운용, 약품 주입 장치 설계 및 시공 등에 실무자들의 어려움을 고려, 수처리 약품에 대한 책을 번역하게 되었습니다. 실제, 수처리 시설 분야에 종사하는 지방자치단체의 발주자나 운영관리자, 한국환경공단, 한국수자원공사, 한국토지주택공사 등 공공기관의 관계자, 엔지니어링 회사의 설계 및 건설사업관리 기술자, 약품설비 제작자 및 운영위탁업체의 운영관리요원 들에게 많은 도움이 되기를 바랍니다.

다만, 번역할 때는 수처리 약품의 기능과 약품 주입설비 및 부속설비의 기본시방, 설계에 대한 기술적인 내용으로 가능한 한 원서에 충실하였습니다. 이 때문에 우리나라 관계 법률에서는 다소 상이한 내용이 될 수 있으므로 이에 대해서는 대한민국 법률에 따라 확인하여 주시고 기술의 발전을 감안하여 참고하시기 바랍니다.

본 책을 출판할 수 있게 지원해준 도서출판 씨아이알 관계자 여러분께 감사드리며, 사단법인 한국생활폐기물기술협회와 한국유체기계학회 관계자 여러분께도 감사드립니다.

2015년 4월

역자 일동

차 례

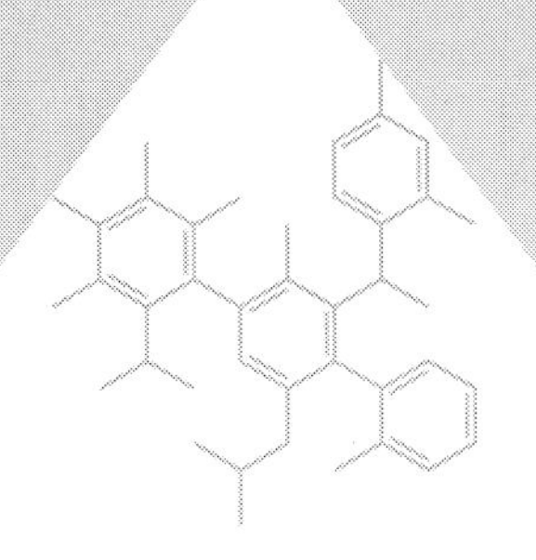

제1장
약품 종류와 법률

수처리에는 여러 종류의 다양한 약품을 사용하고 있다. 또한 똑같은 목적에 대해서도 수처리의 분야마다 조금씩 다른 약품을 사용하고 있다. 어느 분야에서는 쉽게 접할 수 있는 약품도, 다른 분야에서는 보기 드문 약품인 경우가 있다. 본 장에서는 수처리 약품의 종류, 성상, 용도의 개요를 표의 형태로 제공한다. 전문분야 외의 약품에 대해서도 참고하기 바란다.
화학약품의 사용에 관해서는 인간의 건강이나 환경의 보호, 노동환경보전의 입장에서 여러 가지 법률로 규제되어 있다. 본 장에서 그것들을 개관하여 놓고, 설비를 계획할 때 실수가 없도록 한다.

제1장
약품 종류와 법률

1.1 약품의 종류

수처리에 사용되는 약품에는 응집제, 살균제, pH 조정제, 살조제(殺藻劑), 흡착제, 산화제, 환원제, 경수연화제, 이온교환수지 재생제, 슬러지 탈수보조제, 생수처리영양제, 막세정제 등 다양한 종류가 있다.

〈표 1.1.1〉에 수처리에 사용되고 있는 약품을 나타냈다. 이 표에서는 합성고분자 응집제를 생략하고 있지만, 얼마나 많은 약제가 수처리에 사용되고 있는지를 알고 놀라는 독자도 있을지도 모른다.

이 약품들에는 각기 고유의 기능과 성질이 있다. 그 기능을 최대한으로 발휘할 수 있는 약품을 선정하고, 약품의 성질에 맞는 방법으로 주입하지 않으면 안 된다.

또한 약품에는 하나의 기능만이 아니라, 부차적인 작용이 있다. 원래 수처리에 사용하는 약품은 고농도에서는 극약이거나, 독성이 있는 경우가 많다. 사용 주입범위에서 명백히 독성을 띠는 약품은 그것이 아무리 탁월한 효과가 있어도 음료수의 처리에는 사용하지 않거나 하천에 방류하는 폐수 처리에 대해서도 수서생물의 영향을 생각하면 사용이 꺼려진다.

저농도에서도 인체나 생물에 만성독성을 나타내거나, 체내에 농축되는 약제가 있다. 만성독성의 판별은 어렵다. 그동안 사용하지 않았던 약품이나 새롭게 합성시켰던 약품을 음료수의 처리에 적용할 경우에는 발표된 데이터를 바탕으로 신중히 검토하지 않으면 안 된다. 때에 따라서는 각종 독성시험을 필요로 하는 경우도 있다. 또한 흔한 약제에도 독성이 있는 성분을 불순물로 포함하는 경우가 있다. 약품 중의 불순물에 대해서도 의식하고 확인할 필요가 있다.

약품 중에는 본래의 목적 이외에 좋은 의미의 부작용을 나타내는 경우가 있다. 예를 들면 탁수의 응집처리에 사용되는 황산알루미늄은 수중에서 구리 이온도 제거한다. 이러한 기능이 있기 때문에 독성이 있는 황산구리를 살조제로 하여 음료수용 원수에 주입이 가능하다. 또한 염소는 살균제로 하여 수도에 첨가되기도 하지만 원래 강력한 산화제인 염소는 철이나 망간 또는 시안이나 농약의 산화 제거에도 효과가 있다.

이처럼 약품에는 좋은 의미의 부차적 효과도 있지만, 약품을 첨가하는 것은 그만큼 물을 불순하게 하는 경우가 있고, 유독한 부산물을 만들 우려도 있다. 효과를 발휘하는 최소한의 양을 주입하여야 한다는 것을 명심하여야 한다. 또한 노동환경, 즉 약품을 취급하는 사람들 건강이나 쾌적함에 관해서도 배려하여 약제를 선정하고, 시설 설계를 하지 않으면 안 된다.

약품의 명칭

약품 이름은 기본적으로 구성 원소나 기(基)의 명칭을 관련지어 나타내고 있다. NaCl은 염화나트륨, NaOH는 수산화나트륨이라고 하는 방식이다. 이런 호칭법 외에 오래전부터 불린 이름이고 실제 취급할 때나 거래할 때에는 주로 식염, 가성소다 등으로 통용된다.

또한 탄산나트륨($Na_2CO_3 \cdot 10H_2O$)과 소다회(Na_2CO_3)와 같이 결정수의 유무에 따라 부르는 이름이 바뀌는 것도 있다. 복수의 이름이 있는 약품을 다음에 게재한다. 본 서에서는 호칭법을 특히 통일하지 않았으니 참고하기 바란다.

수산화나트륨 = 가성소다
염화나트륨 = 식염
OO나트륨 = OO소다
티오황산나트륨 = 티오황산소다 = 하이포
수산화칼슘 = 소석회

산화칼슘 = 생석회
황산알미늄 = 황산반토
황산제1철 = 녹반
이산화탄소 = 탄산가스

〈표 1.1.1〉 수처리용 약제(고분자 약제 제외)

고압 : 고압가스 취체법 적용물, 독성가스 : 같은 독성 가스, 불활 : 같은 불활성 가스, 극 : 독물극물 취체법 극물, 위 : 소방법 위험물, 준위 : 소방법 준위험물, W : 습윤 · 용액체, D : 건조체, 부피 : 부피 밀도, 진 : 진 밀도

약품명	화학식	포장 단위	성상	밀도 [kg/m³]	용해도 [kg/m³水]	농도	사용 재료	사용 목적	비고	영어 명칭
아황산수소 나트륨	$NaHSO_3$ 또는 $Na_2S_2O_5$	30kg 포대 20kg 통	백색가루	부피 : 1,130	515 at 20°C	93% as $Na_2S_2O_5$	납, 고무, 유리	환원, 탈염소	1% 용액 pH = 4.6 식품첨가제 JIS K 1418 JIS K 1419	SODIUM BISULPHITE
		내산병 300kg 드럼	액			34% 이상 as $Na_2S_2O_5$				
아염소산나트륨	$NaClO_2$	15~20kg 통	결정성 백색가루			86%, 76% as $NaClO_2$	PVC	산화, 2산화염소 제조	준위 극	SODIUM CHLORITE
		포리에틸렌병 등나무통 탱크로리	액체	1,207 (25%)		32%, 25% as $NaClO_2$			pH = 3에서 ClO_2 생성 부식성, 지연성	
아황산나트륨	Na_2SO_3	50kg 통 25kg 나무상자	가루	부피 : 1,220~1,390	138 at 0°C	93~99% Na_2SO_3	주철, 강	환원, 탈염소, 보일러용수의 탈산소	1% 용액의 pH = 9.8	SODIUM SULFITE
알민산나트륨	$Na_2O \cdot Al_2O_3$	300kg 드럼 탱크로리	백색분말	부피 : 760~1,056	344 at 20°C	55% Al_2O_3 35% Na_2O 5% NaOH	철, 강, PVC, 고무	응집제	응집최적 pH = 6.0~8.5	SODIUM ALMINATE
암모니아	NH_3	압력용기 탱크로리	무색, 자극취가스	676 at −33.35°C	520 at 20°C	99~100% NH_3	철, 강, 유리	클로라민생성, 영양	극 고압/가연성 독성가스	ANHYDROUS AMMONIA (Liquid Ammonia)
암모니아수 (액체암모니아)	NH_4OH	등나무유리병 드럼통 탱크로리	무색, 자극취용액	900 (25% 액)	완전 용해	25% NH_3	상동	상동	극	AQUEOUS AMMONIA
암모니아백반 (황산알루미늄 암모늄)	$Al_2(SO_4)_3 \cdot (NH_4)_2SO_4 \cdot 24H_2O$	25kg, 30kg 폴리에틸렌 내장봉지	덩어리 입자 가루	부피 : 1,000 부피 : 990 부피 : 920	34 at 0°C	11% as Al_2O_3	STS PVC, 고무	응집, 클로라민생성	1% 용액의 pH = 3.5 JIS K 8087	AMMONIUM ALUM
에탄올 (에틸알코올)	C_2H_5OH	18ℓ 통 200ℓ 드럼 탱크로리	액	795	완전 용해	수분 없음 수분 포함		탈질소용 수소 제공	위	ETHANOL

〈표 1.1.1〉 수처리용 약제(고분자 약제 제외)(계속)

약품명	화학식	포장 단위	성상	밀도 [kg/m³]	용해도 [kg/m³水]	농도	사용 재료	사용 목적	비고	영어 명칭
염화알루미늄	$AlCl_3 \cdot 6H_2O$	20kg 패킹 케이스 드럼통	황~회백색 고체	진 : 2,410	물과 격렬하게 반응, 발열		PVC, 고무	응집	조해성 pH 1.0	ALUMINUM CHLORIDE
염화코퍼라스	$Fe_2(SO_4)_3 \cdot FeCl_2$						STS, PVC, 고무	응집, 슬러지탈수	최적 응집 pH : 3.5~11	CHLORINA-TED COPPEROUS
염화제2철	$FeCl_3$	30kg 통 드럼통 탱크로리	액 덩어리 가루		460 at 30°C	37~47% 59~61% 99% $FeCl_3$	PVC, 고무	상동	최적 응집 pH : 4~11 JIS K 1447	FERRIC CHLORIDE
염산	HCl	25kg 폴리에틸렌 탱크로리	용액					pH 조정 단백질응집 수지재생	극 (>10%) JIS K 1310	HYDRO-CHLORIC ACID
염소	Cl_2	50kg, 1t 압력용기 탱크로리	황녹색 액화가스	액 1,577 가스 2.49	8.0 at 16°C	99.8% as Cl_2	D : 강, 철, 동 W : PVC, 경질고무, 은	살균, 산화	고압 독성가스 봄베황색 JIS K 1102	CHLORINE
염화마그네슘	$MgCl_2 \cdot 6H_2O$	드럼통 150~170kg	고체 20°C	진 : 2,320	351 at 30°C	43~46%		전기분해에 의한 염소제조		MAGNESIUM CHLORIDE
		탱크로리	액							
염소산나트륨	$NaClO_3$	25kg 통 드럼통 폴리에틸렌통	무색결정		980 at 0°C	99% 이상	PVC, 고무, 유리, 자기	이산화염소 제조	극	SODIUM CHLORITE
오존	O_3	현장 발생	무색가스				STS304 STS316, 유리, 자기	산화, 악취 제어, 살균		OZONE
가성소다 (수산화나트륨)	$NaOH$	25kg통 300kg드럼	백색플레이크	2,130	505 at 20°C	98.9%	주철, 강, PVC	pH 조정, 염소배가스처리	극, 위 1% 용액 pH = 12.9 JIS K 1203 JWWA K 122	SODIUM HYDROXIDE (caustic soda)
		탱크로리	용액	1,230~1,480		20~45%				
과산화수소	H_2O_2	대등나무통 폴리에틸렌용기 탱크로리	용액			24~50%		산화, 환원	극, 위	HYDROGEN PEROXIDE

〈표 1.1.1〉 수처리용 약제(고분자 약제 제외)(계속)

약품명	화학식	포장 단위	성상	밀도 [kg/m³]	용해도 [kg/m³水]	농도	사용 재료	사용 목적	비고	영어 명칭
활성탄	C	5~20kg 각종 내장 봉투 후레콘백	흑색가루·입자	부피 : 160~400 부피 : 288~600	용해되지 않는 현탁액		D : 철, 강 W : STS, PVC	흡착	전기를 통한 부식성 있음 JWWA K 113	ACTIVATED CARBON
활성백토	주성분 $SiNO_2$, Al_2O_3	25kg 타포린 크라프트지	백색가루·입자					방사선오염 물질흡착		ACTIVATED CLAY
과망간산칼륨	$KMnO_4$	250kg 드럼 25kg 통	입자			99.5% $KMnO_4$	PVC, 고무	산화, 망간 제거	위	POTASSIUM PER-MANGANATE
칼륨백반 (칼륨황산알미늄)	$K_2SO_4 \cdot Al_2(SO_4)_3 \cdot 24H_2O$	25, 30kg 크라후트 봉투 낱개	덩어리 가루	부피 : 950~1,020 부피 : 920	115 at 20°C	10~11% Al_2O_3	PVC, 고무	응집	1% 용액의 pH = 3.5 JIS K 8225	POTASSIUM ALUMINUM SULFATE
구연산	$C_3H_4OH(COOH)_3 \cdot H_2O$	무색무취결정, 백색가루			용해됨	99.5~102% $C_5H_8O_7 \cdot H_2O$		막세정		CITRIC ACID
규산나트륨 (물유리)	$Na_2O \cdot nSiO_2$	25~30kg통 드럼통 탱크로리	점도조절액	1,400~1,600	완전	28~38% SiO_2	철, 강, PVC	활성실리카 제조 방식제	1% 용액의 pH = 12.3 JIS K 1408	SODIUM SILICATE (water glass)
규조토	주성분 SiO_2	10~20kg 3겹 봉투	가루	부피 : 130~160	용해불가 (슬러리)		강, 철	여과 보조제		DIATOMACE-OUS EARTH
규불화나트륨	Na_2SiF_6	25, 30kg 봉투	백색가루	부피 : 1,120~1,520	미미하게 용해		동합금	불소첨가	극 JIS K 1452	SODIUM SILICO-FLUORIDE
초산	CH_3COOH	20kg 대나무통, 폴리에칠렌 용기 200kg STS 드럼 탱크로리	자극성 냄새를 갖는 액체			29~31% 99% 이상	STS, PVC	탈질소용 수소제공	위	ACETIC ACID

〈표 1.1.1〉 수처리용 약제(고분자 약제 제외)(계속)

약품명	화학식	포장 단위	성상	밀도 [kg/m³]	용해도 [kg/m³水]	농도	사용 재료	사용 목적	비고	영어 명칭
표백분	$CaO \cdot 2CaOCl \cdot 3H_2O$	25kg 포대 45kg 나무상자 드럼통	백색가루	부피 : 730	보통 고급	1호 : 33% Cl_2 2호 : 32% Cl_2 3호 : 30% Cl_2 1호 : 70% Cl_2 2호 : 60% Cl_2	PVC, 고무	살균, 산화	위 JIS K 1425	CHLORI-NATED LIME (breaching powder)
표백액	$Ca(ClO)_2$	300kg 드럼 탱크로리	무색투명액			80% Cl_2 이상	PVC, 고무	살균, 산화	공기, 열, 빛에 불안정	BLEACHING LIQUOR
산소	O_2	5~7m³ 압력용기 탱크로리	액화가스			99~99.8%		폭기, 오존제조	고압 지연성	OXYGEN
차아염소산칼륨	$Ca(OCl)_2$, $4H_2O$	25kg 봉투 45kg 나무상자 드럼통	백색가루	부피 : 800		70% Cl_2	PVC, 고무	살균, 산화	위 JWWA K 120	CALCIUM HYPO-CHLORITE
차아염소산나트륨	NaOCl	25~60kg 폴리병 탱크로리	염소냄새, 무색, 투명액	1,150		6~15% Cl_2	상동	상동	위	SODIUM HYPO-CHLORITE
디클로로이소시아누르산칼륨	$KN_3C_3O_3Cl_2$	200kg 단볼	백색정제	부피 : 930~1,250		59% Cl_2	PVC	산화, 정화조 살균	1% 액의 pH = 5.9	DICHLORO-ISOCYANURIC POTASSIUM
소석회	$Ca(OH)_2$	20~25kg 포대 후레콘백	백색가루	부피 : 400~800	1.6 at 20°C	72% CaO 이상	철, 강, 콘크리트	pH 조절, 슬러지 탈수보조제	JIS K 9001 JWWA K 107	CALCIUM HYDROXIDE (slaked lime)
자당	$C_6H_{12}O_6$								탈질소용 수소제공	SUCROSE
수소	H_2	5, 7m³	액화가스 압력용기			99.5% 이상		상동	고압 봄베색 빨강	HYDROGEN
생석회	CaO	15kg 통 20kg 포대 165kg 드럼	백색 덩어리 입자	부피 : 760~990 부피 : 920~1,120		75~99% CaO	철, 강, 콘크리트	pH 조정제 슬러지 탈수보조제	위, 1% 액 pH = 12.2	CALCIUM OXIDE (quick lime)

〈표 1.1.1〉 수처리용 약제(고분자 약제 제외)(계속)

약품명	화학식	포장 단위	성상	밀도 [kg/m³]	용해도 [kg/m³水]	농도	사용 재료	사용 목적	비고	영어 명칭
식염	NaCl	봉투, 통 날개	덩어리	부피 : 760~920		98% NaCl	PVC	이온교환재 재생 NaClO 생성		SODIUM CHLORIDE
			가루	부피 : 980~1,070						
소다회	Na_2CO_3	25kg 봉투 40kg 봉투	가루(경회) 입자(중회)	부피 : 535~561 부피 : 990	172 at 20°C	99% Na_2CO_3	철, 강, 콘크리트	pH 조정	1% 용액의 pH = 11.2 JWWA K 108	SODIUM CARBONATE (soda ash)
옥살산	$(COOH)_2 \cdot 2H_2O$	25kg 봉지		1,653				막세정	극 JIS K 1357	OXALIC ACID
탄산가스	CO_2	압력용기 탱크로리	액화가스	1,688 at 20°C	99%		W : STS, PVC D : 강	pH 조정, 활성케이산 제조	고압/불활 연소가스용으로도 사용됨	CARBON DIOXIDE
티오황산나트륨 (보이포)	$Na_2S_2O_3 \cdot 5H_2O$	25kg 봉투 나무상자 폴리에틸렌봉투	결정 입자	부피 : 930~1,070	710 at 0°C	≥ 99.9%	철, 저탄소강	환원, 탈염소	풍해성, 조해성 JIS K 1420	SODIUM THOI-SULPHATE
트리폴리인산 나트륨	$Na_5P_3O_{10}$		백색가루 백색입자		145 at 20°C	56~58% as P_2O_5		청통 금속봉쇄	1% 용액 pH ≒ 9.7 식품첨가	SODIUM TRIPOLY-PHOSPHATE
이산화황 (아황산가스)	SO_2	압력용기	액화가스			100%	D : 강	환원제 탈염소	고압/독성 가스	SULFUR DIOXIDE
이산화염소	ClO_2	현장 생성	황적색가스		용해 쉬움	제조법에 따름	PVC, 연질 고무(경질고무는 불가)	산화, 살균	진동, 고온에서 폭발	CHLORINE DIOXIDE
요소	$CO(NH_2)_2$	20, 30kg 봉투	무색무취 결정	부피 : 1,335		99%		영양	JIS K 1458	UREA
하이드라진 하이드레이토	$N_2H_4 \cdot H_2O$	20kg 병 30kg 포리에틸렌 화이버드럼 100, 200kg STS 드럼	액	1,032			철, 강	청통, 탈산소, 탈탄산	위	HYDRAZINE HYDRATE

〈표 1.1.1〉 수처리용 약제(고분자 약제 제외)(계속)

약품명	화학식	포장 단위	성상	밀도 [kg/m³]	용해도 [kg/m³水]	농도	사용 재료	사용 목적	비고	영어 명칭
피로인산 4나트륨	$Na_4P_2O_7 \cdot 10H_2O$	25kg 봉투 25kg 통	백색가루	부피 : 1,020	69 at 27°C	53% as P_2O_5	철, 강	보일러 안정	1% 용액의 pH=10.8	TETRA SODIUM HYPOPHOSPHATE
불화나트륨	NaF	25kg 봉투 50kg 나무상자	청백가루	부피 : 경 760 중 1,150	40	90~95% NaF	철, 강	불소 첨가	4% 용액 pH=6.6, 유독 JIS K 1406	SODIUM FLUORIDE
헥사메타 인산나트륨	$(NaPO_3)_6$	봉투	플레이크 가루		115~230	66% P_2O_5	STS, PVC, 경질고무	스케일 방지 방식제	상품명 칼곤 식품첨가	SODIUM HEXAMETA PHOSPHATE
벤토나이트	–	봉투	가루 입자	부피 : 920	용해 불가, 현탁액		철, 강	응집 보조제		BENTONITE
폴리염화 알루미늄(PAC)	$[Al_2(OH)_n Cl_{6-n}]_m$	25kg 폴리에틸렌통, 250kg 케미드럼, 탱크로리	액	1,190 이상		8~15% Al_2O_3	STS, PVC	응집	1% 용액의 pH = 3.5~5.0 JIS K 1475	POLY-ALUMINUM CHLORIDE
메틸알코올 (메탄올)	CH_3OH	14kg 통 150kg 드럼통	액	798 이하	용해 쉬움		철, 강	탈질소용 수소제공	극, 위	METHIL ALCOHOL (methanol)
옥소 (요오드)	I_2	50kg 유리섬유 드럼	플레이크		미미하게 용해 0.16 at 0°C			인공위성 등에서 살균	극, 부식성	IODINE
황화나트륨	$Na_2S \cdot 9H_2O$	300kg 드럼 25kg 봉투 탱크로리	고체 플레이크 액체		용해 가능			황화 (수은의 제거)	위, 수용액은 약알카리성, 부식액 JIS K 1435	SODIUM SULPHIDE
황산	H_2SO_4	나무통 탱크로리	액	1,841 (98%)	완전 용해	95~99% H_2SO_4	농후액 : 철, 강 희박액 : 납, 자기, 고무, PVC	pH 조정, 활성게이산조제, 황산알루민회수, 이온교환 수지재생	극, 위 JIS K 1301 JIS K 1302 JWWA K 134	SULPHURIC ACID

〈표 1.1.1〉 수처리용 약제(고분자 약제 제외)(계속)

약품명	화학식	포장 단위	성상	밀도 [kg/m³]	용해도 [kg/m³水]	농도	사용 재료	사용 목적	비고	영어 명칭
황산알루미늄 (황산반토)	$Al_2(SO_4)_3 \cdot nH_2O$	25kg 포대개	덩어리	부피 : 950~1,140	480 at 16°C	14~22% as Al_2O_3	STS, PVC, 고무에폭시수지	응집제	응집최적 : pH = 5.5~8.0 JIS K 1450	ALUMINUM SULPHATE (alum)
			입자	부피 : 580~690						
		탱크로리	액	부피 : 1,273~1,326		7~8.2% as Al_2O_3				
황산암모늄	$(NH_4)_2SO_4$	봉지	무색결정	부피 : 750	760 at 0°C	20.5% 이상 as NH_4-N	PVC, STS, 자기, 고무	클로라민 생성	1% 액의 pH = 5.6	AMMONIUM SULPHATE
황산제1철	$FeSO_4 \cdot 7H_2O$	30 kg 포리에텔 포대 50kg포대	입자 덩어리	부피 : 960~1,120	23% at 24°C	55% as $FeSO_4$	STS, PVC, 고무, 에폭시 수지	응집, 환원	응집 pH = 8.5~11 1% 액의 pH = 3.8 JIS K 1446	FERROUS SULPHATE
황산제2철	$Fe_2 \cdot (SO_4)_3$	포대 드럼	적갈색 가루, 입자	부피 : 1,070~1,280	> 30% at 24°C	90~94% $Fe_2(SO_4)_3$	상동	응집	응집 pH = 3.5~11 1% 액의 pH = 2.0 JIS K 8981	FERRIC SULPHATE
황산구리	$CuSO_4 \cdot 5H_2O$	30kg 포대 50kg 포대 드럼통	결정 덩어리 가루	1,150~1,380 120~1,220 920~980	250 at 20°C	99% $CuSO_4$	상동	살조	1% 액 pH = 4.5 JIS K 1433	COPPER SULPHATE
황산하이드라진	$(NH_2) \cdot 2H_2SO_4$	30~40kg 나무상자	백색결정 분말		온수에 용해	95~99%		청관	위	HYDRAZINE SULPHATE
인산	H_3PO_4	등나무통	무색 투명액	1,880				영양	JIS K 1445	PHOSPHORIC ACID
인산1암모늄	$NH_4H_2PO_4$	25kg 포대	무색무취 결정	1,790	물에 용해			영양	JIS K 9006	AMMONIUM PHOSPHATE
인산2암모늄	$(NH_4)_2HPO_4$	25kg 포대	암모니아 냄새 결정	1,610	물에 용해			영양	JIS K 9016	DI-AMMONIUM HYDROGEN PHOSPHATE
인산2나트륨	$Na_2HPO_4 \cdot 12H_2O$	25kg 포대통	결정	부피 : 920~980	46 at 0°C	19~19.5% P_2O_5	철, 강	청관 연화, Ca, Mg 침전	1% 용액의 pH = 9.1	DI-SODIUM PHOSPHATE
인산3나트륨	$Na_3PO_4 \cdot 12H_2O$	25kg 포대	결정	부피 : 855~960	11.5 at 0°C	19% as P_2O_5	철, 강	청관	1% 용액의 pH = 11.9	TRI-SODIUM PHOSPHATE

1.2 약품 관련 법률

화학 약품 중에는 취급을 잘못하면 위험한 것과 환경에서 동식물에게 해를 미치게 하는 것이 있다. 이 때문에 여러 다양한 법률에서 제조나 사용이 규제되고 있다.

약품에 관계된 법률을 나열하면 다음과 같다.

- 노동 환경보전을 목적으로 한 것
  독물극물법, 노동안전위생법, 농약취체법
  (한국 : 약사법, 산업안전보건법, 농약관리법)
- 위험물 취급의 적정화를 목적으로 한 것
  고압가스보안법, 소방법
  (한국 : 고압가스안전관리법, 소방기본법, 위험물안전관리법)
- 소비자의 건강보호를 목적으로 한 것
  식품위생법, 농약취체법, 약사법, 유해가정용품규제법, 건축기준법
  (한국 : 식품위생법, 농약관리법, 약사법, 건축기본법)
- 환경을 통한 사람의 건강보호를 목적으로 한 것
  화학물질심사규제법, 독물극물법, 토양오염대책법, 수질오탁방지법, 대기오염방지법, 폐기물처리법, 농약취체법
  (한국 : 화학물질관리법, 약사법, 토양환경보전법, 수도법, 대기환경보전법, 폐기물관리법, 농약관리법, 악취방지법, 하수도법, 환경보건법)
- 약품의 사용방법이나 이동 등에 관한 것
  PRTR법, 소방법
  (한국 : 약사법, 소방기본법, 소방시설 설치·유지 및 안전관리에 관한 법률, 재난 및 안전 관리 기본법)

이하 약품 사용에 관한 법률에 대해 간단하게 기술한다.

▌소방법의 위험물

소방법에는 발화성 또는 인화성이 있는 약제를 〈표 1.2.1〉과 같이 6종으로 분류하여 위험물

로 지정하고 있다. 위험물 취급자 자격을 취득한 자가 아니면 위험물로 지정된 약제의 법정량 이상의 제조 및 취급을 못한다.

〈표 1.1.1〉에는 '위'라고 표기했다.

독물 및 극물 취급법

이 법률에는 독성이 강한 약제를 독성의 강도에 따라 독물과 극물로 분류하고, 특별한 취급을 규정하고 있다.

독물 및 극물의 판정기준은 〈표 1.2.2〉와 같다.

〈표 1.1.1〉 중에는 독물로 분류된 것이 없다. 극물에 관해서는 '극'이라고 표기한다.

〈표 1.2.1〉 위험물 분류(소방법)

분류	내용
제1류	산소를 다량 포함하고 다른 물질을 연소시키는 화합물 염소산염(50kg 이상), 질산염(1,000kg 이상), 과망간산염 등
제2류	발화성 무기물 황인, 황화인, 유황, 금속가루 등
제3류	물에 닿으면 발화하거나 발열하는 무기물 금속 칼륨, 금속 나트륨, 카바이드, 인화석회, 생석회
제4류	가연성 액체유기물 석유, 에스테르류, 케톤, 알코올류 등
제5류	폭발성 물질 질산 에스테르류, 셀룰로이드류, 니트로 화합물
제6류	강산류와 무수 크롬산

〈표 1.2.2〉 소 실험동물에 대한 체중당 LD_{50}(반수 치사량)과 LC_{50}(반수 치사 농도)

구분	투여 경로	특정 독물	독물	극물
LD_{50} [mg/kg]	정맥주사 피하주사 경구 경피	 <10 <15 	<10 <20 <30 <100	<100 <200 <300 <1,000
LC_{50} [ppm]	흡입		<200 1시간	<2,000 1시간

고압가스보안법

염소, 암모니아, 산소, 이산화탄소 등은 압력을 가해 액화시켜 운반하고 저장한다. 독성이 높은 가스는 용기가 파손되면 광대한 범위에 걸쳐 인명사고를 일으킨다. 이 때문에 이러한 가스에 관해서는 용기 제조부터 운반, 저장조에 이르기까지 다양한 규정이 정해져 있다. 특히 염소와 암모니아는 독성가스로 지정되어 있다.

식품위생법의 식품첨가물

식품첨가물로 등록되어 있는 약품은 식품위생법에 의해 식품가공이나 보존 목적에 따라 식품에 첨가할 수 있고, 음료수 처리에도 사용할 수 있다.

PRTR법

PRTR은 Pollutant Release and Transfer Register의 약칭으로 유해성이 있는 화학물질이 어떤 발생원으로부터 어느 정도 환경에서 배출되었는지 또는 폐기물에 포함되어 사업소 밖으로 운반되었는지를 파악하여 집계하고, 공표하는 구조이다.

지정된 화학물질을 제조하거나 사용하고 있는 사업자는 환경에 배출하는 양과 폐기물로서 사업소 밖으로 이동시키는 양을 스스로 파악하여 행정기관에 연 1회 신고하도록 되어 있다.

PRTR의 대상물질은 '제1종 지정화학물질'과 그것을 포함한 일정한 제품이다. 〈표 1.1.1〉에 게재한 약품 중 제1종 지정화학물질에 후보로 되어 있는 것은 하이드라진, 황산구리 및 과망간산칼륨이다.

LD_{50}, LC_{50}, TL_m

LD는 Lethal Dose의 약자로 첨자의 50은 50%의 뜻으로 LD_{50}은 절반이 죽는 치사량이다. 실험동물의 반수가 죽음에 이르는 생체 체중 kg당 약물섭취량으로 표시한다.
LC는 Lethal Concentration의 약자로 LC_{50}은 절반이 죽는 치사농도이다. 실험동물의 반수가 죽음에 이르는 약물농도로 어류 등에서는 액중 농도 mg/ℓ μg/ℓ ng/ℓ로, 대기를 호흡하는 동물에 대한 기체농도는 ppm, ppb 등으로 표시한다. 어떤 경우에도 노출시간을 병기한다.
TL_m은 Median Tolerance Limit의 약자로 절반의 치사한계농도로 번역하고, LC_{50}와 동일하다.

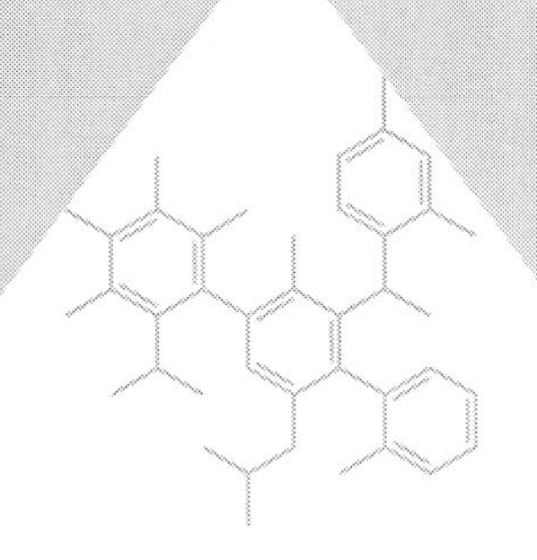

제2장

수처리 약품의 기능

약품은 소위 화학처리뿐만 아니라 생물처리에도 pH 조정 및 영양보급을 위해 사용되고 있다. 본 장에서는 수처리 약품의 동향을 용도마다 고찰하지만, 수처리 적용 약품의 일면을 간단히 살펴보고자 한다. 각종 수처리 방법에 대해서 기본적인 이론과 지금까지의 경험·실적을 기술하고 약품주입설비의 계획에 필요한 조건이나 수치를 살펴본다.

제2장
수처리 약품의 기능

2.1 응집제

(1) 응집목적

응집처리 대상물질은 콜로이드다. 콜로이드는 1nm부터 1μm의 크기인 미립자로 자체로는 침강하지 않는다. 예를 들면 입자경이 0.1μm인 콜로이드의 침강속도는 Stokes(스톡스)의 식 (1)에 수치를 대입하면 하루에 1mm 정도의 크기가 된다. 계산상 이와 같은 작은 침강속도에서는 물분자 운동에 의해 입자의 침강이 방해받기에 실질적으로 침강은 발생되지 않는다.

$$v = \frac{(\rho_S - \rho_F)\, g\, D^2}{18\mu} \qquad (1)$$

여기서, v : 입자 침강속도[m/s], ρ_S : 입자 밀도[kg/m^3], ρ_F : 액체 밀도[kg/m^3], g : 중력가속도[9.8m/s^2], D : 입자경[m], μ : 액체 점성계수[kg/m · s]

또 점토 콜로이드와 같은 미립자는 수중에서 마이너스(−)로 대전된다. 그래서 입자 간에는 반발력이 작용되어 서로 결합할 수 없다. 응집은 이와 같이 콜로이드 입자표면의 전하를 중화하여 입자 간의 반발력을 약하게 하여 미립자끼리 결합하기 쉽게 하며 입자경을 크게 하기 위한 조작이다. Stokes식에 따르면 침강속도는 입자경의 제곱에 비례하기에 입자경을 10배하면 침강속도는 이론상으로 100배가 된다. 응집처리는 콜로이드를 침강시켜 제거하는 효과적인 방법이다.

콜로이드입자를 급속여과와 같은 입상층에서 제거하는 데도 응집처리가 필요하다. 여과재 입자도 마이너스로 대전하고 있기에 현탁입자는 여과재 입자에 부착될 수 없다. 응집처리에 의해 입자표면전위를 중화시켜 반발력을 약하게 할 필요가 있다.

(2) 응집이론

응집은 다음 3가지로 말할 수 있다.

- 콜로이드 간의 인력과 반발력
- 입자끼리 접촉·충돌
- 화학적 작용(금속 수산화물의 용해도)

다음에 응집이론의 개요에 대하여 기술한다.

▌콜로이드입자 간의 상호작용(DLVO 이론)

콜로이드입자 간의 척력과 인력과의 관계에서 이론을 구축한 사람은 Derjaguin, Landau, Verwey, Overbeek 4인이다. 4인의 이름 앞 글자를 따서 DLVO 이론이라고 한다.

콜로이드에 작용하는 힘은 콜로이드를 지속적으로 콜로이드 상태로 유지시키려는 안정 요소와 콜로이드를 덩어리시키려는 불안정 요소가 있다. 안정 요소에는 입자의 대전이나 콜로이드 표면의 용매화물로 존재하고 불안정 요소에는 반데르발스 인력 및 입자의 상대운동(브라운 운동, 난류교반)이 있다.

DLVO 이론에서는 콜로이드의 안정 요소로 입자의 대전을, 불안정 요소로 반데르발스 인력으로 설명하고 있다.[1)]

2입자 간 반발력의 Potential Energy

하나의 콜로이드입자 주위의 전위는 다음과 같다.

$$\psi = \psi_0 \exp(-\kappa x) \tag{2}$$

$$k = \left(\frac{8\pi n_0 z^2 \epsilon^2}{FkT} \right)^{1/2} \tag{3}$$

여기서, ψ : 입자표면에서 x 지점의 전위[V],

ψ_0 : 입자표면 전위[V],

x : 입자표면에서의 거리[m],

n_0 : 개체표면에서 무한대 위치의 이온농도[ion수/m^3],

z : 이온가수[−],

k : 볼츠만정수 1.38×10^{-23}[JK^{-1}],

ϵ : 전하의 최소 단위 1.60×10^{-19}[C],

F : 유전율 $1/(36\pi) \times 10^{-9}$[$C^2N^{-1}m$],

T : 온도[°K]

음으로 대전된 입자는 수중의 양이온을 끌어당겨 입자에 접한 이온을 입자에 견고하게 부착한다. 이층을 고착층이라고 한다. 고착층의 외측에는 콜로이드입자에 가까이 끌려 양이온 농도가 높게 되지만 멀어짐에 따라 정부(플러스 및 마이너스) 이온농도가 점점 같게 된다. 이것을 확산층이라 한다. 콜로이드 주변에는 이러한 전기이중층을 형성하고 있다. 이러한 모습을 〈그림 2.1.1〉에 나타낸다.

입자의 표면전위 ψ_0는 계측할 수 없으며, 실제 계측 가능한 것은 고착층 외측의 전위이다. 이것을 ζ−전위(제타전위)라 한다.

이 식을 두 개의 콜로이드입자에 적용하여 대전에 의한 두 입자 간의 반발력의 potential energy−V_R을 계산하면 다음과 같다.

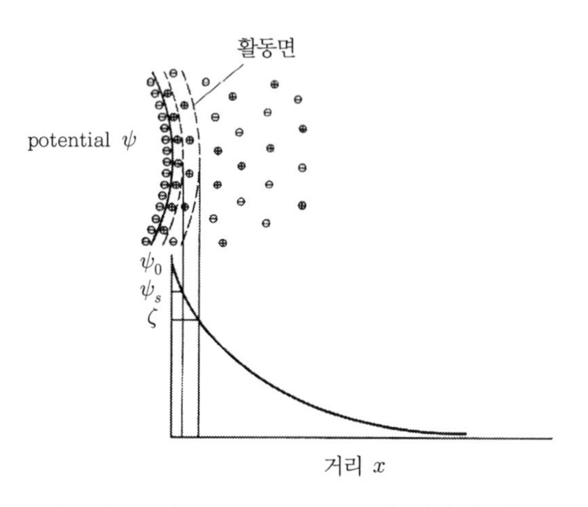

〈그림 2.1.1〉 Gouy-Chapman의 전기이중층

$$V_R = \frac{4n_0 (z\epsilon\psi_0)^2}{\kappa k T} \exp(-\kappa L) \tag{4}$$

◎ 입자 간 인력 및 인력 Potential Energy

반데르발스 인력은 분자 간에 작용하는 힘을 분자 사이 거리의 7승에 반비례하는 힘이다. 그러나 콜로이드는 많은 분자로 구성되기에 어느 콜로이드입자 중의 하나의 분자는 다른 모든 콜로이드 분자와 서로 당긴다. 이상을 추가하여 콜로이드입자 상호 간에 인력을 구하고 또한 거리에 따라 적분해서 Potential Energy를 계산한다. 간단히 하기 위하여 입자가 δ의 두께를 갖는 넓은 원판이라고 가정하면 두 입자 간의 인력 Potential Energy $-V_A$는 다음과 같다.

$$V_A = -\frac{A}{12\pi}\left\{\frac{1}{L^2} + \frac{1}{(L+2\delta)^2} - \frac{2}{(L+\delta)^2}\right\} \tag{5}$$

식에서 비례정수 A를 하마가 정수라 한다.

δ가 충분히 두껍다고 가정하면, 다음과 같이 간략히 할 수 있다.

$$V_A \fallingdotseq -\frac{A}{12\pi L^2} \tag{6}$$

인력과 반발력의 상호작용

두 입자 간 상호작용의 Potential Energy

$$V = V_R + V_A \tag{7}$$

상기 식에 적당한 값을 대입하여 그림으로 나타내면 〈그림 2.1.2〉와 같다.

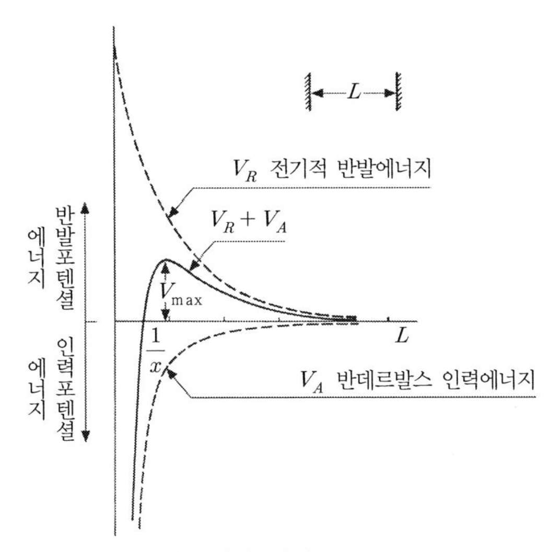

〈그림 2.1.2〉 2입자 간의 Potential Energy

여기서, V의 최댓값 V_{max}가 0이 되는 조건을 구하면, 식 (4), (6), (7)에서 식 (8)을 구할 수 있다.

$$n_0 = \frac{B}{z^6} \tag{8}$$

즉, 응결가(응집을 일으키는 데 필요한 응집제의 농도 n_0)는 전해질 전자가수 z의 6승에 반비례하는 Schulze-Hardy 법칙이 증명된다. DLVO 이론의 결론은 '전자가 수가 높은 금속전해질일수록 효과적인 응집제이다.'라고 할 수 있으며 알루미늄 및 철과 같은 3가의 금속염을 응집제로 사용하는 것은 이러한 원리에 기인한다.

입자충돌 · 결합이론

콜로이드입자의 표면전위가 충분히 낮은 조건에서는 콜로이드입자가 충돌 · 접촉하는 것으로 덩어리가 된다. 브라운운동에 의한 콜로이드 충돌은 Smolckowski, 콜로이드입자의 난류확산에 의한 충돌은 Levich, 층류 중의 입자충돌은 Camp가 각각 식을 유도하였다. 이러한 응집제에 관해서는 어떤 지식이 없기에 간단히 수식을 소개하는 것으로 한다.

브라운운동에 의한 콜로이드입자의 충돌[2)](Smolckowski)

$$N = 8\pi D k_D n_\theta{}^2 \tag{9}$$

확산계수 k_D는 다음의 Einstein식으로 주어진다.

$$k_D = \frac{N_R T}{3\pi\mu D N_A} \tag{10}$$

여기서, N : 유체 단위체적당 충돌횟수[$m^{-3} \cdot s^{-1}$], D : 입자경[m], n : 콜로이드입자수[m^{-3}], n_0 : 구에서 무한원에 있는 콜로이드입자수[m^{-3}], k_D : 확산계수[m^2/s], N_R : 기체정수 8.31[$J \cdot mol^{-1} \cdot K^{-1}$], N_A : 아보가드로수 6.02×10^{23}[mol^{-1}], μ : 유체점성계수[$kg \cdot m^{-1} \cdot s^{-1}$], T : 절대온도[°K]

난류 중의 콜로이드입자 충돌(Levich)

$$N = 12\pi\beta D^3 n_0^2 \left(\frac{p}{\mu}\right)^{1/2} \tag{11}$$

여기서, n_0 : 유체 단위체적 중의 입자수[m^{-3}], p : 유체 단위체적 중에서 소비되는 에너지[$kg \cdot m^{-1} \cdot s^{-2}$ 또는 $W \cdot m^{-3}$], β : 계수[−]

◎ 층류 중의 입자충돌[3] (Camp)

$$N = n_1 n_2 \frac{G}{6} (D_1 + D_2)^3 \tag{12}$$

$$G = \left(\frac{p}{\mu}\right)^{1/2} \tag{13}$$

여기서, D_1, D_2 : 입자경[m], n_1, n_2 : 입경 D_1, D_2가 되는 입자의 물단위체적당 개수 [m^{-3}], G : 속도구배[s^{-1}]

▌응집화학

◎ 응집제 첨가에 의한 반응생성물

응집제로 사용되는 알루미늄이나 철의 염분은 다음 식과 같이 수중알카리성분과 반응하여 금속의 수산화물을 생성한다.

황산알루미늄

$$Al_2(SO_4)_3 + 6HCO_3^- = 2Al(OH)_3 + 6CO_2 + 3SO_4^{2-}$$

황산제2철

$$Fe_2(SO_4)_3 + 6HCO_3^- = 2Fe(OH)_3 + 6CO_2 + 3SO_4^{2-}$$

폴리염화알루미늄

$$[Al_2(OH)_n Cl_{6-n}]_m + (6-n)_m HCO_3^-$$
$$= 2m\,Al(OH)_3 + (6-n)_m CO_2 + (6-n)_m Cl^-$$

이들 식에서 응집제 첨가에 따른 알칼리도의 감소량, 수산화물 발생량을 거의 정확하게 계산할 수 있다. 이것을 〈표 2.1.1〉에 나타낸다.

〈표 2.1.1〉 약품첨가에 의한 수질변화(약제 1mg/ℓ 첨가 시)

용도	약품명		분자량	알칼리도의 변화 [mg/ℓ]	수산화물 발생량 [mg/ℓ]
응집제	황산알루미늄	$Al_2(SO_4)_3 \cdot 18H_2O$	666	−0.45	0.234
	황산제2철	$Fe_2(SO_4)_3$	400	−0.75	0.532
	폴리염화알루미늄	$[Al_2(OH)_nCl_{6-n}]_m$	174.5m	−0.29	0.894
알칼리제	가성소다	NaOH	40	+1.25	−
	소석회	$Ca(OH)_2$	74	+1.35	−
	소다회	Na_2CO_3	106	+0.94	−
산	염산	HCl	36.5	−1.37	−
	황산	H_2SO_4	98	−1.02	−
	탄산가스	CO_2	44	−2.27	−

(주) 폴리염화알루미늄은 $n=5$로 한다.

◎ 알루미늄 수산화물 용해도

양호한 응집을 만들기 위해서는 생성된 수산화물 용해도가 충분히 낮아야한다. 수중에서 알루미늄 수산화물 $Al(OH)_3$은 다음과 같이 평형을 유지한다.

$$Al(OH)^3 \rightleftarrows Al^{3+} + 3OH^-$$

생성물의 용해도곱은 다음과 같다.

$$[Al^{3+}][OH^-]^3 = k = 1.9 \times 10^{-33} \ (25°C) \tag{14}$$

$$\therefore \ \log[Al^{3+}] = \log k - 3\log[OH^-]$$

한편

$$[OH^-][H^+] = k_w = 10^{-14} \tag{15}$$

$$pH = -\log[H^+] \tag{16}$$

이기에, 다음과 같다.

$$\log[Al^{3+}] = \log k - 3\log k_w - 3pH \tag{17}$$

이 식은 편대수그래프에서 -3의 구배를 갖는 직선이다. 이 직선은 pH가 높을수록 알루미늄 용해도가 낮다. 그러나 pH가 너무 높으면 수산화알루미늄은 다음과 같이 착이온 AlO_2^-을 만들어 다시 용해된다.

$$Al_2(OH)_3 \rightleftarrows AlO_2^- + H_2O + H^+$$

이때 용해도곱은 다음과 같다.

$$[AlO_2^-][H^+] = k_2 = 4 \times 10^{-13} \tag{18}$$

$$\therefore \log[AlO_2^-] = pH + \log k_2 \tag{19}$$

이 식은 편대수그래프에서 구배 1을 갖는 직선이다.

식 (17)과 식 (19)을 그림으로 나타내면 〈그림 2.1.3〉과 같다. 응집은 생성물이 고형으로 존재하는 영역으로 두 직선 사이에서 생긴다.

철의 용해도에 대해서는 Yao 등이 〈그림 2.1.4〉에 나타낸다.[4)]

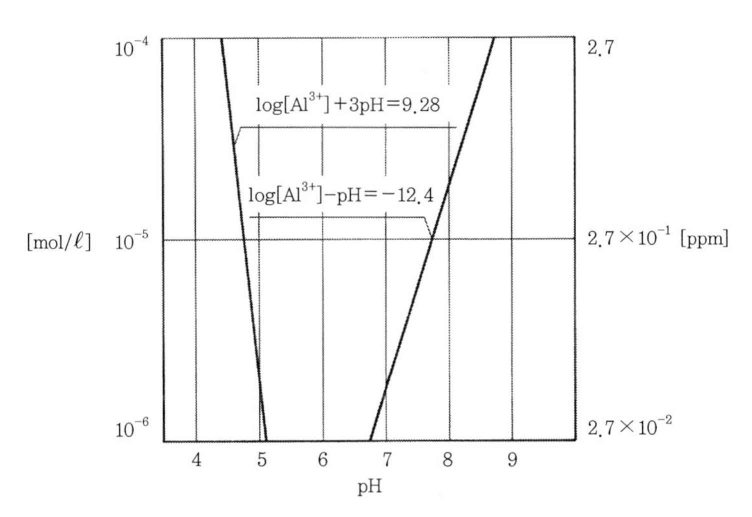

〈그림 2.1.3〉 알루미늄 용해도

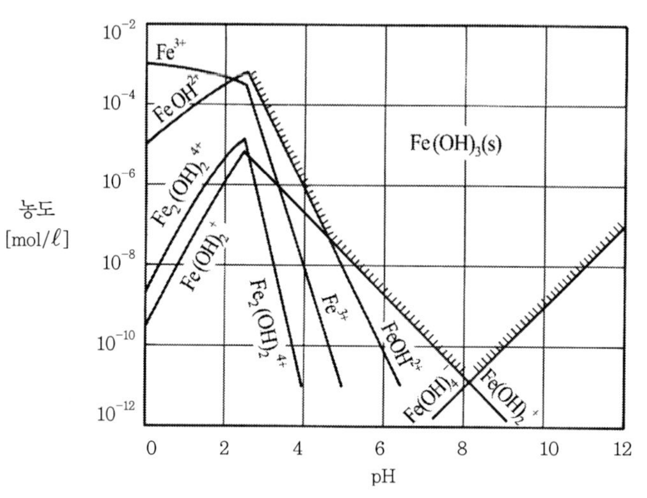

〈그림 2.1.4〉 제2철수화물의 pH 변화[4)]

◎ 응집의 화학적 동력[5)]

Amirtharajar와 Mills는 알루미늄의 각종 수화물폴리머, $Al_{13}(OH)_{34}^{+5}$, $Al_7(OH)_{17}^{+4}$, $Al_8(OH)_{20}^{+4}$, $Al_6(OH)_{15}^{+3}$등에 대하여 용해도를 구해서 상세한 그림을 작성, 이 그림상에 응집도를 다음과 같이 나누어 설명한다〈그림 2.1.5〉.

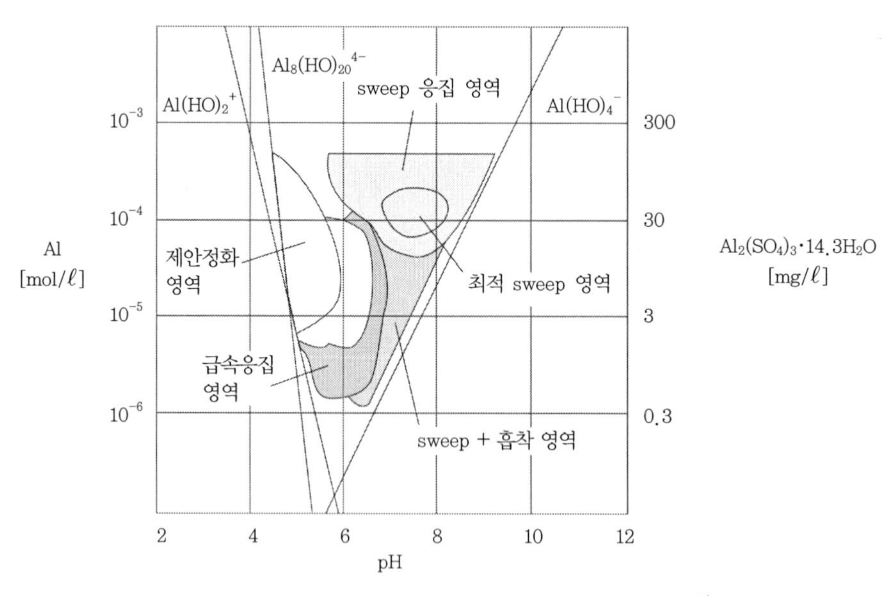

〈그림 2.1.5〉 황산알루미늄 응집에 대한 응집 영역[5)]

① **급속응집 영역(흡착 · 불안정화 응집)**

이 영역은 부(−)전위의 콜로이드표면에 양(+)전하를 갖는 알루미늄 Al^{3+}가 흡착하고 콜로이드표면 전위를 0으로 하여 전기적 반발력을 없애 응집한다. 알루미늄이 초과되면 전위가 역전되어 콜로이드는 다시 안정화되어 버리나 이 재안정화 영역 주위의 코로나(Corona) 부분에서 흡착 · 불안정화 기구가 우세하여 양호한 응집이 생긴다. 반응시간은 μ초에서 1초이기 때문에 강력한 교반으로 응집제를 순간적으로 원수(原水)에 분산시킬 필요가 있으며, 응집효과에는 혼화지 G값의 영향이 크다. 효과적인 응집의 G값은 $15,000s^{-1}$ 정도가 필요하다.

② **완속응집 영역**(Sweep Coagulation)

양(+)전하를 갖는 $Al(OH)_3(s)$가 부(−)전하의 콜로이드 주변에 부착하여 양호한 플록을 형성하는 영역이다. $Al(OH)_3(s)$는 $pH > 8$로 약한 마이너스로 대전되며, $pH < 7$에서는 강하게 양(+)의 값으로 대전된다. pH=7~8, 황산알루미늄 첨가량 30mg/ℓ 부근에서는 석출물 $Al(OH)_3(s)$는 양(+)에 대전되어 부(−)에 대전된 콜로이드를 받아서 sweep 응집이 된다. 이 영역에서는 수산화알루미늄의 석출은 그다지 빠르지 않으며, 반응시간은 1~7초이다. G값은 $300s^{-1}$ 이하의 교반이 좋고, 응집효과는 혼화지의 G값에 따라 변하지 않는다.

③ **재안정화 영역**(Restabilization)

마이너스 콜로이드표면에 양(+)전하를 갖는 알루미늄의 과잉으로 흡착되어 콜로이드가 플러스 전하를 갖고 안정화되는 영역이다. 급속교반강도의 차이에 관계없이 응집은 거의 생기지 않는다. 급속응집 영역과의 경계는 콜로이드표면의 상태 및 마이너스 이온의 존재량에 따라 변하며, SO_4^{2-} 및 PO_4^{-3}와 같은 음이온의 농도가 높으면 알루미늄 가수분해물의 플러스 전하를 낮추어 재안정화 영역의 경계가 모호해진다.

④ **재안정화 영역 아래의 흡착 · 불안정화 영역**

재안정화 영역 아래의 경계는 콜로이드 표면적에 따라 변한다. 여기에는 강한 교반이 다시 우위를 점한다. 그러나 코로나영역과 비교하면 결과는 극단적이지는 않고 탁도의 저하량은 적다. 응집제 첨가량이 적기 때문에 입자의 어느 것은 마지막에 마이너스 전하로 되고 있어 반응이 늦어지기 때문이다.

⑤ **복합 영역**

황산알루미늄 첨가량 10~20mg/ℓ 이하에서 급속응집 영역의 우측, $Al(OH)_4^-$의 평행선보다 왼쪽 영역의 응집은 두 개 기구의 혼합 영역이다. 가수분해물 $Al(OH)_4^-$는 마이너스로 대전되어 고상 $Al(OH)_3(s)$는 양(+)으로 대전된다. 이 범위에서는 알루미늄 첨가량이 감소함에 따라 sweep 효과가 줄며, 최종 탁도는 최적 sweep 응집만큼은 낮게 되지 않는다. 여기서는 혼화지 G값의 크기가 응집효과에 큰 차이를 가져오지 않는다.

실제 조작에서는 ② 영역의 sweep 응집을 목표로 하면 된다.

(3) 조류·유기물 응집

소독부산물을 억제하는 방법 중 하나는 응집에 의한 전구물질의 제거이다. 천연유기물은 응집플록에 흡착되는 형태로 제거되며 그 중에서도 휴민산이나 푸로브산은 플록에의 흡착성이 높다.

부영양화한 수원의 물을 응집 처리 시, 조류가 응집방해를 일으키기에 효과적인 응집을 위해서는 응집제를 여분으로 첨가할 필요가 있다. 철-시리카 고분자 응집제는 이러한 식물플랑크톤을 다량 포함된 물처리에 효과적이라 보고되었다.[8)]

(4) 응집제 주입률

▌자-테스트

최적 주입률을 알기 위해 실제 원수에 약품을 첨가해서 결과를 보는 것이 지름길이다. 자-테스터라 불리는 다수의 교반기를 갖는 장치를 이용하여 시행착오방법으로 주입률의 최적조건을 구한다.

자-테스트에서는 다양한 조합의 약품 첨가율로 적당한 교반조건을 기반으로 하여 만들어진 플록의 크기와 침강속도 그리고 상징수의 청정도를 관찰하여 결과를 판단한다. 즉, 자-테스트의 교반기와 비커는 응집침전조의 모형이다.

응집제는 침강 촉진만을 위한 것이 아니고, 여과보조제로 사용하는 것도 있다. 침강에 최적인 주입률과 여과의 최적 주입률과는 다르다. 마이크로 플록법 등의 직접여과에 대해서는 자-테스트가 아니고 여과지를 본뜬 소형 여과통을 사용하여 주입률을 결정한다.

수질데이터 예측치

응집제의 최적 주입률을 과거의 경험을 정리하여 탁도와 pH 및 알칼리도로부터 주입률이 산출되는 수식을 만들어놓고 응집제의 주입률을 계산하여 예측된 주입량을 제어하는 방법이 있다. 이 수식은 어느 하나의 정수장 또는 하나의 수계에만 유효하며 보편적이지는 않다. 또 홍수 등으로 원수의 큰 수질 변동이 있는 경우도 계산결과가 틀릴 수 있다.

Feedback 제어

처리결과(침전수탁도)를 Feedback하여 주입률을 제어하는 방법이다. 침전수 탁도가 목표값보다 크면 주입률을 크게 한다. 그러나 응집처리에서는 주입률이 크면 클수록 처리결과가 좋아지지 않으며, 〈그림 2.1.6〉과 같이 주입률이 너무 커도 처리결과가 나쁘기에 최적 주입률 제어가 어렵다. 최적 주입률 이하에서 항상 목표수질을 얻는 경우 및 PAC 같이 과잉주입에도 처리수탁도가 그다지 악화하지 않는 응집제를 사용 시에는 이 방법의 적용이 가능하다. 단 응집제 첨가도 침전수 탁도 결과가 나타날 때까지의 시간 지연에 대해서는 제어 연구가 필요하다.

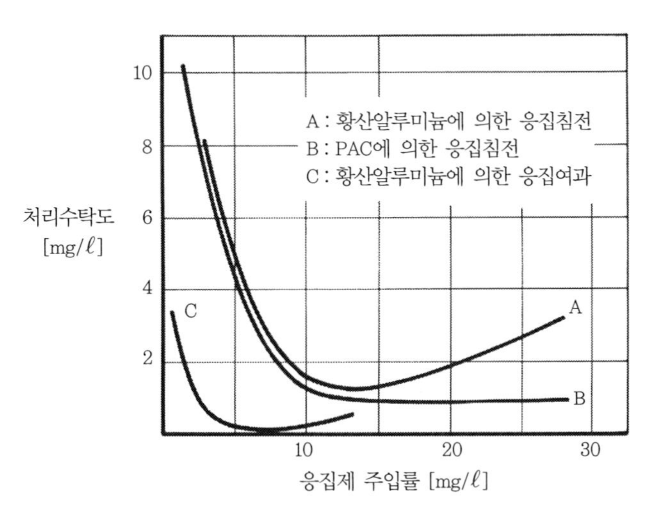

〈그림 2.1.6〉 응집제 주입률과 처리수탁도

▌자동 자-테스터

앞서 자-테스트를 자동화한 장치가 개발되고 있다. 통상 자-테스터에 광학센서를 설치, 응집플록의 침강속도와 처리수탁도를 측정할 수 있도록 하는 장치이다. 이 장치로 응집제의 첨가량을 변화시키며 그중에서 최적 주입률을 구한다. 수질데이터와 최적 주입률과의 관계는 컴퓨터에 기억시켜서 추후 시행횟수를 적게 하도록 한다. 이 장치로 얻은 결과를 응집제 주입장치에 직접 입력하여 제어한다.

▌응집센서에 의한 제어

혼화지의 플록입경이 침전처리수 탁도를 결정하는 것에 착안하여 제어하는 장치이다. 즉, 응집센서에 의해 플록 평균입경과 개수 농도를 측정하여 평균입경을 목표값으로 응집제 주입률을 구한다. 장치 운용 시 우선 침전처리수 탁도가 목표에 달하는 조건에서 응집센서의 입경출력과 원수 탁도와의 관계를 구한다. 이것으로부터 원수탁도의 측정값에서 목표 입경을 설정하고, 이 목표입경이 되도록 응집제 주입률을 증가시킨다. 기본적으로는 〈그림 2.1.6〉의 최적주입점보다 좌측에서 제어하게 된다. 과잉 주입을 방지하는 이점이 있지만 장치가 고가이다.

(5) 응집용 약제종류

응집제에는 알루미늄 또는 철염을 사용한다. 알루미늄염에는 황산알루미늄, 폴리염화알루미늄, 알루민산소다, 암모니아백반 및 칼륨백반이 있다. 철염에는 황산제1철, 황산제2철, 염화제2철, 염화코파라스(copperous) 등이 있다.

응집이론항에서 서술했듯이 응집처리의 효과는 응집제 첨가 후의 pH에 의해 영향을 받는다. 응집 pH 영역은 알루미늄제에서 5.5~8.0, 제2철제에서 3.5~11이며, 최적 범위는 이보다 좁다. 따라서 많은 경우 pH 조정제가 필요하다.

대부분 응집제는 산이기에 응집제의 첨가에 의해 물속의 알카리 성분이 소비된다. 이것에 의해 pH가 적정 응집 영역 이하로 내려갈 경우에는 알칼리제를 첨가한다.

호소수와 댐 호수에는 조류의 번성에 의해 탄산동화작용이 활발하여 수중의 탄산이 소비되어 pH가 높게 된다. 응집제를 첨가하여도 pH가 적정 응집 영역을 초과하는 경우에는 산을 첨가한다.

플록강도를 높여서 플록입경을 크게 성장시키거나 여과층에 플록의 억류력을 증가시키기 위하여 응집 보조제를 사용하기도 한다. 응집 보조제로는 이전에는 활성규산이나 알긴산소다를 사용하기도 하였지만 지금은 폴리아크릴아미드계의 합성고분자제를 사용한다. 이 부분은 다음 절에 설명한다.

황산알루미늄

황산알루미늄 $Al_2(SO_4)_3$는 황산반토라고도 불리며 부정형 고형, 입상 및 액체의 3종류가 시판되고 있다. 취급이 용이하기 때문에 액체로 구입하여 그대로 저장, 계량 및 주입하는 경우가 많다.

고형 및 입상은 15 내지 18%의 결정수를 갖으며, Al_2O_3 환산으로 14% 이상의 농도로 되어 있다. 입상은 특별 주문이 필요하다.

액체 황산알루미늄의 시판농도는 Al_2O_3 환산으로 8.0~8.4%이다. 운송 시 고농도가 유리하기에 8.2% 정도의 농도를 선택하는 경우가 많다.

액체 황산알루미늄의 융점은 8.2~8.5% 부근에서 가장 낮고, 여기에 예민한 변곡점이 있고 이점 이상의 농도에서는 급격히 융점이 상승한다〈그림 6.1.4〉. 따라서 겨울철의 동결문제는 이러한 고농도로 사용하는 것에 의해 해결되는 것으로 생각하는 사람이 있다. 그러나 사실은 반대로 어떤 원인으로 수분이 조금 증발하면 융점이 급격히 상승해 고체화된다. 따라서 오히려 고농도로 사용하면 동계에 주입관 폐쇄사고가 발생되기 쉽다. 이러한 폐쇄는 동결사고로 취급하는 것이 많지만 실제는 액체 황산알루미늄이 고체 황산알루미늄으로 변화된 것이다.

이러한 관점에서 액체 황산알루미늄은 8.0% 이하에서 사용하는 것이 좋다.

폴리염화알루미늄

폴리염화알루미늄(Poly Aluminum Chloride)은 PAC로 약칭되며 다염기성 다가 전해질이다. 분말활성탄과 같이 PAC(Powdered Activated Carbon)로 불리기 때문에 오해가 생기지 않도록 해야 한다.

폴리염화알루미늄은 아쿠아-알루미늄이온(Aqua-Aluminum ion)

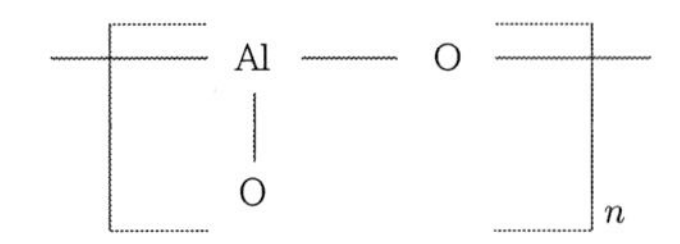

이 중축합한 다핵착화합물로 평균분자량 수백, 일반식은 $[Al_2(OH)_nCl_{6-n}]_m$ $(1 \leq n \leq 5,\ m \leq 10)$로 표시되며, 희박용액 중에서는 $[Al_2(OH)_2(OH_2)_8]^{4+}$ 또는 $[Al_3(OH)_4(OH_2)_{10}]^{5+}$와 같은 형태로 존재한다.

PAC는 제품에 따라 응집효과가 변하며 일반적으로 염기도($n/6$)가 높을수록 응집효과가 우수하다. 또 극단적으로 순수하면 응집효과가 나빠져 황산기 SO_4^{2-}와 같은 불순물이 혼합되는 것이 좋다.

일본의 수도는 응집제로 오직 PAC가 사용되며 황산알미늄은 매우 적다. PAC가 황산알루미늄에 비해 좋은 점은 다음과 같다.

① 고탁도 원수에 대해서 효과가 높다.
② 알칼리도의 저하가 작기에 pH가 낮은 원수에서는 알칼리제가 절감된다.
③ 적정 주입률 폭이 넓기 때문에 과잉 주입의 염려가 적다.
④ 낮은 수온에도 응집효과의 저하가 적다.
⑤ 교반시간을 적게 할 수 있다.

반면, 다음과 같은 단점도 있다.

① 저탁도 원수에 대해서는 효과가 적다.
② 고수온, 고알칼리도 원수에 대해서는 효과가 적다.
③ 염류가 많은 물에는 효과가 현저하게 나빠진다.
④ 플록 체적이 크다.
⑤ 화학적으로 불안정하기에 저장 가능일 수가 짧다.
⑥ 특정물질(예를 들어 콘크리트)에 접촉되면 겔화되는 경우가 있다.

pH가 높은 호소수나 하수처리수와 같은 염류농도가 높은 원수에 대해서는 폴리염화알루미늄보다 황산알루미늄을 사용하는 것이 좋은 경우가 많다.

황산철과 염화철

응집제인 철염은 황산알루미늄에 비해 플록이 무겁고 침강하기 쉽다. 가격이 싸기에 공업용수 및 공장폐수처리, 하수슬러지처리에 사용된다. 또 알루미늄이 알츠하이머증과 관련이 있을 수 있다는 점에서 응집제를 알루미늄염에서 철염으로 바꾸는 정수장도 외국에는 있다.

제1철염은 물에 첨가하면 발생되는 수산화제1철 $Fe(OH)_2$가 물에 대한 용해도가 크기에 응집이 안 된다. pH를 10 정도로 높이면 물속의 용존산소로 산화되는 수산화제2철 $Fe(OH)_3$이 되어 플록이 생성된다.

황산제1철 $FeSO_4 \cdot 7H_2O$는 녹반이라 불리며, 철강공장의 산세척(Pickling) 폐수에서 얻어지므로 가격이 싸다. pH 9.5 이하에 사용하면 상징액 중에 철이온이 잔류된다. 염소를 함께 주입하면 이러한 결점이 해소된다. 황산제1철은 환원성으로 6가 크롬의 제거에 유리하게 사용되는 수가 있다.

황산제2철 $Fe_2(SO_4)_3$은 응집 pH 범위가 넓어 생성플록 밀도가 크기에 슬러지의 침강성 및 농축성이 좋다. 단 상징수 탁도는 알루미늄보다 낮다.

염화코퍼러스 $Fe_2(SO_4)_3 \cdot FeCl_3$도 응집 pH 영역이 넓기에 플록의 침강성이 좋다. 특히 에멀젼상의 기름, 황화수소 등의 냄새 제거에 효과가 있다.

염화제2철 $FeCl_3 \cdot 6H_2O$은 응집 pH를 낮출 수 있기에 역침투막에 의한 해수담수화 시설의 전처리 장치의 응집제로 사용된다. 또 비소의 제거에 알루미늄염보다 효과가 있다고 한다.[6] 천연유기물질의 제거에도 황산알루미늄 및 폴리염화알루미늄보다 효과가 높다고 보고되고 있다.[7] 하수슬러지 및 분뇨슬러지의 탈수용 여과보조제로 사용된다.

기타 응집제

알민산소다(알민산나트륨), 암모니아백반, 칼륨백반 등도 응집제로 사용되는 수가 있다. 알민산소다($Na_2O \cdot Al_2O_3$)는 알칼리성이기에 처리수의 pH가 저하하지 않는 특성이 있다. 색도가 높은 물에 효과적이고 규산을 제거하는 이점이 있다. 물을 연화하는 작용도 있으며 주입 후 유리탄산을 증가시키지 않기에 보일러 용수의 처리에 사용된다.

암모니아백반($Al_2(SO_4)_3 \cdot (NH_4)_2SO_4 \cdot 24H_2O$)과 칼륨백반($K_2SO_4 \cdot Al_2(SO_4)_3 \cdot 24H_2O$)은 야전용, 비상용 또는 수영장(Pool) 정화용 등의 작은 장치의 응집제로 사용되기도 한다.

새로이 제안된 응집제로는 폴리황산제2철 및 철-실리카 무기고분자 응집제이다. 전자는 황산제2철의 황산기의 일부를 수산화기(基)로 치환한 것으로 $[Fe_2(OH)_n(SO_4)_{3-n/2}]_m$으로 표기되고, 유기물의 응집이 뛰어나고 오니의 탈수성이 높다.[9] 후자는 20~50만이라는 분자량을 갖는 중합규산에 철을 도입한 것으로 조류 및 휴민질의 응집, 저수온 특성이 우수하다고 알려졌다.[8), 10)]

알츠하이머증과 알루미늄

알츠하이머증의 사람 뇌에는 알루미늄이 많거나 인공투석 시 알루미늄을 포함한 물을 사용하여 인공투석을 하면 뇌에 장애를 일으킨다는 보고가 있다. 그러나 알루미늄이 음용으로 인해 알츠하이머증의 원인이 된다는 확실한 증거는 없다. 또 좋은 응집처리를 하면 처리수 중의 알루미늄 농도는 원수 중에 존재한 알루미늄 농도보다 낮게 할 수 있다.

참고문헌

1) 近藤保, コロイド科学序説, 三共出版, 1972, pp.11~45.
2) Levich, V.G., Physicochemical Hydrodynamics, pp.207~230, Prentice Hall, Inc.
3) Camp, T.R. and Stein, P.C., Velocity Gradient and Internal Work in Fluid Motion, J.of Boston Sciety of Civil Engineers, Vol.30, No.4, 1943, pp.219~237.
4) Yao, K.M., Particle Aggregation in Water Purification -Part-2, Water and Sewage Works, 1967, pp.295~298.
5) Amirthaljar, A. and Mills, K.M., Rapid-mix design for mechanisms of alum coagulation, J.of AWWA, Vol.74, No.4, 1982, pp.210~216.
6) Shem, Y.S., Study of Arsenic Removal from Drinking Water, J.of AWWA, Aug. 1973, pp.543~548.
7) Bell-Ajy, K., et al, Conventional and Optimized Coagulation for NOM Removal, J.of AWWA, Vol.92, 2000, No.10.
8) Hasegawa, T. Ehara, Y.Kurokawa, M.Hashimoto, K.Nishijima, W. and. Okada, MA Pilot Study of Polysilicsate-iron Coagulation, IWA World Water Congress-Berlin, 2001.
9) 新日本製織(株)カタログ, ポリ硫酸第二鉄.
10) 水道機工(株)技術資料, 鉄ーシリカ無機高分子凝集剤.

2.2 응집 보조제, 고분자 응집제

(1) 응집 보조제의 용도와 분류

물의 응집 처리에서, 플록의 생성이 어렵거나, 생성 플록의 침강성이 나빠지는 수가 있다. 생성 플록을 크게 견고히 하기 위해서 긴 연쇄 구조를 가진 고분자 물질을 무기 응집제와 함께 첨가하는 것이 행해진다. 이것이 응집 보조제이다. 응집 보조제로서 고분자제의 기능은 흡착에 의한 가교작용으로 설명되고 있다.

따라서 뛰어난 효과를 가지는 응집제는 분자량이 크고 긴 연쇄 구조를 가진 작용기의 극성과 분포가 적당한 것이 요구된다. 또 수처리에 사용하므로 수용성임이 조건이 된다. 고분자 응집제에는 무기계와 유기계가 있으며, 유기계 고분자 응집제는 천연 고분자 화합물과 합성고분자 화합물로 대별된다.

무기 및 천연 고분자제는 분자량이 고작 10만 정도인 것에 비해, 합성고분자 응집제는 100만 정도의 분자량으로 만들어진다.

따라서 효과에서 합성고분자가 우수하고, 무기 및 천연 고분자제는 사용되지 않고 있다. 이처럼 분자량이 큰 합성고분자제는 응집 보조제가 아니라, 대상 물질에 따라서는 단독으로도 응집효과를 나타낸다. 그런 점에서 고분자 응집제라 부른다. 합성고분자 응집제에는 독성이 충분히 규명되지 않은 것이 있다. 또, 독성이 낮다고 여겨져 있는 고분자제라도 불순물로 남아 있는 모노머가 인체에 영향을 미친다.

음료수 처리에 사용하는 경우에는 독성을 극소로 제한하는 것은 물론, 폐수 처리에 적용하는 경우에도 방류수나 슬러지와 반응한 고분자제가 환경에 부하를 주지 않도록 하지 않으면 안 된다. 슬러지 처리에 대해서는 슬러지 입자의 탈수성을 높이기 위해 탈수 보조제로 고분자 응집제를 첨가하는 수가 있다. 슬러지에 고분자제를 첨가하면 긴 연쇄 구조가 슬러지 입자에 얽혀 조대한 입자를 형성하는 것을 이용한 것이다. 슬러지 조질제로서 소석회 등에 비해 소량의 첨가로 끝나기 때문에 슬러지양을 억제할 수 있는 이점이 있다.

응집 보조제를 분류하면 〈표 2.2.1〉처럼 무기와 유기로 나누며, 유기제는 천연제와 합성제가 된다. 게다가 표면 전하의 종류에서 아니온(음이온)계, 카티온(양이온)계 및 노니온(비이온)계로 분류된다.

〈표 2.2.1〉 응집 보조제의 분류

구분			음이온성	양이온성	비이온성
무기			활성규산 벤토나이트	철실리카고분자 응집제	
유기	천연		알긴산소다 젤라틴	젤라틴	전분
	합성	셀룰로스 유도체	카르복시메틸셀룰로스 (CMC)		
		변성전분 전분유도체	알칼리전분 카르복시메틸전분	변성카티오닉전분	
		중합형 축합형 중축합형	폴리아크릴산소다 폴리아크릴아미드 부분가수분해물 폴리스티렌술폰산소다 말레산공중합체	폴리아크릴아미드변성물 폴리비닐피리딘염산염	폴리아크릴아미드

(2) 무기고분자 응집 보조제

▮활성규산

과거에 사용된 무기고분자 응집 보조제는 활성규산이다. 주로 상수도의 응집 보조제로 이용되고 저수온·저탁도 원수 처리에 효과가 있다. 또, 응집 pH 영역이 넓고 여과지의 탁질 누출을 억제한다는 이점이 있다. 한편, 여과지의 손실 수두가 커져 여과지속시간이 짧아지는 단점이 있었다.

활성규산은 활성실리카라고도 하며 규산소다(물유리) $Na_2O \cdot nSiO_2$에 산을 첨가한 후 일정 시간 양생하여 겔화하기 직전에 주입한다. 첨가하는 산을 활성제라 칭하며, 염소 Cl_2, 황산 H_2SO_4, 황산알루미늄 $Al_2(SO_4)_3$, 황산암모늄$(NH_4)SO_4$, 탄산가스 CO_2 등이 쓰였다. 이 중 다루기 쉬운 것은 황산이다. 황산을 사용한 경우 다음의 반응식으로부터 활성규산 SiO_2가 생성된다.

$$H_2SO_4 + Na_2O \cdot nSiO_2 = Na_2SO_4 + H_2O + nSiO_2$$

▮ 철-실리카 고분자 응집제

분자량 20~50만의 중합 실리카에 염화제2철을 도입한 것, 폴리황산제2철에 규산모노머를 포함한 물유리를 도입한 것 등이 있다. 보조제가 아닌 주응집제로 사용한다.

(3) 천연 유기고분자 응집 보조제

대표적인 천연고분자 응집 보조제는 알긴산나트륨이다. 이 외 제라틴, 단백질, 가성화 전분 등이 있다. 또, 합성고분자제로 분류되어 있는 셀룰로스나 전분의 유도체 또는 변성 전분도 천연 고분자 물질로부터 만들어진다.

천연의 고분자 응집 보조제는 일반적으로 음이온성 또는 비이온성으로 분자량은 수만에서 수십만 정도이다. 합성고분자에 비해서 분자량이 2자리 작아서 응집의 주성분으로는 될 수 없으며, 가교흡착력도 합성고분자에 비해서 떨어진다. 또, 일단 용해하면 부패하기 쉬워진다는 결점도 있다. 그러나 값싸고 독성의 문제가 없기 때문에 상수처리에 꽤 널리 이용되었다.

▮ 알긴산소다

알긴산나트륨은 갈조류를 알칼리용액으로 처리하고, 알긴산염의 형태로 추출하여 얻는 음이온 친수성 고분자전해질이다. 성상 등을 조목별로 쓰면 다음과 같다.

① 다음과 같은 구조식을 가지며 분자량은 약 240,000이다.

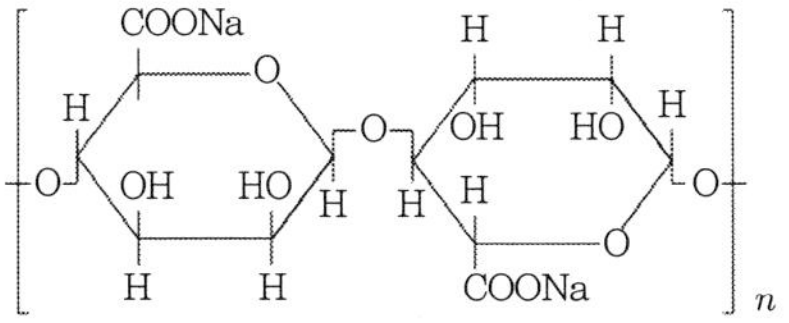

② 흰색 또는 황백색의 분말로 거의 무미 무취이다.

③ 수용액의 점도는 중합도나 농도에 따라 다르며 온도에 따라 가역적으로 변화한다.

④ 무기산(鉱酸)에 의해 응고하고, 유기산 등의 약산에 의해 연약한 겔을 형성한다.

⑤ 염화칼슘, 황산알루미늄 등의 금속염을 가하면 즉시 응고한다.

⑥ 수용액 중에서 음전기로 대전하고 있으므로 정전하를 가진 고분자와 강하게 결합한다.

⑦ 부패에 대해 pH와 밀접한 관계가 있고 중성으로 가장 빨리 부패한다.

▌가성화전분

〈표 2.2.1〉에서는 합성고분자제로 분류하였으나 석유화학 제품에서는 없기 때문에 여기에서 기술하며 다음 CMC도 마찬가지이다.

전분에 알칼리 수용액을 섞으면 끈끈하게 되며 응집 보조제로 사용할 수 있다. 가성화 전분은 전분을 알칼리 수용액과 섞어 만든다.

5%의 NaOH와 10%의 전분을 1:1의 비율로 섞으면 5%의 가성화전분이 될 수 있다.

소금물 정제용의 응집 보조제로 사용된다.

▌CMC의 나트륨염

카르복시 메틸셀룰로오스(CMC)의 나트륨염 $C_6H_9OCH_2COONa$는 펄프에 모노 크롤 초산, 가성소다, 소다회 및 황산을 가하여 제조한다.

(4) 합성고분자 응집제

합성고분자 전해질에는 단독으로 사용하여도 현저한 응결작용을 나타내는 것이 있다. 이들은 응집 보조제로 부르기보다 응집제라고 하는 편이 좋다. 그러나 많은 경우 무기응집제에 따라 콜로이드의 전하를 중화한 후, 응집입자를 조대화할 목적으로 사용되고 있다.

합성고분자 응집제는 분자량이 10^6을 넘는 연쇄구조의 분자이다. 분자 안에 수많은 활성점을 갖고 있어서 하나의 분자가 얼마인가의 현탁입자와 결합하는 이른바 가교작용을 나타낸다. 따라서 콜로이드보다 훨씬 큰 입자응집에도 힘을 발휘한다. 이 특징을 살려 응집침전용만이 아닌 슬러지 탈수보조제로도 쓰인다.

고분자 응집제가 표면전하의 종류에 따라 아니온(음이온)성, 카티온(양이온)성 및 노니온(비이온)성의 3종으로 분류한 것은 전술과 같다. 각각의 고분자제의 효과와 용도를 〈표 2.2.2〉에 나타낸다. 아니온성 응집제는 고농도에서 조립자로 이루어진 현탁액에 대해 사용된다. 알루미늄이나 철과 같은 금속응집제와 병용하는 것은 그 형상이다. 노니온(비이온)성 응집제는 아니온성과 비슷하지만 산성성향의 pH 영역에서 사용한다. 자갈폐수나 광산폐수의 침강촉진제로 널리 이용되고 있다. 또 무기응집제와 병용하면 크립토스포리듐의 제거율을 현저히 향상할 수 있다고 한다.[1)]

〈표 2.2.2〉 고분자 응집제의 대표적 효과와 용도

종류	아니온성 응집제	노니온성 응집제	카티온성 응집제
선택기준	현탁액 농도가 높고, 현탁물이 조립자이다. pH가 중성~알카리성이다.	현탁액 농도가 비교적 높고, 현탁물이 조립자이다. pH가 중성~산성이다.	현탁물이 유기질 또는 콜로이드 상태이다.
효과	무기질 현탁액. 특히 중금속 수산화물 등 카티온하전입자의 침강, 부상분리촉진 및 여과촉진	무기질 현탁물의 침강촉진, 여과촉진, 자갈·점토 채취폐수	유기질 현탁물의 부상, 침강, 여과의 촉진
용도	종이·펄프공장폐수, 금속·기계공장폐수, 선광폐수, 도금폐수, 선탄폐수	자갈·점토 채취폐수 광산폐수	하수, 분뇨, 도장공장, 폐수, 식품가공 공장폐수

카티온성 응집제는 하수나 분뇨 등의 유기질 또는 콜로이드 현탁액을 응집한다.

이 경우, 고분자 응집제 단독으로 유효하게 기능한다. 조류, 클로렐라, 녹조류, 박테리아 같은 조류에는 카티온계 고분자 응집제가 효과적이다. 노니온계와 아니온계는 효과가 없다. 수산 가공폐수를 처리할 때 황산알루미늄 같은 무기 응집제를 사용하면 발생한 거품이나 슬러지가 비료 등에 사용하기 어렵지만 카티온성 고분자제를 써서 처리하면 비료로서의 가치가 높아진다.

실용화되고 있는 유기고분자 응집제를 들면 〈표 2.2.3〉과 같다.

〈표 2.2.3〉 유기합성고분자 응집제

명칭	분자식	종별	특징
폴리아크릴산소다	$\left[CH-CH_2 \right]_n$ (CH에 COONa)	음이온성 고중합도	응집효과가 pH나 금속이온의 영향을 받기 쉽다.
폴리아크릴산 디메틸아미노에틸	$\left[CH-CH_2 \right]_n$ (CH에 $COOCH_2CH_2NC_2H_6$)	양이온성 고중합도	친수성유기물의 응집에 유효
폴리아크릴아미드	$\left[CH_2-CH \right]_n$ (CH에 $CONH_2$)	비이온성 고중합도	넓은 pH범위에 걸쳐서 대부분 현탁물에 현저한 응집작용
폴리아크릴아미드 부분 가수분해물	$\left[CH-CH_2-CH-CH_2-CH-CH_2 \right]_n$ (각 CH에 $CONH_2$, COOH, $CONH_2$)	음이온성	폴리아크릴아미드에 비해 중성·알카리성에서 우수하고, 산성에서는 떨어진다.

〈표 2.2.3〉 유기합성고분자 응집제(계속)

명칭	분자식	종별	특징
폴리아크릴아미드 술폰화유도물	$-[CH-CH_2-CH-CH_2-CH-CH_2-]_n$ (측쇄: $CONH_2$, $CONHCH_2SO_3NaCONH$)	음이온성 고중합도	
폴리스틸렌 술폰산소다	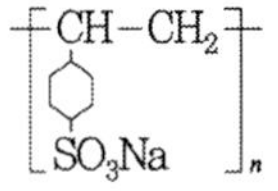 $-[CH-CH_2-]_n$ (측쇄: 벤젠고리-SO_3Na)	음이온성 고중합도	
폴리비닐 · 벤질 · 트리메틸 · 암모늄 · 클로라이드	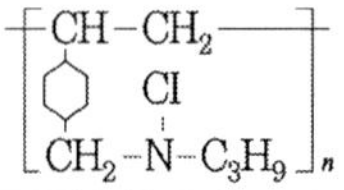 $-[CH-CH_2-]_n$ (측쇄: 벤젠고리-$CH_2-N(Cl)-C_3H_9$)	양이온성	
폴리비닐 피리딘염	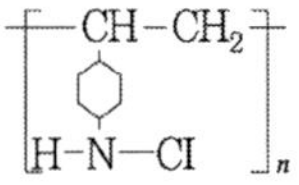 $-[CH-CH_2-]_n$ (측쇄: 고리-$H-N-Cl$)	양이온성	
말레인산중합체	$-[CH-CH-CH-CH_2-]_n$ (측쇄: $COOH$, $COOH$, $COOH_3$)	음이온성 고중합도	
폴리아민		축합형 양이온성	점토계 현탁물의 응집에 효과
폴리아민폴리아미드	$(-NH\ (CH_2)_nNHCO\ (CH_2)_mCO-)_p$	축합형 양이온성	
폴리치오요소		축합형 양이온성	탈색에 효과가 있다.
폴리에틸렌이민	$(-CH_2CH_2NH-)_n$	양이온성	
폴리옥시에틸렌	$(-CH_2CH_2O-)_n$	비이온성 고중합도	

▌고분자 응집제의 독성

〈표 2.2.3〉에 나타낸 합성고분자 응집제 중에는 사람이나 수서생물에 독성을 갖는 것이 있다. 〈표 2.2.4〉는 히메다카(중 송사리)에 대한 48시간 반수 치사농도를 각종 고분자 응집제에 대해서 측정한 것이다.[2] 이 결과와 같이 현재 알려져 있는 고분자 응집제 중에서는 폴리아크릴아미드계가 뛰어나게 저독성이며, 정수처리에 사용하는 것은 이 형태의 것이다.

합성고분자 화합물은 단량체를 중합 또는 축합하여 만든다. 일반적으로 단량체(모노머)는 독성이 강하며, 중합체(폴리머)는 약하다. 폴리아크릴아미드에 대해서도 정수용으로는 모노머의 함유율이 허용 한도이다.

미국에서는 USPHS 응집 보조제 자문위원회가 승인한 상수처리용 합성고분자 응집제 제품명을 공표하고, 각각의 약품에 허용되는 최대 주입률과 불순물로서 포함되는 모노머 양의 최대치를 규정하고 있다.

음료수의 처리에 사용하는 경우 고분자 응집제 자체의 독성만이 아니라, 다른 첨가 약제에 의해 독극물이 생성하지 않음을 확인할 필요가 있다. 폴리아크릴아미드와 같은 고분자 응집제는 오존을 더하면 폴리머도 모노머도 신속하게 줄어들어서 프롬산(개미산)이 생성한다. 또, 염소를 첨가하면 TOX나 THM이 증가하지만 어느 경우도 고분자제가 통상의 첨가량이면, 인체에의 영향은 무시할 수 있다는 보고가 있다.[3)]

〈표 2.2.4〉 히메다카에 대한 각종 고분자 응집제의 48시간 TL_m[2)]

이온성	고분자 성분	48시간 TL_m (순분 mg/ℓ)
카티온	아닐린유도체	5
	폴리에틸렌이민	0.23
	방향족아민유도체	150
	폴리아민	1.2
	폴리아민술폰	0.6
	폴리알키렌·폴리아민	0.5
	아민가교중축합체	0.12
	폴리아미드	4
	폴리아미드	0.4
	카티온 변성 폴리아크릴아미드	50
	카티온 변성 폴리아크릴아미드	>1,000
노니온	폴리아크릴아미드	>1,000
	폴리에틸렌옥사이드	400
아이온	폴리아크릴아미드 15% 가수분해물	>1,000
	폴리아크릴아미드 35% 가수분해물	400
	폴리아크릴아미드 50% 가수분해물	>1,000
	폴리아크릴산소다·아미드유도체	9

(주) 수온 24~26°C

폴리 아크릴 아미드계 고분자 응집제

현재, 정수용에 사용이 허가되고 있는 합성고분자 응집제는 폴리아크릴아미드계이다. 외국에서는 염화디아릴디메틸 암모늄계 고분자 응집제도 사용되고 있지만 독성 등의 정보가 빈약하다. 〈표 2.2.3〉과 중복되지만, 폴리아크릴아미드계 고분자 응집제 구조를 〈표 2.2.5〉에 나타낸다.

〈표 2.2.5〉 폴리 아크릴 아미드계 고분자 응집제

종류	화학구조	이온성
폴리아크릴산소다	$\left[CH-CH_2 \atop | \atop COONa \right]_n$	음이온성 고중합도
폴리아크릴아미드	$\left[CH-CH_2 \atop | \atop CONH_2 \right]_n$	비이온성
폴리아크릴아미드 부분 가수분해물	$\left[CH-CH_2 \atop | \atop COONa \right]_n \left[CH-CH_2 \atop | \atop CONH_2 \right]_m$	n/(n+m)=10~20% 중음이온성 n/(n+m)=5~10% 약음이온성 n/(n+m)<5% 비이온성
폴리아크릴산 디메틸아미노에틸	$\left[CH-CH_2 \atop | \atop COOCH_2CnH_2NC_2H_6 \right]_n$	양이온성

참고문헌

1) Yates, R.S., et al, Optimizing Coagulation/Filtration Process for Cryptosporidium Removal, 1997 International Symposium on Waterbone Cryptospridium Proceedings, pp.281~290.

2) 田端健二, 酒井昭四郎, 水産生物に及ぼす高分子凝集剤の毒性について, 水処理技術, Vol.11, No.5, pp.29~32(1970).

3) Malleviralle, J., al, How Safe are Organic Polymers in Water Treatment, J. of AWWA, Vol.76, No.6, pp.87~93(1984).

2.3 pH 조정제

(1) pH 조정의 목적

물이 물질을 용해하는 능력은 pH에 따라 크게 변한다. 이를 이용해 물을 정화하거나 수중금속을 제거하기도 한다. 마찬가지로 금속 재료의 부식도 pH를 조절함으로써 제어할 수 있다. 또 거의 모든 생물은 pH가 중성 부근의 물을 필요로 하고 있으며, 생활용수도 생물처리하는 물도 환경 중에 나오는 물도 중성이 아니면 안 된다.

pH 조정은 물 처리 중에서도 기본적인 조작이다. 이하, 구체적인 예를 말한다.

(2) 응집처리에서의 pH 제어

응집제는 각각 응집에 맞는 pH 범위가 있으며, 응집제 첨가 후 물의 pH가 이 범위를 벗어나면 응집이 불완전 또는 응집불능에 빠진다. 응집제는 일반적으로 산이며, 원수는 중성 부근의 것이 많기 때문에 응집제 첨가에 따른 pH 저하를 보충하기 위해 정수처리에서 pH 조정제라고 하면 알칼리제를 가리키는 일이 많았다.

〈표 2.3.1〉 산이나 응집제 1mg/ℓ 중화하는 데 필요한 알칼리제량[mg/ℓ]

응집제	분자량	알칼리도 감소	소석회 $Ca(OH)_2$	가성소다 NaOH	소다회 Na_2CO_3
황산알루미늄 $Al_2(SO_4)_3 \cdot 18H_2O$	666	0.45	0.33	0.36	0.47
폴리염화알루미늄 $[Al_2(OH)_n Cl_{6-n}]_m$	–	0.29	0.21	0.23	0.30
황산제2철 $Fe_2(SO_4)_3$	400	0.75	0.56	0.60	0.80
황산제1철 $FeSO_4 \cdot 7H_2O$	278	0.36	0.28	0.29	0.38
염화코퍼라스 $Fe_2(SO_4)_3 \cdot FeCl_3$	563	0.53	0.59	0.64	0.85
황산 H_2SO_4	98	1.02	0.76	0.82	1.08
염산 HCl	36.5	1.37	1.01	1.10	1.45

㈜ 폴리염화알루미늄은 $n=5$로 한다.

그러나 조류가 발생하고 있는 호소와 댐에 장기간에 걸쳐 담수된 물은 탄산 동화 작용에 의해 pH가 높아지고 있다.

유하거리가 긴 대륙의 하천수에서도 높은 pH를 나타내는 것이 많다. 반면, 폴리 염화알루미늄 같은 pH가 그다지 저하하지 않는 응집제를 쓰게 되었기 때문에 응집제를 첨가하여도 응집에 적합할 때까지 pH가 떨어지지 않는 사태가 생긴다. 또, TOC 제거에는 pH를 6.6 정도로 낮추면 효과가 높다는 보고[1)]가 있다.

이러한 물에는 산을 첨가하여 pH를 내리지 않으면 안 된다.

(3) 수중 금속 제거-수산화물 처리

수중에 용해하고 있는 중금속을 제거하는 데 가장 간단한 방법은 수산화물처리이다. pH를 적절한 범위로 조정하면 물속에 용해하고 있는 금속 M은 용해도가 낮은 수산화물 $M(OH)_2$로 되어 석출하는 것이 많다.

$$M^{2+} + 2OH^{-1} \rightleftarrows M(OH)_2 \downarrow$$

따라서 pH 제어 후 침전처리하면 수중금속을 제거할 수 있다. 이것이 수산화물처리이다. pH 제어에 의해 제거할 수 있는 금속으로는 카드뮴(Cd), 니켈(Ni), 구리(Cu), 납(Pb), 아연(Zn) 등이 있다. 철도 수산화물처리에 의해 제거되는 것이지만, 용존체의 2가 철을 산화처리에 의해 3가 형태의 수산화물로 하여 침강 분리하고 있다.

상기의 반응은 가역반응으로 금속이온과 수산화물이 평형을 유지하고 있다. 용해도곱을 K로 하면 금속이 2가의 경우에는 식 (1)이 성립한다.

$$[M^{2+}]\ [OH^{-}]^2 = K \tag{1}$$

여기서,

$$pH = -\log[H^{+}] \tag{2}$$

$$[H^+][OH^-] = K_w \ (=10^{-14}) \tag{3}$$

이것을 사용하면

$$\log[M^{2+}] = \log K - 2\log K_w - 2pH \tag{4}$$

로 되고, 물에 녹는 금속의 농도는 pH에 따라 결정된다. 이 관계를 각종 금속에 대해 나타낸 것이 〈그림 2.3.1〉이다.

수산화물 처리의 플로우 시트는 〈그림 2.3.2〉처럼 된다. 많은 금속에서는 pH를 높게 할 필요가 있으니까, 침전 처리 후에 산을 첨가하여 pH를 중성 부근으로 되돌리는 조작을 한다. 제2철이나 알루미늄처럼 중성 부근에서 침전이 생기는 금속의 처리에서는 침전 처리 후의 pH 조정 조작은 생략된다.

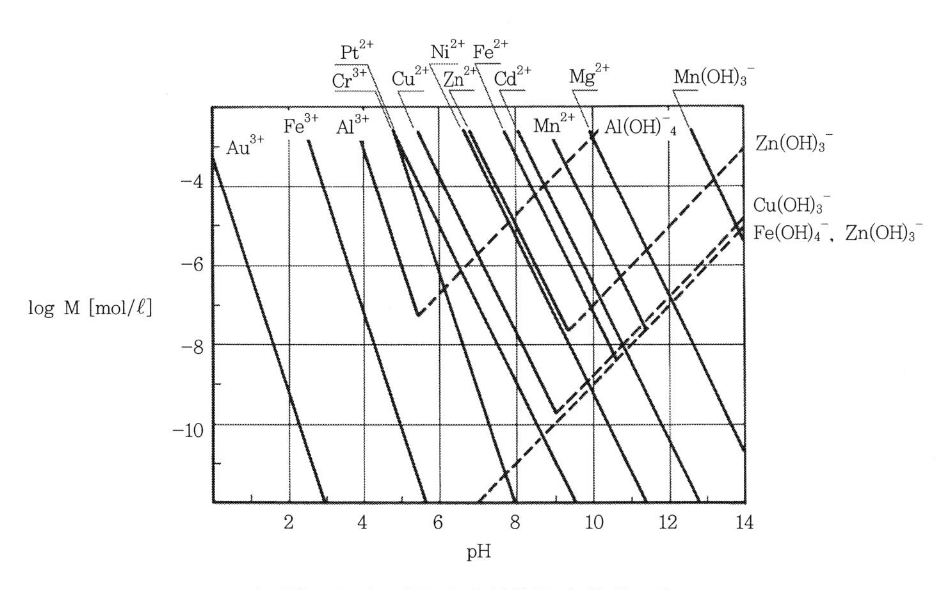

〈그림 2.3.1〉 각종 금속산화물의 용해도와 pH

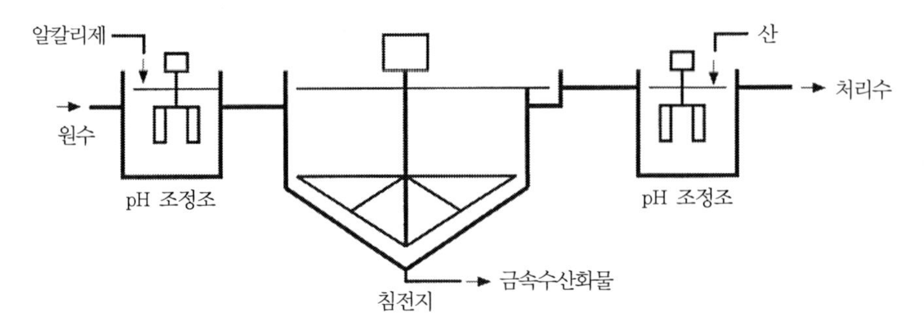

〈그림 2.3.2〉 수산화물처리에 의한 용존금속의 제거계통도

(4) 고 pH 처리수의 중성화와 랑겔리아 지수의 개선

화학 연화 처리나 석회 응집에 의한 탈 인 처리에 대해서는 pH를 높여 침전을 생성한다. 목적이 음료인 경우는 물론 방류하는 경우에서도 이들의 처리 후 산을 첨가하여 pH를 중성으로 돌리는 조작이 필요하게 된다. 산으로 탄산가스를 사용하는 경우 이 조작을 재탄산화(recarbonation)라고 한다.

급배수관의 부식을 방지하기 위해 pH를 조정하는 수가 있다. 특히 연관에서의 납의 용출을 억제하기 위해서는 pH를 적절한 값으로 할 필요가 있다. 이 경우에는 단순히 pH를 중성으로 하는 것만이 아닌 칼슘과 탄산가스를 첨가하여 이를 용해성의 알칼리도 성분으로 하는 것으로 랑겔리아 지수를 0부근으로 조정하는 것이 일반적이다. 이 조작을 미네랄 첨가(remineralization)이라고 한다.

(5) 기타 pH 제어

▌방류수의 중화

공장 폐수에는 산성에서 알칼리성까지 넓은 범위의 물이 있다. 이들 중에는 단순히 pH를 중성으로 하는 것만으로도 방류 및 재활용이 가능한 것이 있다. 한 공장에서 산성폐액과 알칼리성 폐액이 나오는 일도 드물지 않다. 이러한 경우 이 두 개의 폐액을 혼합하면 중성이 될지도 모른다. 그러나 혼합에 의해 폐수중의 용해물질이 착이온을 형성하면 처리가 현저히 곤란하다. 산성폐수와 알카리성 폐액이 배출되는 경우에서도 개별적으로 중화처리해야 한다.

생물처리의 전처리, 후처리

생물처리는 중성 영역에서 진행한다. 맥주공장, 청량음료공장의 병세척 폐수 등과 같이 pH가 중성에서 벗어난 폐수를 생물 처리하는 경우에는 전처리로서 pH조절을 한다. 또, 하수 등을 질화처리하면 생긴 질산 때문에 pH가 저하한다. 이를 방류기준에 적합하기 위해서는 후처리로 알칼리제 주입이 필요하게 된다.

불소의 제거[2)]

일렉트로닉스 관련 공장에서는 웨이퍼의 세척약품이나 에칭(etching) 약품으로 불산, 불화암모늄이 다량으로 사용되어 공정에서 배출되는 불화물의 농도는 불화물 이온으로서 수백~수천 mg/ℓ에 이른다. 이를 처리하려면 소석회를 첨가하여 불화칼슘의 미립자로 하고, 이를 무기응집제와 고분자 응집제를 병용하여 침전 분리한다. 이 경우, 침전슬러지는 폐기물로 처리한다.

이에 대해 정석법을 사용하면 생성물을 원료로 회수할 수 있다. 즉, 불화칼슘 펠릿(알갱이)을 종자 결정(種晶)으로 하여 소석회와 염화칼슘을 첨가하면, 불화물은 다음의 반응에 의해 종자 결정과 같은 불화칼슘이 되어 종자결정의 표면에 석출한다.

이 석출 펠릿은 95% 이상의 순도로 되어 원료로 재이용할 수 있다.

$$2Fe^{-} + Ca^{2-} \rightarrow CaF_2$$

암모니아 스트리핑

수중의 암모늄 이온은 다음과 같이 해리하고 있다.

$$NH_4 \rightleftarrows NH_3 + H^{+}$$

이 평형은 pH를 높게 하면 오른쪽에, 낮추면 왼쪽으로 움직인다. 따라서 pH를 높여 암모니아의 형태로 하면 용이하게 가스체가 되므로, 공기를 불어 넣어 이를 몰아내면 물속에서 제거할 수 있다. 이를 암모니아 스트리핑법이라고 한다. 이 방법에 대해서는 별항으로 기술한다.

▌단백질의 응고

생선연육(으깬 어육) 공장이나 우유공장에서는 단백질을 포함한 폐수가 나온다. 이와 같은 폐수에는 염산을 첨가하여 단백질을 응고한 후 부상 분리한다.

▌금속의 용해

역삼투막에 의한 해수 담수화에서는 막에의 금속석출을 방지하기 위해 pH를 낮춘 후 나서 막분리를 한다.

정수 슬러지에 산을 더해 황산알루미늄을 회수할 수 있다. 다음의 반응으로부터 슬러지 중의 수산화알루미늄을 황산으로 용출하여 황산알루미늄으로 되기 때문이다.

$$2Al(OH)_3 + H_2SO_4 \rightarrow Al_2(SO_4)_3 + 6H_2O$$

▌보일러 물

보일러 급수는 보일러를 부식하지 않도록 여러 가지 약제를 이용해 pH를 적절한 값으로 유지하고 있다. 이들에 대해서는 청관제 항에서 기술한다.

(6) 알칼리제

▌소석회

소석회 $Ca(OH)_2$는 저렴하므로 수처리에 널리 이용된다. 인체의 위험성이 적은 약재이기도 하다. 하지만 물에 대한 용해도가 낮기 때문에 대개 슬러리 상태로 다루며 그 때문에 펌프나 배관이 자주 폐색을 일으킨다. 또 가벼운 가루이기 때문에 포대 해체 시 비산하기 쉬워 먼지에 의한 작업성이 현저하게 해친다. 소석회를 사용하는 경우에는 이 배관 폐쇄와 먼지의 문제를 어떻게 해결하느냐가 기술상의 포인트가 된다.

▌생석회

생석회 CaO는 소석회보다 더 싸기 때문에 외국에서는 정수, 폐수에 관계없이 널리 사용된다. 물에 젖으면 고온이 되어 화재의 위험이 있어 사용 사례가 적다. 공장 폐수에 사용이 한정되어 있다.

생석회를 주입할 경우, 스레이킹(slaking) 또는 하이드레이션(hydration)이라 하여 물을 가해 소석회로 바꾸는 프로세스가 추가 된다. 생석회가 소석회로 되는 반응은 다음과 같은 발열 반응에서 이 발생열을 이용해 고농도의 소석회 슬러리를 만들 수 있다.

$$CaO + H_2O \rightarrow Ca(OH)_2 + 273kcal/kg(1.15MJ/kg)$$

소다회

소다회는 무수탄산나트륨 Na_2CO_3으로, 결정수가 없는 '탄산나트륨'이라고 주문하면 결정수가 있는 $Na_2CO_3 \cdot 10H_2O$가 납품되어 버린다.

소다회에는 중회라고 칭하는 입상의 것과 경회라고 불리는 가루로 된 것이 시판되고 있다.

소다회는 인체에 대한 위험성도 적고, 물에의 용해성도 좋다. 게다가, 분진정도도 소석회에 비해 가볍고, 특히 입상의 것은 먼지의 문제는 거의 일어나지 않는다. 다만, 입상의 것은 용해가 불충분한 상태로 이송하면 배관 내에서 재결정을 일으켜 관이 막힐 수 있다.

가성소다

가성소다(수산화나트륨, NaOH)에는 고형과 액상이 있다. 취급이 용이하므로 대개 액체로 반입한다.

나트륨이온은 고혈압의 원인이 되므로 정수용의 알칼리제는 소석회를 사용하는 게 좋다는 의견이 있다. 경제성도 소석회가 우위에 있다. 그러나 극약이라는 점을 제외하면 액체 가성소다는 취급이 위생적이고 일손을 요하지 않는다. 이런 노동위생상의 이점에서 가성소다가 알칼리제로 가장 일반적으로 사용된다.

가성소다 용액의 녹는점은 농도에 따라 복잡하게 변화한다〈그림 6.3.2〉.

운반농도로는 45% 정도가 많은데, 이 농도에서 겨울에는 석출되어 고화되므로 저장이나 주입에는 제1의 극소점인 20% 정도로 하는 것이 좋다.

가성소다는 극약이다. 짧은 시간이면 직접 피부에 접촉되어도 표피에 녹아 미끈미끈하는 정도이지만 눈에 들어가면 수정체를 침범하여 실명에 이른다. 또, 가성소다와 물과의 반응은 발열 반응이기 때문에 희석공정이 있는 경우에는 국부적인 비등에 의한 비말(물보라)이 작업자에게 날아갈 수 있다. 만일의 경우에 대비하여 가성소다를 다루는 장소에는 근처에 성수꼭지를 갖추고 세안 등이 가능하도록 한다.

그 외의 알칼리제

보통의 수처리에서는 상기의 4가지 이외의 알칼리제는 쓰이지 않는다. 다만 주택 등의 급수관 방식에 트리폴리메타인산나트륨 $Na_5P_3O_{10}$이나 헥사메타인산나트륨$(Na_3PO_3)_6$ 등의 중합인산염이 사용된다. 이들은 수중에 용해되어 있는 철과 망간이 석출하여 적수나 흑수의 해를 일으키는 것을 막고 연화에도 효과가 있다. 또 규산나트륨은 SiO_2 같은 콜로이드를 형성하여 금속에 흡착되어 급수관에 보호 피막을 형성하여 녹의 발생을 억제한다.

(7) 산

황산

알칼리 폐액의 중화처리용으로 일반적으로 사용되는 것은 황산 H_2SO_4이다. 황산은 응집 침전슬러지에서 황산알루미늄이나 폴리염화알루미늄을 회수할 때 수산화알루미늄을 용해하는 약재로도 쓰인다. 이 경우의 황산의 기능도 일종의 pH 조정 작용이다.

황산은 접촉하기만 해도 인체를 손상한다. 특히, 농황산은 위험하다. 그러나 많은 경우 황산은 95~98%라는 고농도로 취급한다. 그것은 농황산은 강철을 부식시키지 않아 용기와 배관의 재질이 보통 탄소강으로도 좋기 때문이다. 희석하여 묽은 황산이 되면 강과 스테인리스강을 부식한다.

염산

염산 HCl은 황산에 비해 고가이기 때문에 pH 조정제로 사용하는 수는 적다. 다만, 수산 가공 폐수 처리에서 용해 단백질을 응고시키기 위해 pH를 낮추는 것이 행하여지나 이 경우에는 염산을 사용하고 있다.

염산은 후술의 이온 교환 수지의 재생제로 사용되는 경우가 많다. 또, 극히 보조적인 사용 방식으로 소석회로 폐색된 펌프나 배관 청소, 또는 슬러지 탈수여과기의 여포세정이라는 용도도 있다. 이 경우 황산을 사용하면 불용성의 석고가 생긴다.

탄산가스

탄산가스 CO_2는 석회-소다법에 의해 연화된 물의 pH를 중성 부근까지 낮추는 데 서양에서는 예로부터 사용하고 있다.

인을 석회응집법으로 제거하고 있는 하수처리장이나 암모니아 스트리핑법에서 질소를 제거하는 플랜트의 후처리에도 적용된다. 이를 재탄산화(recarbonation)라고 한다.

정수장에서는 송배수 전에 관로의 부식방지를 목적으로 하여 랑겔리아 지수 개선 처리를 하는 것이다.

이때, 소석회와 동시에 탄산가스를 주입하여 탄산칼슘 $CaCO_3$을 용해성의 중탄산칼슘 $Ca(HCO_3)_2$으로 하는 것이 행해지고 있다.

이 조작을 미네랄 첨가(remineralization)라 하고 다음의 반응에 따르고 있다.

$$Ca(OH)_2 + CO_2 \rightarrow CaCO_3 + H_2O$$

$$CaCO_3 + CO_2 + H_2O \rightarrow Ca(HCO_3)_2$$

상기 1단계의 반응에서 pH를 9.3 정도로 하면 $CaCO_3$의 용해도가 최소가 된다.

이 반응에 의해 침전이 된 $CaCO_3$을 2단계의 반응에서 pH를 7까지 낮추고 중탄산염 형태의 알칼리도 성분이 된다.

탄산가스의 이론 주입률 C는 제거해야 할 P알칼리도를 ΔP로 하면 다음과 같다.

$$C = 0.88\ \Delta P \tag{5}$$

실제로는 이것에 10~25% 여유를 더 주고 있다.

탄산가스원에는 액화탄산가스 외에 석회 회수로나 슬러지소각로에서 발생하는 가스, 천연가스나 프로판가스의 연소가스, 엔진배기 등이 있다. 프로판이나 천연 가스를 수중에서 연소하여 탄산가스로 한 후 물에 직접 불어넣는 방법도 있다.

CO_2 1kg을 생성하는 데는 석탄으로 350g, 연유로 450g이 필요하다.

참고문헌

1) Bell-Ajy, K. et al, Conventional and Optimized Coagulation for NOM Removal, J. of AWWA, Vol.92, No. 10(2000)

2) 清水和彦, 橋本貴行, 晶析による排水処理·有価物回収技術「エコクリスタ」, 造水技術, Vol.28, No.2, pp.31~34(2000)

2.4 경도 제거제와 경도 부여제

(1) 경 도

수중의 칼슘 이온과 마그네슘 이온의 총량을 이에 대응하는 탄산칼슘 $CaCO_3$의 양으로 환산하여 나타낸 것을 경도라고 한다.

경도 표기법에는 이 탄산칼슘 환산 경도 외에도 독일 경도와 프랑스 경도가 있다. 알칼리도와 산도도 표시하는 방식이 같다. 〈표 2.4.1〉에 그 환산치를 보여 주고 있다.

물의 경도는 그 성질에 의해 일시 경도와 영구 경도로 나누어진다. 일시 경도란 끓음에 의해 침전하는 것을 말하며 탄산염 또는 중탄산염으로 구성된다. 이 사실로부터 일시 경도를 탄산염 경도라고도 한다.

영구 경도는 경도 성분이 염화물, 황산염 또는 질산염으로 이루어진 것으로, 비 탄산염 경도라고도 한다.

일시 경도와 영구 경도의 합을 총경도라고 한다. 이러한 관계를 일람표로 한 것이 〈표 2.4.2〉이다.

경도가 높은 물을 경수, 낮은 물을 연수라고 한다. 양자의 구분에 대해서는 명확하게 달리 정한 것이 없지만, 독일 및 미국의 연수와 경수의 분류법을 나타내면 〈표 2.4.3〉과 같다.

〈표 2.4.1〉 각종 경도 표기법

$CaCO_3$ mg/ℓ	독일 경도°dH CaO mg/100mℓ	프랑스 경도 $CaCO_3$ mg/100mℓ	영국 경도 $CaCO_3$ grain/gallon
1	0.056	0.10	0.058
17.85	1	1.785	1.043
10.0	0.560	1	0.584
17.12	0.956	1.712	1

〈표 2.4.2〉 경도 성분의 분류

구분		칼슘 경도 성분	마그네슘 경도 성분
총경도	일시 경도 또는 탄산염 경도	$Ca(HCO_3)_2$ $CaCO_3$	$Mg(HCO)_2$ $MgCO_3$
	영구 경도 또는 비탄산염 경도 (대표적인 것)	$CaCl_2$ $CaSO_4$ $Ca(NO3)_2$	$MgCl_2$ $MgSO_4$ $Mg(NO_3)_2$

〈표 2.4.3〉 물의 경도에 의한 분류

독일		미국	
연수	<10°dH (<179mg/ℓ)	과한연수	<50mg/ℓ
		연수	50~100mg/ℓ
중간수	10~20°dH (179~357mg/ℓ)	약한경수	100~200mg/ℓ
		경수	200~300mg/ℓ
경수	>20°dH (>357mg/ℓ)	과한경수	>300mg/ℓ

어느 분류에 따르더라도 일본의 물은 대부분 연수로 되어 식수로 연화 처리를 필요로 하는 것은 적으며 단지, 산호초로 이루어진 도서의 지하수는 경도가 높은 것이 있다.

일본의 식수의 경도허용량은 300mg/ℓ이며, WHO는 500mg/ℓ로 하고 있다. 부식이나 스케일을 방지하려면 100mg/ℓ 정도의 경도가 권장된다.

건강을 위해서는 식수에 약간의 경도가 있는 편이 좋다고 하며 일본술 양조용수는 경수가 바람직하다. 나다의 양조 용수로 유명한 미야미즈는 150mg/ℓ 정도의 경도수이다.

세탁에는 경도가 낮은 물이 좋다. 원래 경도(hardness)라는 말은 hard to wash(세탁하기 어렵다)에서 나왔고 경도가 높은 물은 비누 거품 일기가 나빠진다.

경도가 문제가 되는 것은 보일러 용수이다. 경도 성분이 보일러의 전열면에 스케일로 부착되면 열전도가 감소하여 보일러의 열효율이 저하될 뿐만 아니라 관 벽이 국부적으로 과열되어 기계적 강도가 저하해 보일러의 압력에 견디지 못하고 팽창, 파열 등의 사고를 일으킨다.

(2) 알칼리도

▌경도와 알칼리도

위와 같이 경도는 양이온인 칼슘과 마그네슘 이온의 양을 나타내고 있다. 이에 대해 알칼리도는 수중의 음이온인 OH^-, HCO_3^- 및 CO_3^{2-} 양을 역시 탄산칼슘 $CaCO_3$로 환산하여 나타낸 것이다. 독일식, 프랑스식의 표시 방법이 있는 것은 경도와 같다.

이러한 음·양이온은 모두 자연수 중에 보편적으로 존재하는 것이므로 경도와 알칼리도와는 밀접한 관련이 있다. 알칼리도 성분을 나타내면 〈표 2.4.4〉와 같다. 〈표 2.4.1〉과 비교하면 양자들의 관계를 알 수 있다. 이들로부터 알칼리분을 제외하면 경도 성분의 대부분을 제거할 수 있게 된다. 알칼리분을 제외하여 경도를 제거하는 것을 탈알칼리 연화라고 한다.

〈표 2.4.4〉 알칼리도 성분과 경도 성분

알칼리도 성분	대응 양이온			
	Na^+	K^+	Ca^{2+}	Mg^{2+}
OH^- HCO_3^- CO_3^{2-}	NaOH $NaHCO_3$ Na_2CO_3	KOH $KHCO_3$ K_2CO_3	$Ca(OH)_2$ $Ca(HCO_3)_2$ $CaCO_3$	$Mg(OH)_2$ $Mg(HCO_3)_2$ $MgCO_3$
	비경도 성분		경도 성분	

▌M알칼리도와 P알칼리도

알칼리도는 M알칼리도와 P알칼리도가 있다. 모두 시료를 산으로 적정(滴定)하여 측정하지만, 전자는 메틸레드(pH4.8 부근이 변색점)를 지시약으로, 후자는 페놀프탈렌(pH8.3 부근이 변색점)을 지시약으로 하고 있다.

따라서 P알칼리도는 알칼리성이 강한 물이 아니면 0이 된다. 두 알칼리도와 수중에 포함된 알칼리분 형태와의 관계는 〈표 2.4.5〉와 같다.

〈표 2.4.5〉 M알칼리도, P알칼리도와 알칼리분의 형태

	OH^-	CO_3^{2-}	HCO_3^-
$P=0$	0	0	M
$P\leq\frac{1}{2}M$	0	$2P$	$M-2P$
$P>\frac{1}{2}M$	$2P-M$	$2(M-P)$	0
$P=M$	M	0	0

(3) 탄산칼슘 포화지수(랑겔리아 · 인덱스)

물이 강철 등을 부식하거나 또는 스케일을 생성시키는 것을 아는 것은 관로 및 보일러 관리에서 빠뜨릴 수 없다.

물이 침식성 또는 스케일성을 나타내는 지표에는 Langerier lndex, Ryznar lndex, Driving Force Index, Agressiveness lndex, Momentary Index, Calcium Carbonate Precipitation Potencial 등이 제안되고 있다. 이 가운데 가장 일반적인 사용되고 있는 것이 랑겔리아 · 인덱스이다.

랑겔리아 · 인덱스는 수중의 탄산칼슘이 정확히 포화된 물의 이론 pH를 pHs로하고 이것과 실제 물의 pH와의 차이를

$$LI = pH - pHs \tag{1}$$

로 표시하며 포화지수라고도 부르고 있다. LI = 0이면 완전히 평형상태이며 $CaCO_3$의 용출도 침전도 일어나지 않는다. LI > 0 이면 $Ca(HCO_3)_2$가 과포화 상태가 되며, 방치하면 $CaCO_3$의 침전이나 스케일을 발생시킨다. LI < 0이면 강철 등을 용해하여 부식을 진행시킨다.

pH를 조절하여 탄산칼슘을 정확히 포화상태를 만드는 것을 물의 안정화라고 하며 강철의 부식방지를 목적으로 하는 경우에는 LI > 0.5로 하는 것이 바람직하다.

탄산칼슘 포화 pH값 pHs는 이론적으로 다음과 같이 구할 수 있다.

실용적으로는 〈표 2.4.6〉을 사용하는 것이 편리하다.

〈표 2.4.6〉 탄산칼슘 포화지수를 계산하는 표[1)]

전고형물 [mg/ℓ]	A
50 ~ 300	0.1
400 ~ 1,000	0.2

온도 [℃]	B
0~1.1	2.6
2~5.6	2.5
6.6~8.9	2.4
10~13.3	2.3
14.4~16.7	2.2
17.8~21.1	2.1
22.2~26.7	2.0
27.8~31.1	1.9
32.2~36.7	1.8
37.8~43.3	1.7
44.4~50.0	1.6
51.1~55.6	1.5
56.7~63.3	1.4
64.4~71.1	1.3
72.2~81.1	1.2

칼슘경도 CaCO3[mg/ℓ]	C	M알칼리도 CaCO3[mg/ℓ]	D
10 ~ 11	0.6	10 ~ 11	1.0
12 ~ 13	0.7	12 ~ 13	1.1
14 ~ 17	0.8	14 ~ 16	1.2
18 ~ 22	0.9	18 ~ 22	1.3
23 ~ 27	1.0	23 ~ 27	1.4
28 ~ 34	1.1	28 ~ 35	1.5
35 ~ 43	1.2	36 ~ 44	1.6
44 ~ 55	1.3	45 ~ 55	1.7
56 ~ 69	1.4	56 ~ 69	1.8
70 ~ 87	1.5	70 ~ 88	1.9
88 ~ 110	1.6	89 ~ 110	2.0
111 ~ 138	1.7	111 ~ 139	2.1
139 ~ 174	1.8	140 ~ 176	2.2
175 ~ 220	1.9	177 ~ 220	2.3
230 ~ 270	2.0	230 ~ 270	2.4
280 ~ 340	2.1	280 ~ 350	2.5
350 ~ 430	2.2	360 ~ 440	2.6
440 ~ 550	2.3	450 ~ 550	2.7
560 ~ 690	2.4	560 ~ 690	2.8
700 ~ 870	2.5	700 ~ 880	2.9
880 ~ 1,000	2.6	890 ~ 1,000	3.0

(주) $pHs = 9.3 + A + B - (C + D)$
$LI = pH - pHs$

탄산칼슘 포화 pH값

수중에서 탄산은 다음과 같이 반응하고 있다.

$CO_2 + H_2O \rightleftarrows H_2CO_3$

$H_2CO_3 \rightleftarrows HCO_3^- + H^+$

$HCO_3^- \rightleftarrows CO_3^{2-} + H^+$

제3의 평형식에 질량 작용의 법칙을 적용한다. K_2는 평형정수이다.

$$\frac{[H^+][CO_3^{2-}]}{[HCO_3^-]} = K_2, \qquad K_2 = 5.61 \times 10^{-11} \tag{2}$$

수중의 탄산칼슘은 다음과 같이 반응한다.

$CaCO_3 \leftrightarrows Ca^{2+} + CO_3^{2-}$

이 용해도를 곱한다.

$$[Ca^{2+}][CO_3^{2-}] = K_s, \qquad K_s = 4.8 \times 10^{-19} \tag{3}$$

따라서 탄산칼슘을 정확히 포화할 때에는, 다음 식이 성립된다.

$$\frac{[H^+]K_s}{[HCO_3^-][Ca^{2+}]} = K_2 \tag{4}$$

$$\therefore \log[H^+] = \log\frac{K_2}{K_s} + \log[HCO_3^-] + \log[Ca^{2+}]$$

$$\therefore -pHs = \log\frac{K_2}{K_s} + \log\frac{A}{5 \times 10^4} + \log\frac{H}{10^5} \tag{5}$$

$$\therefore \ \mathrm{pHs} = 11.63 - \log A - \log H$$

여기서, A : 알칼리도[mg/ℓ as $CaCO_3$], H : 경도[mg/ℓ as $CaCO_3$]

(4) 물의 연화법

물의 경도를 제거하는 것을 연화라고 하며, 다음에서 언급하는 방법이다.

화학연화법

화학연화법은 소석회 $Ca(OH)_2$와 소다회 Na_2CO_3을 첨가하여 수중의 칼슘과 마그네슘을 침전하여 침강 분리하는 것으로, 석회-소다법이라고도 한다. 반응식은 다음과 같다.

일시 경도에 대해

$$Ca(HCO_3)_2 + Ca(OH)_2 \rightarrow 2CaCO_3\downarrow + 2H_2O$$

$$Mg(HCO_3)_2 + 2Ca(OH)_2 \rightarrow 2CaCO_3\downarrow + Mg(OH)_2\downarrow + 2H_2O$$

영구 경도에 대해

$$CaCl_2 + Na_2CO_3 \rightarrow CaCO_3\downarrow + 2NaCl$$

$$MgCl_2 + Ca(OH)_2 + Na_2CO_3 \rightarrow Mg(OH)_2\downarrow + CaCO_3\downarrow + 2NaCl$$

이들 식에서 소석회와 소다회의 소요량은 다음과 같다. 실제 작업에서는 이 이론값보다 10% 정도 여유를 추가한다.

$$\text{소석회[mg/ℓ]} = (C + M) \times 0.74 \qquad (6)$$

$$\text{소다회[mg/ℓ]} = (H - C) \times 1.06 \qquad (7)$$

여기서 C : 탄산염 경도[mg/ℓ], M : 마그네슘 경도[mg/ℓ], H : 총경도[mg/ℓ]

화학연화법은 상온법과 고온법이 있다. 상온법으로 연화할 수 있는 한계는 경도 35mg/ℓ, 알칼리도 80mg/ℓ 정도이기 때문에, 원수 경도 50mg/ℓ 이상이 아니면 효과적이지 못하다.

고온법은 약품의 첨가와 동시에 물을 비등점 근처까지 온도를 올려 조작하기 때문에 반응이 빠르고 처리수 경도도 낮아진다. 주로 보일러 급수 처리에 사용된다.

석회-소다회법의 변법에 가성소다-소다회법과 석회-소다회-인산법이 있다. 석회-소다법 후에 인산염을 첨가하면 다음 반응에 의해 잔류 경도성분이 침전하고 경도를 거의 0까지 할 수 있다. 보일러 수처리에 사용된다.

$$3CaCO_3 + 2Na_3PO_4 \rightarrow Ca_3(PO_4)_2 \downarrow + 3Na_2CO_3$$

$$3CaSO_4 + 2Na_3PO_4 \rightarrow Ca_3(PO_4)_2 \downarrow + 3Na_2SO_4$$

경도의 대부분은 일시 경도이기 때문에 음료수처럼 약간의 경도 성분이 잔류하여도 상관없는 경우에는 소다회의 첨가는 생략하고 소석회만으로 연화처리하고 있다. 취급이 간편하여 소석회 대신 가성소다를 사용하는 경우도 증가하고 있다.

〈그림 2.4.1〉은 미야코섬의 소데야마 정수장 경수연화시설이다. 여기에서는 연화제로 가성소다를 사용하고 처리 후에 황산으로 pH를 중성으로 되돌리고 있다.

경도가 높은 물이 많은 유럽에서는 화학연화장치를 갖춘 정수장이 많다. 이런 시설에서는 탄산칼슘이 다량으로 발생한다. 독일의 어느 정수장에서는 이를 제지 회사에 판매하고 있다.[2)] 닭의 사료나 시멘트 원료로의 이용법도 있다.

쓰레기 소각장에서는 폐가스에 포함된 염화수소나 SO_x를 제거하기 위해 소석회를 분무한다. 따라서 세연폐수 중에는 $CaCl_2$과 $CaSO_4$ 같은 영구 경도가 포함된다. 이러한 폐수를 연화처리하는 경우에는 소다회를 사용한다.

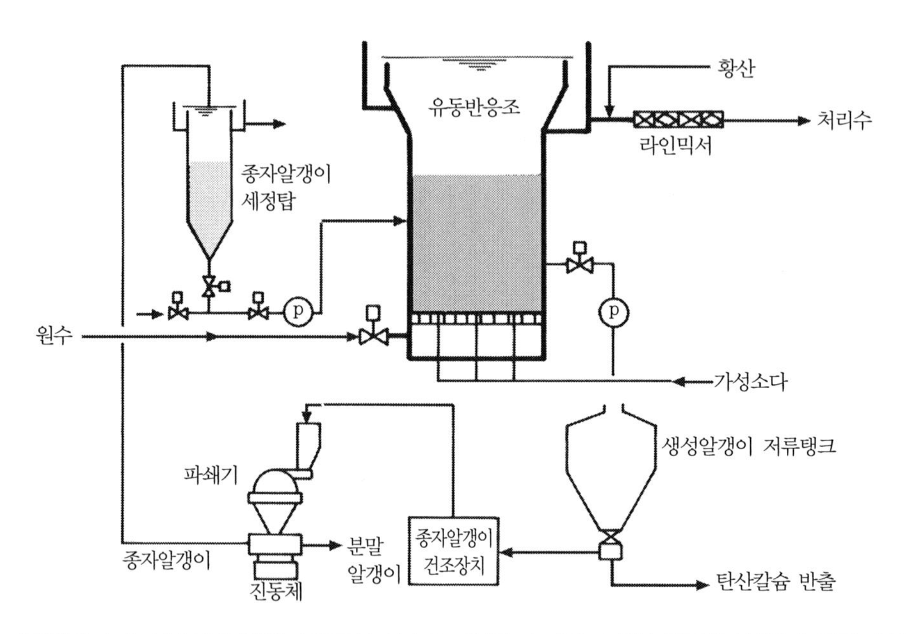

〈그림 2.4.1〉 경수연화시설[미야코섬 상수도기업단 소데야마 정수장(주)니시하라 환경기술]

이온교환법

이온교환법에 따르면 경도를 거의 0까지 제거할 수 있다. 이온교환법은 양이온 교환수지 또는 제오라이트 층을 통과시킴으로써 칼슘과 마그네슘을 교환수지의 Na 또는 H와 교환하는 방법이다.

Na형 이온교환수지를 사용한 경우에는 이온교환수지 $R-(SO_3Na)_2$는 칼슘이온과 교환하여 $R-(SO_3)_2Ca$ 같은 형태로 되어 수중에 나트륨 이온을 방출한다.

$$Ca^{2+} + R-(SO_3Na)_2 = 2Na^{+} + R-(SO_3)_2Ca$$

이 수지층에 식염수를 통과하면

$$R-(SO_3)_2Ca + 2NaCl = R-(SO_3Na)_2 + CaCl_2$$

로 되어 이온교환수지는 재생되고 재생 폐수 중에 염화칼슘이 나온다.

H형의 이온교환수지 R-H_2를 사용하면 처리수중에 금속이온을 방출하지 않는다. 순수를 얻는 것을 목적으로 한 장치에는 H형 이온교환수지를 사용하고 있다. 이 경우 재생제는 염산 HCl을 사용한다.

▮이온봉쇄법

수중의 경도 성분이 침전되지 않도록 칼슘이나 마그네슘과 반응하여 착이온을 형성하는 약제를 첨가하는 방법을 이온 봉쇄법이라 한다. 주로 보일러의 급수처리에 적용되고 있다.

(5) 경도의 부여

해수를 담수화한 물은 미네랄이 거의 포함되어 있지 않다. 이러한 물은 마시는 용도로는 적합하지 않다. 담수를 수원으로 한 수도에서도 칼슘을 거의 포함하지 않은 물은 관로를 부식시키기 쉬우며, 특히 연관을 사용하고 있는 수도에서는 납 용출량이 커진다.

이러한 물은 적당한 칼슘분을 첨가하여 랑겔리아 지수를 O에 가깝게 조작을 한다. 이 경우 단순히 석회분을 첨가하는 것만으로는 칼슘이 $CaCO_3$로 되어 침전이 발생하게 되므로 동시에 탄산가스 CO_2를 첨가하여 용해성의 중탄산칼슘으로 하고 있다. 앞에서도 말한 remineralization이다.

$$Ca(OH)_2 + CO_2 \rightarrow CaCO_3 + H_2O$$

$$CaCO_3 + CO_2 + H_2O \rightarrow Ca(HCO_3)_2$$

그러므로 M알칼리도를 1mg/ℓ 증가시키기 위한 이론 첨가량은 소석회 0.74mg/ℓ, 탄산가스 0.88mg/ℓ이다.

참고문헌

1) Nordell, E., Water Treatment for Industrial and Other Use, 2nd Ed., p.287(1961).

2) 藤田賢二, 西独ランゲナウ浄水場, 造水技術, Vol.15, No.4, pp.47~49(1989).

2.5 살균제(소독제)

(1) 물의 소독방법과 약제의 종류

물속의 미생물을 죽여 불활성화하는 것을 '살균'이라고 하고, 병원 미생물을 인체에 영향이 없을 때까지 불활성화 또는 제거하는 것을 '소독'이라고 한다. 또 세균을 제거하는 것은 '제균'이라고 한다.

물의 소독 방법을 크게 구분하면 염소계 약제, 이산화염소, 오존 등의 산화제를 첨가하는 것으로 살균하거나 자외선에 의한 살균, 막분리에 의한 제균이 있다. 〈표 2.5.1〉에 막분리 이외의 소독방법에 대한 특징을 나타낸다.

〈표 2.5.1〉 각종 소독법의 비교[1)]

비교항목	염소	염소+탈염소	염화브롬	이산화염소	오존	자외선
규모	전체	전체	전체	중, 소	대, 중	중, 소
신뢰성	좋음	거의 좋음	불명	불명	거의 좋음	거의 좋음
운전 제어기술	개발완료	거의 개발 완료	약간 문제 있음	개발도상	개발도상	개발도상
기술적 복잡성	약간 쉬움	보통	보통	보통	복잡	약간 쉬움
취급의 안전성	요주의	요주의	요주의	요주의	거의안전	안전
바이러스 불활성화	약간 떨어짐	약간 떨어짐	보통	좋다	좋다	좋다
어류에의 독성	있음	없음	약간 있음	있음	대개 없음	없음
유독 부생성물	있음	있음	있음	있음	대개 없음	없음
잔류성	있음	없음	짧음	중간	없음	없음
접촉시간	긺	긺	중간	중간-긺	중	짧음
암모니아와의 반응	있음	있음	있음	없음	고 pH에서 있음	없음
색도제거	중간	중간	불명	있음	있음	없음
용해물질 증가	있음	있음	있음	있음	없음	없음

염소계 약제의 대표는 염소 Cl_2이다. 우수한 살균효과가 있고 가격이 저렴하기 때문에 1세기에 걸쳐 음료수의 소독제로 널리 사용되고 있다. 휴민(Humin) 같은 유기물과 반응하여 트리할로메탄 등의 유기 염소화합물을 생성하는 것을 알았고 사용 조건이 좁혀지고 있지만, 유용한

소독제인 것에 변함이 없다.

염소는 상온, 상압에서 맹독성 가스로 되기 때문에 사고로 누설되면 광범위한 인체재해를 가져올 염려가 있다. 그렇기 때문에 용액 상태의 차아염소산소다 NaClO로 전환되고 있다. 표백분 $Ca(ClO)_2$와 같은 분말상태의 염소제도 사용하고 수영장, 열차화장실, 정화조 등의 살균에는 정제상태로 한 유기계염소제 디클로로이소시아누르산칼륨 $KN_3C_3O_3Cl_2$가 사용되고 있다. 염소나 염소제를 현장에서 만드는 수도 있다. 식염 NaCl이나 염화마그네슘 $MgCl_2$을 전기분해하여 염소나 차아염소산소다 용액을 만들어 주입하는 방법이다. 대부분은 식염을 전해하여 차아염소산소다 용액으로 하고 이것을 펌프로 주입하는 방식을 채택하고 있다. 독성의 염소가스를 취급할 필요가 없고 저장성이 나쁜 차아염소산소다의 결점을 보충할 수가 있다.

염소원자를 갖고 있지만 물속에서 잔류염소를 발생시키지 않아 염소계약제와 달리 취급하는 것이 이산화염소 ClO_2이다. 염소보다 강력한 산화제로 효과의 잔류성도 있고 트리할로메탄을 발생시키지 않아 유럽의 수도를 중심으로 사용이 늘어나고 있다.

염소계 약품 이외의 소독제에는 이산화염소 외에 오존 O_3, 과산화수소 H_2O_2, 요오드 I_2, 브롬 Br, 염화브롬이 있다.

오존은 염소나 이산화염소보다 강력한 산화제이고, 특히 불포화 화합물의 산화, 환상유기물의 분리(개열), 바이러스의 불활성화에 대한 뛰어난 효력이 있다. 살균력은 강하지만 잔류성이 없기 때문에 소독제로서는 염소와 이산화염소에 뒤떨어진다.

요소나 브롬은 수영장에 사용된 적이 있고, 지금까지도 인공위성의 음료수 살균에는 요소를 사용하고 있다. 염소와 비교하면 살균력은 떨어진다.

특수한 살균제로 은이 있다. 1970년대 인공위성 아폴로용 음료수 살균장치로 개발 되었다.[2] 은 이온을 포함한 카티온 교환수지를 통과하여 살균하는 것으로 소형으로 동력이 필요 없고 유지가 용이하지만 은 이온의 부식성이 커서 사용하지 않게 되었다.

(2) 병원성 미생물 리스크

지금까지 소독의 대상이었던 콜레라나 이질 등의 전염병 세균만이 아닌 병원성 대장균 O157, 크립토스포리듐, 에키노콕크스, 캠피로박터 등 수인성 감염증을 가져오는 생물이 많이 나오고 있다. 미생물에 의한 감염증은 일단 한번 발생하면 2차 감염, 3차 감염을 가져오는 점 때문에 화학물질로 인한 오염과 다르다.

리스크를 평가하는 데는 감염률, 감염자 발병률, 치사율을 알 필요가 있다. 감염률과 폭로량과의 관계를 표시하면 β분포 모델과 지수모델이 제안되고 있다.

바이러스를 시작으로 여러 병원체에는 β분포 모델이, 크립토스포리듐 등의 원충에는 지수모델이 적합하다.

$$\beta\text{분포 모델} : p_i = 1 - \left\{1 + \frac{CV}{N_{50}}\left(2^{\frac{1}{a}} - 1\right)\right\}^{-a} \tag{1}$$

$$\text{지수 모델} \quad : p_i = 1 - \exp(-CV) \tag{2}$$

여기서, p_i : 감염률, C : 병원체농도[m^{-3}], V : 섭취수량[m^3], N_{50} : 감염에 필요한 병원체 수, a : 감도를 나타내는 정수

a와 N_{50}에 대해서는 〈표 2.5.2〉와 같은 수치가 나타나고 있다. 감염자 발병률 p_{id}는 장티푸스나 콜레라의 경우 4~6%, 일반 수계 감염증에서는 1% 이하이다.

허용하는 감염률과 물 섭취량(2ℓ/일)을 설정하면 음료수에 허용할 수 있는 병원체 농도의 상한치를 구한다. 이것을 〈표 2.5.3〉에 나타낸다.

수계 감염증의 치사율은 콜레라, 장티푸스, O157 등에는 2~4%, 그 외 감염증에는 1% 이하의 것이 많다.

〈표 2.5.2〉 인간에 대한 용량-반응관계를 β분포 곡선에 표시할 때의 정수[3)]

미생물	a	N_{50}	연구자
Poliovirus 3	0.500	3.4	Katz and Price(1967)
Rotavirus	0.141	5.6	Ward, et al(1896)
Giadia	a*	35.0	Rendtorff(1959)
Poliovirus 1	15000	47.3	Minor, et al(1981)
Echovirus 12	1300	52.8	Akin(1981)
Entamoeba coli	0.170	76.5	Rendtorff(1954)
Shigella dysenteriae	0.500	300.0	Dupont and Hornick(1973)
Poliovirus 1	0.119	67516	Lepow, et al(1962)

(주) *a : 지수 모델

〈표 2.5.3〉 1일 2ℓ 섭취로 감염리스크 10^{-4}/년을 초래하는 미생물 농도[3)]

미생물	N/L
Rotavirus	2.2×10^{-7}
Poliovirus 3	2.6×10^{-7}
Entamoeba coli	6.2×10^{-7}
Giadia	6.8×10^{-6}
Poliovirus 1	1.5×10^{-5}
Echovirus 12	6.8×10^{-5}
Poliovirus 1	1.9×10^{-3}

(3) 소독효과의 정량화[3)]

소독에 따른 병원체가 감소하고 있는 과정은 1차 반응으로 표현할 수 있다.

$$\frac{N}{N_0}=e^{-kt} \tag{3}$$

여기서, N : 미생물농도[m^{-3}], N_0 : 미생물초기 농도[m^{-3}], k : 1차 반응정수[min^{-1}], t : 접촉시간[min]

k의 값은 소독제 농도의 누승에 비례한다.

$$k=k'\,C^n \tag{4}$$

보통은 $n=1$로 하고, 따라서 식 (3)은 다음과 같다.

$$\frac{N}{N_0}=\exp(-k'Ct) \tag{5}$$

여기에서 소독효과는 Ct(=소독제 농도×접촉시간)의 크기로 표현할 수 있다.

(4) 염소계 약제에 의한 소독

미생물을 불활성화 할 수 있는 염소농도를 〈표 2.5.4〉에 나타낸다. 장내 세균에 대하여는 불활성화 효과가 크지만 미생물이 포낭이나 아포의 형태로 되면 효과가 현저하게 떨어지게 된다. 또 소독효과가 $HClO \gg OCl^- \fallingdotseq NH_2Cl$로 되고, pH가 높게 되면 효과가 저하하는 것을 알 수 있다.

히라따(平田)등에 의하면 크립토스포리듐은 염소 내성이 크고, 1mg/ℓ 근방에서는 감염의 1 $\log_{10}$(90%) 불활성화 Ct값은 약 800mg·min/ℓ, 탈낭의 0.5$\log_{10}$ 불활성화 Ct값은 8,000~10,000mg·min/ℓ이다.[5] 염소는 실제상 크립토스포리듐의 불활성화에 효과가 없다고 생각해야 한다.

〈표 2.5.4〉 5°C, 10분간 접촉으로 미생물을 99% 불활성화시키는 데 필요한 염소농도[4]

	HClO	OCl^-	NH_2Cl	유리염소	
				pH 7.5	pH 8
장내세균	0.02	2	5	0.04	0.1
바이러스	0.002~0.4	20	100	0.8	2
이질아메바포낭	10	1,000	20	20	50
세균아포	10	>1,000	20	20	50

Moore등도 크립토스포리듐이 검출 한계 이하로 되는 것은 잔류염소농도 20mg/ℓ에서 7일간, 또는 50mg/ℓ에서 4일간 필요하다고 보고되고 있다.[6]

지아디아에 관해서는 Rubin 등에 따라 〈표 2.5.5〉와 같이 실험결과의 보고가 있고 크립토스포리듐 정도는 아니지만 거의 염소 내성이 꽤 높다.

〈표 2.5.5〉 유리염소에 의한 지아디아의 불활성화(pH=7)[7]

평균염소농도[mg/ℓ]		99% 사멸시간 [min]	Ct[mg·min/ℓ]	
전염소	HClO		전염소	HClO
0.39	0.31	388	149	121
0.86	0.70	194	168	136
1.62	1.32	175	284	230
2.90	2.35	79.9	231	187
8.20	6.66	35.5	291	236

▌염소의 효과와 pH

염소를 수중에 첨가하면 다음과 같이 분해된다.

$$Cl_2 + H_2O \rightleftarrows HClO + H^+ + Cl^-$$

$$HClO \rightleftarrows OCl^- + H^+$$

가수분해 정수 $K_1 = [HClO][H^+][Cl^-]/[Cl_2]$의 값은 크기 때문에 중성부근에서는 Cl_2 상태의 것은 거의 존재하지 않는다. 따라서 유리염소는 HClO과 OCl^-를 가리킨다.

제2의 평형식 해리정수 K_2의 값은 0°C에서 1.5×10^{-8}, 25°C에서 2.7×10^{-8}이 된다. 즉, 다음과 같다.

$$K_2 = \frac{[H^+][OCl^-]}{[HClO]} = 1.5 \times 10^{-8} \qquad (0°C) \qquad (6)$$

$$\therefore \log\frac{[OCl^-]}{[HClO]} = \log\frac{1.5 \times 10^{-8}}{[H^+]}$$

$$= -7.824 + pH \qquad (0°C) \qquad (7)$$

같은 모양으로서

$$\log\frac{[OCl^-]}{[HClO]} = -7.568 + pH \qquad (25°C) \qquad (8)$$

이러한 식에서 pH에 관해서 HClO과 OCl로 구분하여 계산하면 〈그림 2.5.1〉과 같이 되고, pH가 낮을수록 HClO의 비율이 높다. 〈표 2.5.4〉와 같이 HClO은 OCl^-에 비교하여 살균력이 강하기 때문에 동일 염소량에서 pH의 저하에 따라 살균력이 커지게 된다.

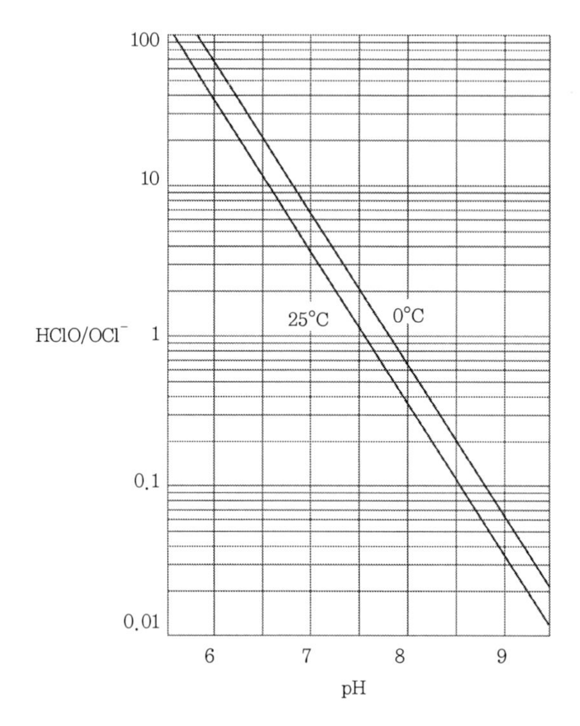

〈그림 2.5.1〉 염소첨가로 생성하는 HClO와 OCl^-와의 비율

▌염소 살균 방법

살균제로서 염소주입방법은 다음과 같다.

◎ 일반주입법

일반주입법은 세균 농도가 어떤 레벨 이하가 되도록 염소를 첨가하는 방법이다. 적절한 명칭이 없기 때문에 '일반주입법'이라고 하지만 다음에 기술하는 불연속점 주입량 이하의 첨가량이라고 하는 주입법으로 해석하고자 한다.

하수의 방류수에는 대장균수를 3,000개/mℓ 이하로 하는 것으로 정해져 있어 이것을 기초로 살균처리 등을 한다.

◎ 과잉염소법

과잉염소법은 고농도의 잔류 염소가 남도록 하는 주입법으로 살균을 완전하게 하는 것이 목적이다. 청량음료수 제조라인의 살균에는 이 방법이 상용되고 있고 수도에 적용하고 있는 나라도 있다. 이 경우 후단에 탈염소처리를 부가할 필요가 있다.

◎ 불연속점 염소주입법

암모니아 NH_3를 포함한 물에 염소를 첨가하면 다음의 반응에서 모노클로라민 NH_2Cl, 디클로라민 $NHCl_2$ 및 트리클로라민 NCl_3이 생성된다.

$$NH_3 + HClO \rightarrow NH_2Cl + H_2O$$
$$NH_2Cl + HClO \rightarrow NHCl_2 + H_2O$$
$$NHCl_2 + HClO \rightarrow NCl_3 + H_2O$$

약알칼리성에서는 디크로라민은 다음과 같이 질소가스까지 산화한다.

$$2NH_2Cl + HClO \rightarrow N_2 + 3HCl + H_2O$$

암모니아를 포함한 물에 염소를 가하면 상기의 반응에 따라 우선 클로라민이 생성된다. 클로라민도 잔류염소로 측정되기 때문에 수중의 잔류염소는 점점 증가한다.

더욱이 염소 첨가량을 증가시키면 클로라민이 전부 트리클로라민이 되어 잔류염소는 거의 소멸되어 버린다. 이점에서는 피 산화물질은 거의 0이 되기 때문에 이점을 넘어서 염소 첨가량을 늘리면 이번에는 첨가량만큼 유리 잔류염소가 증가한다.

이런 모양을 나타낸 것이 〈그림 2.5.2〉이다. 잔류염소농도가 극소가 되는 점을 불연속점(블레이크포인트)이라고 하고 이점까지 염소를 첨가하는 방법을 불연속점 염소주입법이라고 한다. 암모니아성질소는 그림의 I와 같이 불연속점이 명확하게 표현되고, 아질산성질소 등 암모니아 이외의 피 산화물질에서는 II와 같이 극소점이 불명확한 곡선이 된다. 불연속점에 이르는 이론 염소농도 B_p는 다음과 같다.

$$B_p[mg/\ell] = 7.6 \times \text{암모니아성질소 농도}[mg/\ell] \tag{9}$$

불연속점 염소주입법은 다음과 같은 장점이 있다.

① 물의 악취를 거의 제거할 수 있다.
② 살균효과를 확실히 할 수 있다.
③ 탈 염소처리가 필요 없다.

그러나 유기물을 포함한 물에서는 트리할로메탄을 생성하는 단점이 있다.

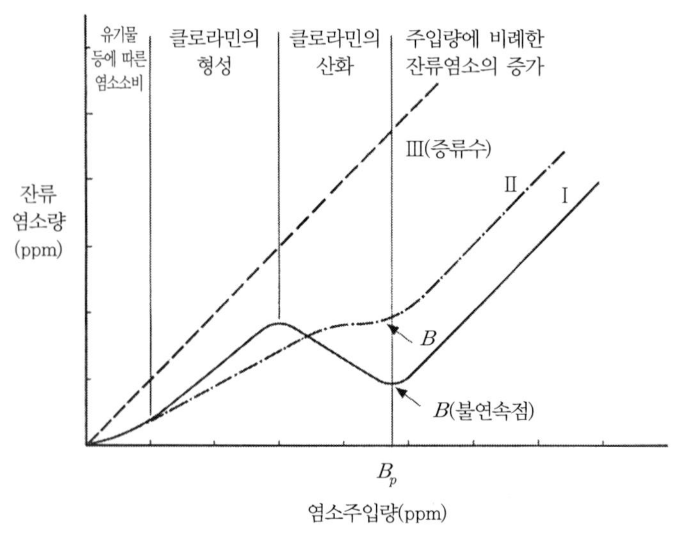

〈그림 2.5.2〉 불연속점 염소처리

◎ 클로라민법

클로라민은 앞서 기술한 결합염소를 인위적으로 만든 것이다. 염소첨가와 동시 또는 염소 첨가하기 전에 암모니아를 염소량의 1/4~1/2 정도 주입하는 것으로 얻을 수 있다. 암모니아원으로서는 암모니아가스, 황산암모늄 또는 염화암모늄이 사용된다.

생성된 클로라민의 형태는 pH에 의존하고 있고 pH=7~8.5에는 모노클로라민이 주성분이며 pH<7에서는 디클로라민이 증대하고, pH=4.5~5.0에서는 디클로라민이 주성분이 된다. 또 pH<4에서는 트리클로라민이 주체가 된다.[8)]

디클로라민은 취기를 발생하기 때문에 수도의 소독에 사용할 때에는 모노클로라민이 주성분이 되는 중성에서 알카리 측으로 조작한다.

클로라민의 작용은 장시간 지속하지만 살균력은 약하고 완만하게 된다. 과거에는 소독작용을 장시간 지속시킬 필요가 있는 곳, 예를 들면 장거리 배수관을 갖는 수도의 살균 처리에 사용했다. 또, 클로라민은 트리할로메탄을 생성하지 않는 장점으로 주목되어왔다. 그러나 요독증 환자(투석환자)에 급성 용혈성 빈혈증을 일으켰다는 보고도 있어 클로라민 처리한 물을 의료에 사용하는 것은 문제가 있다.

클로라민에 대하여 지아디아를 불활성화하는 데 필요한 *Ct*값은 Sobsey에 따라 〈표 2.5.6〉과 같이 나타내고 있다. 유리염소에 따르기보다 꽤 큰 *Ct*값을 필요로 하고 있다.

〈표 2.5.6〉 클로라민에의한 지아디아의 불활성화[9)]

클로라민 [mg/ℓ]	온도 [°C]	pH	접촉시간 [min]	불활성화 [%]	*Ct* [mg·min/ℓ]	연구자
1.5 ~ 2.6	3	6.5 ~ 7.5	188 ~ 296	99	430 ~ 580	Mayer(1982)
6.35	5	7.0	220	99	약 1,400	Rubin(1986)
1.5 ~ 30	15	9.0	–	99	약 600	
1.5 ~ 300	15	6.0 ~ 7.0	–	99	약 1,000	

트리할로메탄과 염소

휴민 등의 유기물에 염소를 작용하면 트리할로메탄과 같은 유기염소화합물을 생성한다. 트리할로메탄은 메탄분자의 4개의 수소원자 중 3개가 Cl, Br 등의 할로겐으로 치환한 것이다. 3개 모두 염소로 치환한 것은 클로로포름 $CHCl_3$이고 최기성(催奇性)이나 발암성이 의심된다. 수중에 브롬이 존재하면 염소 첨가에 따라 브롬을 포함한 트리할로메탄도 생긴다. 염소, 브롬계 트리할로메탄에는 클로로포름 외에, 블로모디클로로메탄 $CHCl_2Br$, 디블로모클로로메탄 $CHClBr_2$, 블로모포름 $CHBr_3$이 있다. WHO, 미국 EPA 및 일본국에서는 트리할로메탄의 발암성 평가와 음료수 기준치를 〈표 2.5.7〉에 나타내고 있다.

〈표 2.5.7〉 트리할로메탄 관련의 발암성 평가와 기준치[10)]

트리할로메탄 이름	발암성 평가		WHO음료수 수질 가이드라인	USEPA MCL	일본수도 수질기준
	IARC	USEPA			
클로로포름	2 B		0.2mg/ℓ		0.06mg/ℓ
블로모디클로로메탄	2 B		0.1mg/ℓ		0.03mg/ℓ
디블로모클로로메탄	3		0.1mg/ℓ		0.1mg/ℓ
블로모포름	3		0.06mg/ℓ		0.09mg/ℓ
총트리할로메탄		B 2		0.1mg/ℓ	0.1mg/ℓ

(주) 1. IARC(국제암연구기관)에 따른 발암성 평가의 분류
1 : 사람에 대하여 발암성이 확인되는 것
2A : 사람에 대하여 발암성의 개연성이 있는 것
2B : 사람에 대하여 발암성의 가능성이 있는 것
3 : 사람에 대하여 발암성이 있다고 분류되지 않는 것
4 : 사람에 대하여 발암성의 개연성이 없는 것
2. USEPA(미국환경보호청)에 따른 발암성 평가의 분류
A : 사람에 대하여 발암성이 확인되는 것
B : 사람에 대하여 발암성의 개연성이 있는 것
B1 : 제한되어 있지만,사람에 대한 발암성의 증거가 있는 것
B2 : 동물실험에서 발암성이 확인되어 있지만 사람에 대한 증거가 불충분한 것
C : 사람에 대하여 발암성의 가능성이 있는 것(동물실험에 의한 증거뿐)
D : 분류 불가능한 것(동물실험에 따른 증거가 불충분한 것)
E : 사람에 대하여 발암성 증거가 없는 것

염소를 첨가함으로써 생성하는 것으로 알고 있는 유기염소 화합물(TOX)에는 트리할로메탄 이외에, 클로랄 수화물, 트리클로로작산, 디클로로작산, 디클로로아세토니트릴 등이 있고 이들에는 발암성이 있다고 여겨지고 있다.

트리할로메탄의 생성억제

유기물을 포함한 물에 염소를 첨가하면, 트리할로메탄 등 유기염소 화합물의 생성은 불가피하다. 이것을 제어하는 것은 다음의 방법이 실행되고 있다.

① 전염소처리를 중지하고 중염소처리 또는 후염소처리로 한다.

두 가지 모두 원수 중의 유기물을 가능한 한 제거해서 염소를 주입하려고 하는 것이다. 원수 중에 망간을 함유한 경우에는 여과 전에 염소를 첨가하는 중염소 처리로 한다.

② 클로라민처리로 한다.

클로라민법에 의하면 트리할로메탄의 생성은 거의 없다. 단 소독력이 떨어진다.

③ 이산화염소처리로 한다.

이산화염소는 트리할로메탄을 생성하지 않는다. 단 이산화염소 제조방법에 따라 불순물로서 염소가 소량 포함되고 이 경우에는 다소 트리할로메탄이 생성된다.

④ 오존처리로 한다.

오존은 트리할로메탄을 생성하지 않는다. 유기물을 쉽게 분해하기 위해 트리할로메탄 생성능을 높이는 것이다. 또, 수도에서는 오존만으로는 소독조작이 완벽하지 않아 최종적으로 염소나 이산화염소를 첨가하지 않으면 안 된다.

염소 및 염소계 약제의 취급

염소는 상온 상압에서는 황록색 기체이다. 고압을 가하면 액화하고 이것을 고압용기에 충진시켜 운반하여 저장한다. 염소는 독성 기체이기 때문에 용기에서 누설되면 피해가 광범위할 뿐 아니라 인명에 관계되는 사고로 이어진다. 인체에 대한 염소의 독성은 〈표 2.5.8〉에 나타내었다.

염소는 건조 상태에서는 강을 부식시키지 않는다. 그러나 조금이라도 습기가 있으면 금속에 대한 부식성은 현저하게 높아지고 강은 물론 스테인리스강도 침해한다. 표백분, 고도 표백분 및 아염소산소다는 분말로, 차아염소산소다는 용액으로 거래되고 있으므로 염소와 같이 가스 누설의 위험성은 작지만 수용액의 부식성은 염소수 용액과 똑같다. 또 농도가 낮기 때문에 저장용기가 크게 되고 효력(유효염소농도)이 점점 감소하기 때문에 장기적으로 저장할 수 없다.

〈표 2.5.8〉 염소의 인체에 대한 독성[11]

증상	대기 중 염소농도	
	g/m^3	ppm
수 시간 작용하면 감지됨	0.001	0.35
장시간 작업의 경우 참을 수 있는 한계	0.003	1.0
6시간 작용해도 현저한 증상이 없음	0.006	2.0
취기를 감지하지만 0.5~1시간 작용으로 중한 장애 없음	0.01	3.5
0.5~1시간 작용의 경우 참을 수 있는 한계	0.012	4.0
목에 자극을 줌	0.04	14.0
0.5~1시간 작용하면 생명 위험	0.06	21.0
격렬한 기침이 나옴	0.08	28
0.5~1시간 작용으로 사망	0.10	35
즉시 사망	2.5	900

전기분해로 현장에서 염소를 생성하면 상기와 같은 어려운 점은 해소된다. 이 경우 전해과정에서 발생하는 수소는 공기와 어떤 비율로 혼합하면 폭발을 일으키기 때문에 전해장치의 설치장소에는 환기를 충분히 한다.

(5) 이산화염소 소독

▌일반적 특성

이산화염소는 비점 11°C, 융점 −59°C의 자극성 취기를 갖는 기체이다. 액체는 −40°C 이하에서 폭발한다. 기체는 압축하면 40kPa에서 폭발한다. 또 공기 중 농도가 11% 이상에서는 −40°C 이하에서 폭발한다. 가스는 용이하게 물에 녹고 황록색을 나타낸다. 용액은 10g/ℓ 이하에서는 폭발할 정도의 증기압이 되지 않아 이산화염소는 현장에서 발생 후 4g/ℓ 정도의 수용액으로 하여 취급한다.

▌소독효과

일반적으로 미생물의 불활성화 효과가 염소보다 높다. 예를 들면 지아디아에 대하여 유리염소의 1/4 정도의 *Ct*값에서 같은 정도의 불활성화율을 얻는 것이 가능하다. 또 효과의 잔류성도 있다. 단 온도에 대하여 예민하여 5°C 이하에서는 소독효과가 저하된다.

이산화염소는 수중에서 다음과 같이 분해된다.

$$2ClO_2 + 2OH^- \rightarrow \underset{(\text{아염소산 이온})}{ClO_2^-} + \underset{(\text{염소산 이온})}{ClO_3^-} + H_2O \qquad (10)$$

이와 같이 잔류염소를 발생하지 않으므로 페놀과 반응하여 클로로페놀을 생성하는 것도 없고, 휴민이 존재해도 트리할로메탄을 생성하지 않는다. 단 약간의 유기염소화합물은 생성한다.

이산화염소의 산화제로서의 움직임에 대해서는 다음 절에 기술한다.

▌독성과 첨가기준

식 (10)에 나타난 아염소산염 ClO_2^-은 저농도에도 적혈구를 파괴하고 용혈성 빈혈증을 일으키며, 갑상선 기능장애를 일으키기도 한다.

또 배설량이 투여량의 40% 정도에서 체내 잔류량이 많고, 이 때문에 발암성이나 변이원성(変異原性)이 의심되고 있다.

일반 독성으로서 메트헤모글로빈혈증, 생식발생독성으로서 정자수, 정자형태 이상이 확인되고 있다.

NOAEL(무독성량)은 1mg/kg-체중/일로 되고, 이것으로부터 불확실계수를 100으로 하여 TDI(1일 허용섭취량) = 10μg/kg-체중/일이 된다.[12)]

수도수에의 최대주입률은 2.0mg/ℓ, 아염소산이온 농도 0.2mg/ℓ 이하로 억제하고 있다. 또 수질관리 목표설정 항목으로서 음료수 중의 잔류산화물질(ClO_2, ClO_2^-, ClO_3^-)의 농도는 0.6mg/ℓ 이하이다.

▌제조방법

이산화염소는 불안정하고 폭발성이 있어 운반이 어렵다. 그래서 주입 현장에서 제조하고 있다. 다음과 같은 각종 제조 방법이 있다.

◎ 아염소산나트륨 + 염소가스

감압하에서 염소가스와 아염소산나트륨을 반응시킨다. 이산화염소 농도 200~1,000mg/ℓ, 염소 혼재율 5% 이하, 수율(收率) 95% 이상으로 할 수 있다. 생성 효율이 높기 때문에 런닝코스트가 낮아지나 염소가스를 사용한다고 하는 난점이 있다.

$$2NaClO_2 + Cl_2 = 2ClO_2 + 2NaCl$$

$$NaClO_2 + Cl_2 + OH^- = NaClO_3 + HCl + Cl^- \text{ (부생성물)}$$

◎ 아염소산나트륨 + 염소수

반응식은 상기와 같다. 염소 농도를 4g/ℓ 이상으로 하고 미반응 염소를 작게 한다. 이산화염소 농도 6~10g/ℓ, 수율 95%로 할 수 있다.

◎ 아염소산나트륨 + 염소수 + 염산

pH를 낮게 하면 이산화염소의 생성량이 늘어나고 미반응의 염소가 감소하기 때문에 염산을 첨가한다. 적정 pH는 3.5~4.0이다. 염소수 대신하여 차아염소산소다를 사용하면 전부 액체 약품으로 할 수 있다.

◎ 아염소산나트륨 + 염산

$$5NaClO_2 + 4HCl = 4ClO_2 + 2H_2O + 5NaCl$$

아염소산나트륨에 대한 이산화염소의 이론생성량이 염소를 사용한 경우의 80%가 된다. 미반응의 염소가 없기 때문에 트리할로메탄의 생성이 없다. 또 반응액에서 기체의 발생이 없기 때문에 미소유량의 제어가 용이하다.

◎ 염소산나트륨 + 염산

$$2NaClO_3 + 4HCl \rightarrow 4ClO_2 + Cl_2 + 2NaCl + H_2O$$

◎ 염소산나트륨 + 식염 + 황산

$$2NaClO_3 + 2NaCl + 2H_2SO_4 \rightarrow 2ClO_2 + Cl_2 + 2Na_2SO + 2H_2O$$

염소산나트륨이 아염소산나트륨보다 가격이 저렴하기 때문에 대규모 생성으로 적합하다고 한다. 염소를 발생하기 때문에 트리할로메탄의 생성을 피할 수 없다.

◎ 염소산나트륨 + 과산화수소 + 황산

$$2NaClO_3 + H_2O_2 + H_2SO_4 \rightarrow 2ClO_2 + Na_2SO_4 + 2H_2O + O_2$$

◎ 전해법

이온 교환막을 사용하여 아염소산나트륨을 전기분해하는 방법이다. 발생한 이산화염소를 가스 투과막으로 분리하고 수중에 용해한다. 수율이 높고 불순물 혼입이 적다.

$$NaClO_2 + H_2O \rightarrow ClO_2(\text{양극}) + NaOH(\text{음극}) + \frac{1}{2}H_2$$

(6) 오존에 의한 소독

▌오존의 성질과 효과

오존은 산소원자가 3개 결합하고 있는 분자로 3번째의 분자는 느슨하게 결합하고 있어 쉽게 분리하고 발생기의 산소로서 강력한 산화력을 나타낸다. 산화환원전위가 높고 자연계에는 비소 다음으로 강한 산화제이다.

수처리에서 오존은 염소에 비해 다음과 같은 장점을 갖고 있다.

① 바이러스의 불활성화에 유효하게 작용한다.

② 원충의 포낭(cyst)이나 접합자낭(oocyst)을 불활성화할 수 있다.

③ 이취미에 대한 능력이 크다.

④ 유기물에 따른 착색수의 탈색능력이 크다.
⑤ (불순물의 잔류를 제거한 경우) 잔류성이 없다.
⑥ 트리할로메탄을 생성하지 않고 트리할로메탄 전구물질을 제거할 수 있다.
⑦ 저장이나 반입·수송의 필요가 없다.

반면 다음과 같은 결점이 있다.

① 코스트가 높다. 특히 설비비가 높다.
② 소독의 잔류 효과가 없다.
③ 암모니아성질소의 질화능력이 떨어진다.

오존에 의한 살균 소독

세균에 대한 불활성화 기구에는 여러 가지 설이 있다. 세균의 세포막을 파열 또는 분해시키는 용균설, 세포성분을 세포에서 유출시키는 세포액 파괴설, 효소의 저해 또는 핵산의 불활성화설, DNA 손상설, 세포막 내 단백 파괴설 등이 있다.

바이러스에 대해서는 오존은 캡시드에만 영향이 있다고 하는 설, 핵산을 손상시킨다고 하는 설, 양쪽에 영향이 있다고 하는 설 등이 있다.

크립토스포리듐에 대한 오존 효과를 〈표 2.5.9〉에, 각종 미생물에 대한 오존의 치사계수를 〈표 2.5.10〉에 나타내었다. 또 염소계 소독제의 치사계수와 비교한 것을 〈표 2.5.11〉에 표시하였다.

〈표 2.5.9〉 오존에 의한 크립토스포리듐의 불활성화[18)]

잔류오존농도 [mg/ℓ]	온도 [°C]	접촉시간 [min]	Ct[mg·min/ℓ] (불활성화율 ≥ 99%)	연구자
0.16 ~ 1.3 0.17 ~ 1.9	7 22	5 ~ 15 5 ~ 15	7 3.5	Finch, et al[13)] (1993)
0.77 0.51	실온 실온	6 8	4.6 4	Peeters, et al[14)] (1989)
1.0 0.44	25 20	5 ~ 10 6	5~10 2.6	Korich, et al[15)] (1990)
0.05 ~ 0.5			10~12(탈낭법) 16~24(DAPI/PI법)	本山信行[16)] (2000)
0.1 ~ 0.5			3.37 ~ 3.73(감염성)	竹馬大介[17)] (2001)

〈표 2.5.10〉 오존에 대한 각종 미생물의 치사계수[18)]

미생물	a [(mg/ℓ)$^{-1}$ min^{-1}]	Ct_{99} [(mg/ℓ·min]
Esherichia coli	500	0.01
Streptococcus faecalis	300	0.015
Polio virus	50	0.1
Endamoeba histolytica	5	1
Bcillus megatherium(포자)	15	0.3
Mycobacterium tuberculosam	100	0.05

(주) $a = 4.6/Ct_{99}$ pH=7, 10~15°C

〈표 2.5.11〉 오존과 염소의 치사계수 a의 비교[(mg/ℓ)$^{-1}$ min^{-1}][18)]

소독제	장관계세균	아메바-시스트	바이러스	포자
O_3	500	0.5	5	2
HOCl	20	0.05	1.0	0.05
OCl^-	0.2	0.0005	<0.02	<0.0005
NH_2Cl	0.1	0.02	0.005	0.001

이와 같이 오존은 바이러스나 원충에 대한 불활성화 효과가 염소보다 크다. 그러나 잔류효과가 없기 때문에 수도수의 최종적인 소독제로서는 고려되고 있지 않다. 오존은 주입점에서 산화와 살균의 역할이며, 최종 소독제는 잔류효과가 있는 염소 또는 이산화염소를 사용하고 있다.

오존의 산화작용에 대해서는 다음 절에 기술한다.

(7) 염화브롬에 의한 소독

합류식 하수도의 차집관거에서 배출되는 우천 시 하수에 의한 수역의 오염이 문제가 되고 있다. 이 하수를 소독하는데 염소계 소독제에서는 고농도로 장시간의 접촉시간이 필요하게 되어 기 설치된 차집관거를 개조하지 않으면 안 된다고 하는 귀찮은 일이 생긴다. 염화브롬은 하수중에 많이 포함되어 있는 암모니아나 유기물에 살균력이 영향을 미치기 어렵기 때문에 비교적 저농도에서 단시간의 접촉으로 효과가 있다.

하세가와(長谷川)에서는 고형소독제 블로모클로로디메틸히단틴을 사용하여 하수의 소독실험을 행하여 첨가량 4~7.5mg/ℓ(유효염소환산), 접촉시간 수초~6분으로 대장균수를 2log 저하하고 소독 후 브롬산이온의 생성은 없고 트리할로메탄 생성량도 0.05mg/ℓ 이하인 것으로 보고되고 있다.[19]

참고문헌

1) 大垣眞一郎, 下水処理水の消毒, 水質汚濁研究, Vol.11, No.5, pp.282~286(1988).

2) NASA TECH BRIEF, Manned Spacecraft Cebter, Aug. 1971.

3) 金子光美, 水の消毒の目的と基本, 造水技術, Vol.26, No.2, pp.3~13(2000).

4) Morris, J.C., Future of Chlorination, J.of AWWA, Vol.58, No.11, pp.1475~1482(1967)(抄訳J.of JWWA, No.392).

5) 平田 強 他, 塩素の Cryptosporidium parvum オーシスト不活化効果とその濃度依存性, 水道協会雑誌, Vol.70, No.1(2001).

6) Moore, A.G., et al, Viable Cryptosporidium paruvum Oocysts exposed to Chlorine or other Oxidising Conditions may lack Identifying Epitopes, International Journal for Parasitology, 28, pp.1205~1212(1998).

7) Rubin, A.J., et al, Inactivation of Gerbil-Cultured Giardia lamblia Cysts by Free Chlonne, Appiled and Environmental Microbiology, Vol.55, pp.2529~2594(1989).

8) Presley, T.A., Bishop, D.F. and Roan, S.G., Ammonia-Nitrogen Removal by Break Point Chrolination, Env. Sci. Tech., Vol.6, No.7, pp.622~628(1972).

9) Sobsey, M.D., Inactivation of Health-related Microorganizms in Water by Disinfection Process, Water Science and Technology, Vol.21, No.2, pp.l71~195(1989).

10) 生活環境審議会水道部会資料, トリハロメタンの毒性.

11) 日本ソーダ工業界安全衛生委員会編, 液化塩素安全作業指針, p.5.

12) 生活環境審議会水道部会水質管理専門委員会報告, 水道水中の二酸化塩素および亜塩素酸イオンに関する水質基準の設定について(2000.2.18).

13) Finch, G.R., et al, Ozone Inactivation of Cryptosporidium parvum in Demand-free Phosphate Buffer Determined by in vito Excystation and Animal Infectivity, Applied and Environmental Microbiology, Vol.59, No.12, pp.4203~4210(1993).

14) Peeters, J.E., et al, Effect of Disinfection of Drinking Water with Ozone or Chlorine Dioxide on Survial of Cryptosporidium parvum Oosist, Applied and Environmental Microbiology, Vol.55, pp.1519~1522(1989).

15) Korich, D.G., et al, Effects of Ozone, Chlorine Dioxide, Chlorine, and Monochloramine on Cryptosporidium parvum Oosist Viability, Applied and Environmental Microbiology, Vol.56, No.5, pp.1423~1424(1990).

16) 本山信行, 小津克行, 平田 強, 星川 寛, 茂庭竹生, 金子光美, オゾンによる Cryptosporidium paruvum オーシスト不活化能に関する実験的検討, 水道協会雑誌, Vol.69, No.1, pp.19~26(2000).

17) 竹馬大介 他, オゾンによるクリプトスポリジウムの不活化, 水道協会雑誌, Vol.70, No.7, pp.15~22(2001).

18) 大垣英一郎, オゾンによる消毒, 用水と廃水, Vol.32, No.4, pp.312~316(1990).

19) 長谷川和宏, 稲村准一, 新飯田豊, 吉田秀潔, 府中裕一, 笠井一裕, 村上照夫, 速効性消毒剤による雨天時下水の消毒技術, エバラ時報, No.196, pp.27~35 (2002.7).

2.6 산화제

(1) 산화처리의 목적

수처리에 사용되는 산화제는 살균제와 거의 중복된다. 즉, 염소계 약제, 이산화염소, 오존, 과망간산칼륨, 과산화수소 및 요오드이다. 산화제로는 이외 불소 F, 크롬산칼륨 $K_2Cr_2O_3$, 과탄산나트륨 $2Na_2CO_3 \cdot 3H_2O_2$ 등이 있지만 수처리로 사용되는 것은 없다.

산화력의 강도는 산화환원전위의 높이로 나타난다. 각종 산화제의 산화환원전위는 〈표 2.6.1〉과 같으며 불소나 오존이나 과망간산염의 산화력이 강하다는 것을 알 수 있다.

〈표 2.6.1〉 산화제의 산화환원전위[Volt][1]

산화제		반응식		산화환원전위
불소	F	$F_2 + 2e^-$	$= 2F^-$	2.87
프리라디칼	HO(g)	$HO + H^+ + e^-$	$= H_2O$	2.85
오존	O_3	$O_3 + 2H^+ + 2e^-$	$= O_2 + H_2O$	2.07
과산화수소	H_2O_2	$H_2O_2 + 2H^+ + 2e^-$	$= 2H_2O$	1.78
과망간산이온	MnO_4^-	$MnO_4^- + 4H^+ + 3e^-$	$= MnO_2 + 2H_2O$	1.67
과망간산이온	MnO_4^-	$MnO_4^- + 8H^+ + 5e^-$	$= Mn^{2+} + 4H_2O$	1.51
프리래디칼	$HO_2(aq)$	$HO_2 + H^+ + e^-$	$= H_2O_2$	1.50
이산화염소	ClO_2	$ClO_2 + e^-$	$= ClO_2^-$	1.50
차아염소산	HClO	$HClO + H^+ + 2e^-$	$= Cl^- + H_2O$	1.49
염소	Cl_2	$Cl_2 + 2e^-$	$= 2Cl^-$	1.36
산소	O_2	$O_2 + 4H^+ + 4e^-$	$= 2H_2O$	1.23

산화제에는 살균, 바이러스의 불활성화, 맛 냄새의 제거, 환상유기물의 터트림(開裂) 등의 기능이 있다. 또 산화하는 것에 의해서 침전을 만들거나 무해한 가스로 전환할 수 있는 불순물질의 제거에 사용되고 있다. 살균 이외의 대표적인 산화처리를 열거하면 다음과 같다.

- 철, 망간의 제거
- 시안의 제거

- 맛 냄새, 색도의 제거
- 기타 휴민, 농약, 내분비 교란물질 등의 분해, 슬러지의 가용화

이하, 이러한 산화처리에 대해 말한다.

(2) 철, 망간, 시안의 제거

▮철의 제거

철과 망간은 물에 색을 띠게 하므로 혐오하게 된다. 철에는 2가와 3가의 화합물이 있고, 전자를 제1철염, 후자를 제2철염이라고 부른다. 수산화제1철$Fe(OH)_2$의 용해도곱은

$$[Fe^{2+}]\ [OH^{-}]^{2} = 8 \times 10^{-16} \tag{1}$$

으로 나타낼 수 있으므로, 양변의 대수를 취하면

$$\log[Fe^{2+}]\ [OH^{-}] = -16 + \log 8 \tag{2}$$

로 되고

$$[OH^{-}]\ [H^{+}] = 10^{-14} \tag{3}$$

$$\log[H^{+}] = -pH \tag{4}$$

인 것을 사용하면

$$\log[Fe^{2+}] = 12.9 - 2pH \tag{5}$$

을 얻을 수 있다. 또 수산화제2철의 용해도 곱은 7.1×10^{-40}라고 하는 값이 나타나 있기 때문에, 똑같이 하여

$$\log[Fe^{3+}] = 2.85 - 3pH \quad (6)$$

로 나타내진다. 지금부터 pH = 7에서는

$$[Fe^{2+}] = 0.08mol/\ell = 4450mg/\ell \quad (7)$$

$$[Fe^{3+}] = 7.1 \times 10^{-19}mol/\ell = 4 \times 10^{-14}mg/\ell \quad (8)$$

되어 중성의 물에 제1철은 다량으로 용해되지만 제2철은 거의 용해되지 않는다.

따라서 제1철을 포함한 물을 산화해 제2철$Fe(OH)_3$로 하면 철은 용이하게 석출하여 침전이나 여과처리로 제거할 수 있다.

염소에 의한 철의 산화반응은 다음과 같이 나타내어지고 철 1mg/ℓ를 산화하는데 필요한 염소의 양은 0.635mg/ℓ가 된다.

$$2Fe^{2+} + Cl_2 \rightarrow 2Fe^{3+} + 2Cl^-$$

촉매를 사용하면 염소보다 산화력의 작은 산소로도 철을 산화할 수 있다. 물에 공기를 불어넣은 후 옥시수산화철 FeOOH을 코팅한 모래를 여재로 한 여과지를 통과시키면 철은 여재표면에서 순간적으로 산화되어 석출해 제거된다〈그림 2.6.1〉. 석출물은 그대로 촉매가 된다.

$$4Fe^{2+} + 2FeOOH + O_2 + 6H_2O \rightarrow 6FeOOH + 8H^+$$

망간의 제거

망간에는 2, 3, 4 및 7가의 산화상태가 알려져 있다. 이 중 수중에 불순물로서 존재하는 것은 2가와 4가 상태의 것으로 철과 같이 2가의 망간은 물에 용해되기 쉽고 4가의 망간은 거의 용해되지 않는다. 따라서 철의 경우와 같이 산화 후에 침전 또는 여과라고 하는 프로세스로 제거할 수 있다.

망간은 철보다 산화하기 어렵기 때문에 염소를 단독으로 사용한 것은 산화에 요하는 시간이 수 시간부터 수십 시간에 이른다. 망간을 산화하려면 염소보다 강력한 산화제인 과망간산칼륨 $KMnO_4$을 이용한다. 과망간산칼륨에 의한 산화반응은 다음과 같다.

$$3Mn^{2+} + 2KMnO_4 + 4H_2O \rightarrow 5MnO_2 + 2KOH + 6H^+$$

지금부터 Mn^{2+} 1mg/ℓ를 산화하는 데 필요한 $KMnO_4$의 양은 1.9mg/ℓ가 되지만 생성된 MnO_2가 Mn^{2+} 이온을 흡착하기 때문에 실제의 첨가량은 이론량 보다 적어지게 된다. 망간은 오존에서도 산화할 수 있다. 다만 과잉으로 오존을 첨가하면 과망간산염이 생겨 망간이 다시 용해하여 물이 붉게 착색한다.

망간을 제거하는 가장 간단하고 확실한 방법은 염소를 주입한 후에 이산화망간 MnO_2을 코팅한 여재를 촉매로 하여 여과하는 이른바 접촉여과법으로 불리는 것이다〈그림 2.6.1〉. 접촉여과법에서는 2가의 망간은 빨리 산화되어 여재 입자표면에 4가의 망간 MnO_2로서 석출한다.

$$Mn^{2+} + Cl_2 + MnO_2 + 2H_2O \rightarrow 2MnO_2 + 2HCl + 2H^+$$

철의 경우와 같이 석출물도 그대로 촉매가 된다. 이산화망간을 코팅한 여재를 망간사라고 하여 시판도 되고 있지만 망간을 포함한 물에 염소를 첨가해 보통 모래층을 통해두면 모래는 자연스럽게 망간사가 된다.

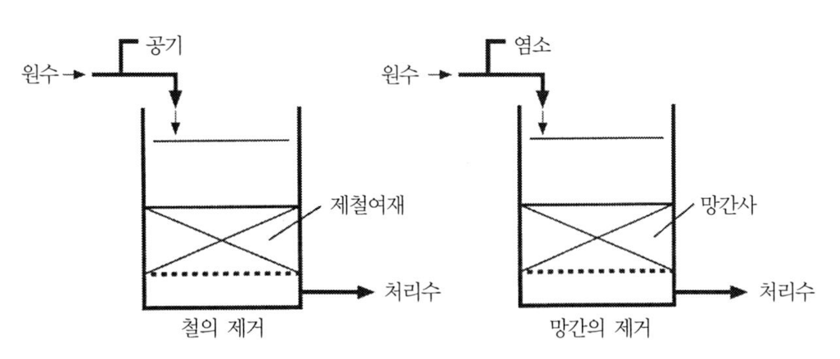

〈그림 2.6.1〉 접촉여재에 의한 철과 망간의 제거

망간사를 사용한 여과지에서는 망간사가 점차 두꺼워진다. 통상의 여과지와 같이 역세정을 시행하여 이 두꺼워진 부분을 박리·배출한다.

▌시안의 제거

시안은 산화하는 것으로써 최종적으로 질소와 이산화탄소까지로 분해한다. 현장에서는 시안은 〈그림 2.6.2〉처럼 2단계로 산화하고 있다. 두 개의 단계를 거치지 않으면 맹독의 시안가스를 발생해 위험하게 된다. 이것을 알칼리-염소법이라고 부른다.

제1단계 : pH〉10으로 하여 염소로 CNO^-까지 산화한다.

$$CN^- + 2OH^- + Cl_2 \rightarrow CNO^- + 2Cl^- + H_2O$$

제2단계 : pH=7.5~8.0으로 하여, CNO^-를 탄산가스와 질소가스로 한다.

$$2CNO^- + 4OH^- + 3Cl_2 \rightarrow 2CO_2 + N_2 + 2H_2O + 6Cl^-$$

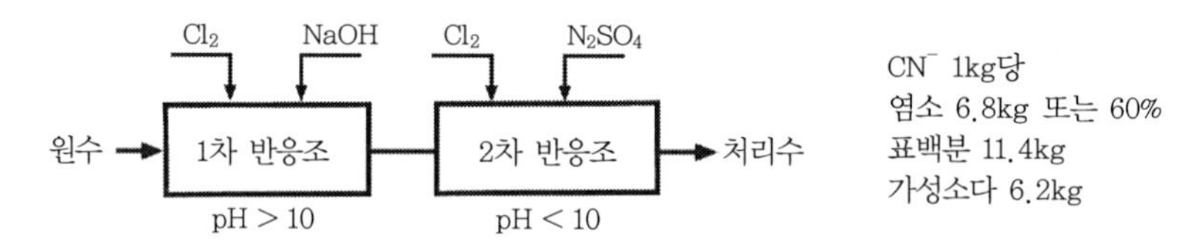

〈그림 2.6.2〉 시안 함유배수의 처리(알칼리-염소법)

오존에 의한 산화의 경우에는 다음과 같다.

$$CN^- + O_3 \rightarrow CNO^- + O_2$$

$$2CNO^- + 3O_3 + H_2O \rightarrow 2HCO_3^- + N_2 + 3O_2$$

산화제의 이론량

철, 망간, 시안을 산화하는 데 필요로 하는 산화제의 이론량을 〈표 2.6.2〉에 나타낸다.

〈표 2.6.2〉 철, 망간 및 시안 1mg/ℓ을 산화하는 데 필요로 하는 산화제의 이론량[2)]

산화제		Fe^{2+} [mg/ℓ]	Mn^{2+} [mg/ℓ]	CN^-[mg/ℓ]	
				CNO^- 까지	N_2, CO_2 까지
염소	Cl_2	0.635	1.29	2.73	6.83
차아염소산소다	NaClO	0.665	1.35	2.85	7.15
표백분	$Ca(ClO)_2$	0.640	1.30	2.75	6.90
과망간산칼륨	$KMnO_4$		1.92		
오존	O_3	0.43	0.874	1.85	4.61

(주) 모두 100% 농도의 것을 이용했을 경우의 값이다. 차아염소산소다나 표백분이 염소환산농도로 표시되고 있는 경우에는 염소 Cl_2 란(欄)의 수치를 이 환산농도에서 제하여 소요량을 구한다.

(3) 색도와 맛 냄새의 제거

색도나 맛 냄새의 제거법에 확실한 것은 활성탄에 의한 방법이지만 분말활성탄에서는 슬러지가 증가한다고 하는 난점이 있고, 입상활성탄 여과에서는 설비비가 고가로 된다. 산화제에 의해 맛 냄새를 제거할 수 있으면 경제적으로는 바람직하다.

색도나 맛 냄새의 토대가 되는 물질은 불포화 유기물인 것이 많다. 이 화합물의 이중결합을 끊으면 색이나 냄새를 없앨 수 있다. 염색 배수의 상당수는 응집침전에 오존처리를 조합하면 탈색할 수 있다.

휴민질에 의한 색도는 오존산화로 효과적으로 제거할 수 있다. 또, 무기물의 철이나 망간도 빨강부터 흑색을 띠지만 이것들은 전술과 같이 산화에 의해 석출 제거할 수 있다.

각종의 맛 냄새물질에 대한 산화제의 효과에 대해서 〈표 2.6.3〉과 같은 실험결과를 얻을 수 있다.

〈표 2.6.3〉 산화처리에 의한 맛 냄새 제거 결과[3)]

맛 냄새 물질	산화제	제거율	산화제	제거율	산화제	제거율
1-헥사놀	Cl_2	5	KMnO	33	O_3 Ct = 0.1mg/ℓ · min	−450
	ClO_2	−28	H_2O_2	43		
	NH_2Cl	−79			O_3 Ct = 0.2mg/ℓ · min	42, 41
1-헵타놀	Cl_2	−79	KMnO	49	O_3 Ct = 0.1mg/ℓ · min	−610
	ClO_2	−83	H_2O_2	47		
	NH_2Cl	−60			O_3 Ct = 0.2mg/ℓ · min	14, 10
디메틸트리 셀파이드	Cl_2	>99	KMnO	82	O_3 Ct = 0.1mg/ℓ · min	>99
	ClO_2	>99	H_2O_2	90		
	NH_2Cl	>99			O_3 Ct = 0.2mg/ℓ · min	>99, >99
2, 4-데카지에나르	Cl_2	54	KMnO	95	O_3 Ct = 0.1mg/ℓ · min	75
	ClO_2	35	H_2O_2	52		
	NH_2Cl	57			O_3 Ct = 0.2mg/ℓ · min	99, 99
MIB	Cl_2	10	KMnO	13	O_3 Ct = 0.1mg/ℓ · min	40
	ClO_2	2	H_2O_2	29		
	NH_2Cl	15			O_3 Ct = 0.2mg/ℓ · min	83, 73
지오스민	Cl_2	16	KMnO	15	O_3 Ct = 0.1mg/ℓ · min	35
	ClO_2	17	H_2O_2	31		
	NH_2Cl	27			O_3 Ct = 0.2mg/ℓ · min	92, 86

(주) 1. 마이너스 부호는 맛 냄새의 생성을 나타낸다.
2. 오존의 접촉시간은 모두 20분

(4) 기타 산화처리

휴민 등의 분해

천연의 유기물은 자연계에서 분해되어가지만 최종적으로 휴민이나 플브(Fulvic)와 같은 부식물질이 된다. 이것들은 이중결합을 가진 안정적인 물질로 그 이상 생물분해를 하기 어렵다. 또 염소와 반응해 트리할로메탄 등의 유기 염소화합물을 만들기 때문에 정수처리가 어렵다.

이러한 물질은 오존과 같이 강력한 산화제를 사용하면 이중결합을 절단하는 것이 가능하여 생물분해가 가능하게 된다.

문제가 표면화되기 시작한 수중의 다이옥신이나 그 외의 내분비 교란물질에 대해서도 후술하는 오존을 주체로 한 촉진산화법으로 제거하는 것이 시도되고 있다.

▌슬러지의 가용화

하수처리시설에서는 대량의 유기성 슬러지가 발생한다. 슬러지는 탈수 후 소각, 퇴비화 또는 매립처분을 하고 있지만 이 처리·처분량을 줄이기 위해서 슬러지에 산화제를 첨가하여 용해하고 주공정인 활성 슬러지 처리공정으로 되돌리는 것이 행해지고 있다. 애써 고형화한 용해성 유기물을 다시 용해하는 것에는 의문도 있지만 슬러지 처분장에서 조치하기 어려운 곳에서는 존재가치가 있는 처리방법이다.

산화제에는 오존이 많이 시도되고 있고 활성 슬러지의 액화율과 오존주입률은 거의 비례한다고 한다.[4)]

(5) 이산화염소에 의한 산화

염소계 약제, 즉 염소가스, 차아염소산소다, 표백분 및 전해염소에 대해서는 앞에서 서술했다. 〈표 2.6.1〉처럼 이산화염소의 산화환원전위는 염소나 차아염소산보다 높고 산화력이 크다. 특히, 이산화염소의 산화력은 고 pH 영역에서 크고, 저 pH 영역에서는 낮아진다. 따라서 고 pH에서는 염소의 산화력이 낮아지기도 해서 염소와의 차이가 크지만 중성 부근 이하에서는 pH의 효과가 역전하므로 그 차이는 작아진다.

이전에도 말한 것처럼 이산화염소는 잔류염소가 생기지 않기 때문에 페놀과 반응하여 클로로페놀을 생성할 것도 없고 휴민이 존재하더라도 트리할로메탄을 생성하지 않는다. 또 대부분의 맛 냄새를 효과적으로 제거하지만 지오스민이나 2-메틸이소보르네올의 제거율은 30~50% 정도이다. 암모니아를 질소화할 수 없지만 아질산은 빠르게 산화한다. 철이나 망간은 용이하게 산화하기 때문에 전염소 처리로 바꾸어 이산화염소를 사용하면 트리할로메탄을 생성하지 않고 망간제거를 할 수 있다.

(6) 오존에 의한 산화

▌연혁

오존은 1785년 Van Marum에 의해 발견되었으며 1855년에는 Schönbein에 의해 유기화합물에 대한 산화작용이 발견되었다. 19세기 후반에는 곰팡이, 박테리아, 장티푸스균, 콜레라균 등의 살균에 유효하다라고 알려져 왔다.

1857년에는 Siemens에 의해 실용적인 오존발생기가 만들어지고, 1891년에는 독일의 Martinikenfeld에 의해 물의 소독을 위한 Pilot Plant가 만들어졌다. 상수도에의 적용은 1906년 프랑스의 니스에 건설된 플랜트를 효시로 한다.

▮ 오존의 성질과 효과

오존 O_3은 분자량 48, 밀도 2.14kg/m^3(0°C, 1atm)이다. 상온에서는 무색의 기체로 독특한 자극냄새를 갖고 있는 유독가스이다.

오존의 건조공기 중 반감기는 12시간 이상이지만 물에 녹으면 불안정하게 되어 pH 7.6에서 반감기는 41분이다.

pH가 높아지면 반감기는 한층 더 짧아진다. 오존은 수중에서 다음과 같이 해리하고 있다.

$$O_3 + H_2O = HO_3^{+} + OH^{-}$$

$$HO_3^{+} + OH^{-} = 2 \cdot HO_2$$

$$O_3 + \cdot HO_2 = \cdot HO + 2O_2$$

$$\cdot HO + \cdot HO_2 = H_2O + O_2$$

〈표 2.6.1〉처럼 오존 자체가 산화환원전위가 높고 자연계에서는 불소 다음으로 강한 산화제이다. 또한 상기반응식에 의해서 생기는 Free Radical·HO는 오존 이상의 산화환원전위를 갖고 있어·HO_2도 큰 산화환원전위를 갖는다. 금속염이나 유기물의 산화처리에 대해서는 특히 ·HO 라디칼의 역할이 크다. 그러나 살균이나 탈취·탈색은 분자상 오존에 의해 직접 산화된다고 한다.

▮ 오존산화의 대상물질

오존산화의 대상물질은 색도, 맛 냄새, 철·망간, 시안, 독성유기물, TOC, DOC 용존유기탄소, 트리할로메탄 전구물질 등이다.

전술했던 대로 철 Fe^{2+}와 망간 Mn^{2+}는 오존으로 용이하게 산화되어 침전이 생긴다. 망간을 산화하는 경우 오존을 과잉으로 첨가하면 과망간산염이 생겨 재 용해한다.

시안화합물도 오존으로 분해할 수 있다. pH의 영향이 크며, pH 12 부근부터 급격히 분해속도가 커진다.

아질산성질소는 오존에 의해 신속하게 산화되어 질산성질소가 된다. 그러나 암모니아는 산화되기 어렵다. pH를 높게 하면 스트리핑 효과도 더해져 다소의 제거효과가 인정된다.

황화수소는 다음과 같이 반응해 유황을 유리하든지 황산을 생성한다.

$$H_2S + O_3 \rightarrow S + O_2 + H_2O$$

$$3H_2S + 4O_3 \rightarrow 3H_2SO_4$$

오존에 의해 산화할 수 있는 유기물은 올레핀계나 아세틸렌계의 이, 삼중결합을 가진 화합물, 방향족 탄소고리를 가진 화합물, 아민, 황화물, 설폰산, 인산염을 가진 유기물, 알코올, 에테르, 알데히드 등이다.

트리할로메탄의 전구물질은 산화할 수 있지만 트리할로메탄이 되면 반응하지 않는다. 다만 오존화 공기에 의한 폭기의 스트리핑 효과에 의해 50% 정도는 제거할 수 있다.

휴민에 의해 비롯되는 색도는 용이하게 제거할 수 있어 맛 냄새의 토대가 되는 페놀, 클로로페놀, 유분, 조류대사물질을 산화할 수 있다. 그러나 오존에 의한 맛 냄새 제거는 원인물질을 부분적으로 산화하여 변질시키는 것으로 완전한 처리라고는 말하기 어렵다.

농약의 산화처리결과는 대상물질, 처리조건, 실험자에 따라서 다르다. 높은 제거율을 나타내는 것에서부터 거의 제거할 수 없는 것, 독성이 강한 중간생성물을 만드는 것까지 다양하다.

오존은 유기물 안에서도 불포화 화합물을 선택적으로 산화하므로 오존처리하면 이것들을 생물산화되기 쉬운 유기물로 변환한다. 이러한 유기물을 AOC(Assimilable Organic Carbon)라고 한다. AOC는 박테리아에서 좋은 영양원이 되어 미생물의 증식을 촉진한다. 후술하는 생물활성탄처리는 이것을 이용한 것이다. 같은 이유에 의해 오존처리수를 그대로 배수계통에 흘리면 배수관 중에 미생물이 증식한다.

오존의 응집효과

오존과 같은 강한 산화제를 첨가하면 전하의 성질이 바뀌어 현탁입자가 응집하기 쉬운 경우가 있다. 오존산화에 의해서 유기물로부터 카르본산 등의 극성이 강한 화합물이 생겨 현탁물질의 응집을 조장한다. 다만 과잉으로 오존을 첨가하면 중합한 분자가 한층 더 산화되어 저분자화하여 응집에 악영향을 준다. 외국에서는 오존처리 후 마이크로 스트레이너나 모래여과에 의해서 탁도 제거처리하고 있는 정수장이 있다.

오존과 생물활성탄처리

오존은 생물이 분해할 수 없는 불포화유기물을 분해할 수 있다. 맛이나 냄새의 바탕으로 되는 이중결합을 가진 유기물, 환상유기물, 휴민 등은 생물분해를 할 수 없지만 오존은 용이하게 이중결합을 잘라 환상유기물을 개환(開環)한다. 그러나 유기물을 완전하게 무기화하지 못하고 분해잔사(残渣)가 수중에 남는다. BrO_3^-, 알데히드, 케토류와 같은 부생성물이 생기기도 해 그러한 것들의 독성이 걱정되고 있다.

활성탄여과지를 오존처리 후에 두면 이것들의 찌꺼기 잔사(残渣)를 흡착제거할 수 있다〈그림 2.6.3〉. 이 방법이 우수한 점은 활성탄의 재생이 불필요하게 되든가 또는 재생빈도가 현저하게 감소하는 것이다. 그것은 오존이 유기물을 생물분해 가능하게 될 때까지 분해하므로 활성탄층 안에 증식한 생물이 활성탄층이 흡착한 유기물을 먹이로서 소비한다. 즉, 흡착물이 없어져 활성탄은 '재생'된다.

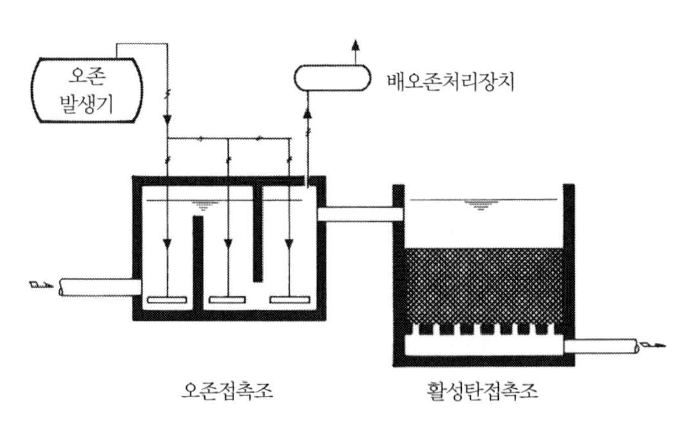

〈그림 2.6.3〉 생물활성탄처리

또 '오존'이라고 해도 오존농도는 고작 10%로 나머지는 공기 내지 산소이기 때문에 생물의 증식에 필요한 산소가 풍부하게 공급된다. 또 오존 자체는 생물에게 유해하지만 활성탄층의 상부에서 오존은 신속하게 산소가 된다.

이러한 처리방법을 생물활성탄처리(Bio-Activated Carbon Process)라고 한다. 생물활성탄처리에는 오존-활성탄여과뿐만이 아니라 공기-활성탄여과라고 하는 조합도 생각할 수 있지만 효과의 측면에서 오존과 활성탄과의 조합이 우수하다.

오존처리의 부산물

유기물을 오존으로 산화하면 분자량이 보다 작은 유기물이 된다. 이것들은 생물분해하기 쉽게 되어 있기 때문에 BOD가 상승하기도 한다.

휴민산이나 플브산은 금속류, 농약류, 휘발성 방향족 화합물, 프탈산, 지방산 등을 보유하고 있다. 오존처리하면 이러한 물질을 수중에 방출하여 독성이 증가할 가능성이 있다.[6)]

브롬화물은 오존에 의해 산화되어 발암성의 브롬산염을 생성한다. 이것을 억제하려면 Ct 치를 적정하게 제어하거나 촉진산화나 촉매를 사용한 산화처리를 한다.[6)]

오존의 발생

오존을 인공적으로 만드는 방법에는 광화학법, 전해법, 방전법 등이 있다. 방전법에 의한 오존발생기는 1857년에 Siemens에 의해 만들어졌고 지금도 공업적으로 만드는 방법은 이것에 한정되어 있다.

무성방전법에서는 원료가스로서 공기, 산소 또는 산소부화공기를 사용한다. 즉, 한 벌의 전극 사이에 유전체를 삽입하고 이 전극 사이에 교류의 고전압을 가해 이 방전공간에 공기 또는 산소를 통과시키는 것에 의해 오존을 생성한다. 오존의 생성반응은 다음과 같다.

$$3O_2 \rightarrow 2O_3 - 68.2\text{kcal}\ (286\text{kJ})$$

따라서 이론 오존생성량은 1.2kg/kWh가 된다. 그러나 무성방전에 의한 오존생성효율은 공기원료의 경우 이론치의 5% 정도, 산소원료에서 12% 정도로 낮기 때문에 오존생성에는 큰 전력이 필요하게 된다. 오존발생기에 대해서는 제4장에서 설명하겠다.

오존처리에 영향을 주는 수질인자

수온

수온이 높아지면 오존의 분해속도가 빨라져 소비량이 늘어난다. 그러나 고온 쪽이 반응속도도 빨라져 바이러스의 불활성화율도 높아지기 때문에 극단적인 고저온이 아닌 한 수온에 대해서 신경 쓸 필요는 없다.

pH

pH가 높아지면 수중의 오존 안정성이 저하한다. 오존과 용이하게 반응하는 물질, 예를 들어 유기염료의 탈색처리에서는 저 pH처리가 유효하다. 다만 저 pH처리에서는 반응하기 쉬운 물질로 제한하기 위해 COD나 TOC를 완전하게 제거하는 것은 할 수 없다. 오존과의 반응성이 나쁜 물질에 대해서는 고 pH가 유리하다. 고 pH에서는 오존의 분해과정에서 활성이 강한 OH라디칼이 생성하고 이것이 산화반응의 방아쇠로 작용하기 때문이다.

탁도, 유기물

탁도 성분이나 분변, 활성슬러지는 세균이나 바이러스의 보호 효과가 있어 불활성화속도를 저하시킨다.

오존가스의 독성

오존은 독성이 있는 기체이다. 기도흡입에 의한 독성은 눈, 코, 목의 점막을 자극하고 급성중독증상으로서 비염, 기도건조, 흉부압박, 전두통, 현기증, 구토, 발한, 신체피로, 혈압강하 등이 있다. 심할 때에는 폐출혈을 일으켜 심기능 저하, 체온 강하, 경련 등을 일으켜 사망한다. 반복해서 오존에 노출되었을 경우에 생기는 만성중독 증상으로서 식욕감퇴, 두통, 피로, 수면장해, 신경질이 있고 또 기도협착, 만성기관지염, 기관지초염, 기종, 폐중섬유아세포형성, 폐기능저하, 심근장해 등이 일어난다.

노출농도와 생리작용의 관계는 〈표 2.6.4〉와 같다.

〈표 2.6.4〉 오존 노출농도와 생리작용[5)]

농도[ppm]	작용
0.01 ~ 0.02	다소의 악취를 기억하지만, 이윽고 익숙해진다.
0.1	분명한 악취가 있어 코나 목에 자극을 느낀다.
0.2 ~ 0.5	3~6시간 노출로 시각이 저하한다.
0.5	분명하게 상부기도에 통증을 느낀다.
1 ~ 2	2시간 노출로 두통, 흉부통, 상부기도의 갈증과 기침이 일어나 노출을 반복하면 만성중독에 걸린다.
5 ~ 10	맥박증가, 체통, 마취증상이 나타나고 노출이 계속되면 폐수종을 부른다.
15 ~ 20	작은 동물은 2시간 이내에 사망한다.
50	인간은 1시간에 생명이 위험한 상태가 된다.

일본의 산업위생학회에서는 노동환경의 대기 중 오존 허용농도를 0.1ppm로 하고 있다(1일 8시간, 주 40시간 정도의 노동시간에 종사하는 경우). 수처리 시설로부터 누설하는 오존농도는 적어도 0.1ppm 이하로 한다. 그 때문에 오존 발생설비나 반응조에는 오존농도 모니터나 배오존 분해장치를 설치하고 있다. 분해장치의 설계조건으로서는 처리농도를 0.06ppm으로 하고 있다.

(7) 기타 산화제

과망간산칼륨($KMnO_4$)은 염소보다 강력한 산화제이다. 수처리에는 망간의 산화 · 제거에 이용될 뿐이다.

과산화수소(H_2O_2)는 조건에 따라 산화제로 쓰이거나 환원제로 쓰인다. 단독으로 산화처리에 사용되는 것은 적고 다음에 말하는 촉진산화에 사용되어지고 있다. 이 외 브롬(Br)이나 요오드(I)도 드물게 산화제로서 사용된다.

(8) 촉진산화

화학물질 속에는 오존으로도 산화분해가 어려운 것이 있다. 이러한 물질의 산화에는 오존에 추가하여 자외선이나 과산화수소를 동시에 적용하여 산화를 촉진시키는 방법이 제안되고 있다. 이것을 촉진산화법이라고 한다.

촉진산화법에는 다음과 같은 것이 있다.

오존 + 과산화수소	오존 + γ선
오존 + 자외선	과산화수소 + 자외선
오존 + EDTA	과산화수소 + Fe(III)

모두 불안정하고 산화력의 큰 라디칼을 생성해 이것에 의해서 산화를 촉진하는 것이다. 촉진산화법은 연구과정에 있지만 지금부터 문제가 될 만한 내분비 교란물질 등의 산화분해에 적용되어 갈 것이다. 주요한 연구를 이하에 소개한다.

'茂庭'등은 오존 + 과산화수소, 오존 + EDTA 및 오존 + 자외선이라고 하는 3종의 촉진산화법을 비교하여 오존처리 + 자외선 동시 조사만이 효율적으로 프리라디칼을 생성하고, THMFP (트리할로메탄형 성능)와 DOC(용해성 유기물)을 함께 감소시킨다는 결과를 얻고 있다.[7]

수중에 브롬화물이 포함되면 오존에 의해 산화되어 발암성이 있는 브롬산염을 생성한다. 브롬산염농도는 WHO 가이드라인 잠정치에서는 25μg/ℓ로 되어 있다.

브롬산염의 생성을 억제하려면 촉진산화가 효과적이다.

'前出'등은 오존의 산화촉진제로서 과산화수소, 자외선 및 EDTA를 이용해서 비교실험을 실시하여 THMFP의 제거성에는 오존단독처리 및 앞에 기술한 3개의 촉진산화법과의 사이에 현저한 차이는 볼 수 없었지만, 촉진산화법은 브롬산이온의 생성을 억제할 수 있었다고 하고 그러기 위해서는 오존주입률에 따라 산화촉진제량이나 자외선 조사량을 일정량 이상으로 하는 것이 필요하다라고 보고하고 있다.[8]

'葛'등은 오존+자외선 및 오존+과산화수소+자외선이라고 하는 조합으로 다이옥신과 다이옥신의 전구물질인 클로르벤젠의 분해실험을 행하여 오존 50mg/ℓ의 첨가로 헥사클로르벤젠은 99% 제거할 수 있지만 모노클로로벤젠의 제거율은 낮다는 것, 오존 50mg/ℓ, 과산화수소 10mg/ℓ의 첨가로 다이옥신의 제거율은 이성체마다 63~74%이었다는 것을 보고하고 있다.[9]

참고문헌

1) 富士電機(株), オゾンと応用, p.1~1.

2) 藤田賢二, 水処理用薬品とその注入設備〈その4〉, 公害防止管理者, Vol.2, No.2, pp.30~37(1973).

3) Glaze, W. H. and Schep, R., et al, Evaluation Oxidants for the Removal of Model Taste and Oder Compounds, J.of AWWA, Vol.82, No.5, pp.79~84(1990).

4) 荒川清美 他, オゾンを用いた活性汚泥法における汚泥減容化の基礎実験, エバラ時報, No.192, pp.3~16(2001).

5) 多田 治, 有害物管理のための測定法, 労働科学研究所出版部, p.107(1969).

6) Camel, V. and Bermond, A., Review Paper-The Use of Ozone and Associated Oxidation Process in Drinking Water Treatment, Water Research, Vol.32, No.11, pp.3208~3222(1998).

7) 茂庭竹生, 柴田信勝, 岡田光正, 中島秀和, 北木 靖, 促進酸化法による有機物質の分解に 関する基礎実験, 水道協会雑誌, Vol.68, No.10, pp.21~30(1999).

8) 前出繁次, 高橋和彦, 津久田昭彦, 茂庭竹生, 促進酸化処理による有機物の除去性と臭素 酸イオンの生成抑制効果, 水道協会雑誌, Vol.71, No.5, pp.14~25(2002).

9) 蔦 甬生, 二見賢一, 田中俊博, 伊藤三郎, 勝倉 昇, 藤田賢二, AOP法による侵出水ダ イオキシン類の分解除去, 全国都市清掃研究発表会講演論文集, pp.338~340(1999.2).

2.7 환원제와 탈염소제

(1) 환원제의 기능

산화제에 비하면 환원제를 수처리에 사용하는 것은 적다. 폐수 중의 불순물은 환원성 물질이 많고 대부분의 금속도 산화체 쪽이 용해도가 낮아 침전제거하기 쉽기 때문이다.

그중 크롬은 예외적인 존재이다. 크롬은 6가와 3가의 형태가 있고 6가 크롬은 독성이 높고 물에 대한 용해도도 높다. 크롬을 처리하는 데에는 다음에 말하는 것과 같이 우선 환원하고 나서 침강분리한다.

수처리에서는 산화제 또는 살균제로서 염소를 사용하는 수가 많다. 과잉염소법에 의한 살균처리 후에는 탈염소처리를 필요로 한다. 탈염소에는 활성탄 외 환원제가 사용된다.

(2) 크롬의 제거

도금폐수 등에 포함되는 크롬은 6가의 형태로 용해되어 있어 독성이 높다. 이 폐액에 환원제를 첨가하여 3가 상태로 한 후 액을 알칼리성으로 하면 크롬은 수산화크롬 $Cr(OH)_3$으로서 석출하고 침전처리에 의해 제거하는 것이 가능하다.

크롬산의 환원반응은 pH2~2.5의 산성영역에서 진행되기 때문에 환원제와 황산을 첨가한다.

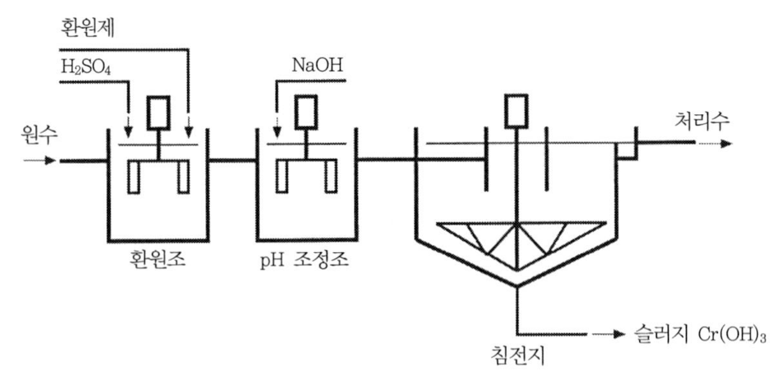

〈그림 2.7.1〉 크롬제거 플로우 시트

환원반응 종료 후 알칼리를 첨가하여 pH를 7.5~8.5로 하면 용해도가 낮은 침전 $Cr(OH)_3$을 생성한다.

환원제로는 황산제1철($FeSO_4$), 아황산나트륨(Na_2SO_3), 중아황산나트륨($NaHSO_3$), 티오황산나트륨(Na_2SO_3), 메타중아황산($Na_2S_2O_5$), 거기에 아황산가스(SO_2)가 이용된다. 이 외 약제라고는 할 수 없지만 철 부스러기도 환원처리에 사용할 수 있다.

황산제1철($FeSO_4$)로 크롬폐액을 처리하는 경우에는 산화된 황산철이 응집제로 되기 때문에 환원과 응집이 하나의 탱크에서 완결된다.

크롬의 제거에 필요한 환원제, 황산 및 알칼리제의 양은 〈표 2.7.1〉과 같다.

이 표는 연이어 열거한 반응식으로부터 계산한 이론량이다. 실제의 처리에 필요한 환원제의 양은 이것보다 20% 정도 많아진다. 또 산이나 알칼리의 소요량은 원폐액의 산도나 pH 또는 환원반응을 실시하는 pH에 의해서도 변하기 때문에 실제의 처리에서는 적정(滴定)에 의해서 확인한다. 약품주입장치의 설계용량으로는 어느 약제도 이론량의 2.5배를 보면 충분하다.

〈표 2.7.1〉 크롬을 제거하는 데 필요한 약품량과 슬러지양

환원제	Cr^{6+}1mg/ℓ를 환원하기 위한 약품량[mg/ℓ]		알칼리제의 양 어느 한쪽[mg/ℓ]		슬러지양 [mg/ℓ]
	환원제	H_2SO_4	$Ca(OH)_2$	NaOH	
철 Fe	1.08	5.65	4.28		12.04
				4.61	4.06
황산제1철 $FeSO_4 \cdot 7H_2O$	16.0	5.65	8.54		24.1
				9.24	8.2
아황산소다 Na_2SO_3	3.64	2.83	2.14		5.96
				2.31	1.98
중아황산소다 $NaHSO_3$	3.00	1.42	2.14		5.96
				2.31	1.98
티오황산소다 $Na_2S_2O_3$	3.04	2.83	2.14		5.96
				2.31	1.98
아황산가스 SO_2	1.85	–	2.14		5.96
				2.31	1.98
메타중아황산 $Na_2S_2O_5$	2.74	2.83	2.14		5.96
				2.31	1.98

크롬 환원반응식

〈표 2.7.1〉의 수치는 다음의 반응식에 의해서 계산한다.

철 부스러기 Fe에 의한 환원

$$CrO_3 + H_2O = H_2CrO_4$$

$$H_2CrO_4 + Fe + H_2SO_4 = Cr_2(SO_4)_3 + Fe_2(SO_4)_3 + 8H_2O$$

$$Cr_2(SO_4)_3 + 3Ca(OH)_2 = 2Cr(OH)_3 + 3CaSO_4$$

$$Fe_2(SO_4)_3 + 3Ca(OH)_2 = 2Fe(OH)_3 + 3CaSO_4$$

또는

$$Cr_2(SO_4)_3 + 6NaOH = 2Cr(OH)_3 + 3Na_2SO_4$$

$$Fe_2(SO_4)_3 + 6NaOH = 2Fe(OH)_3 + 3Na_2SO_4$$

$FeSO_4 \cdot 7H_2O$에 의한 환원

$$2H_2CrO_4 + 6FeSO_4 + 6H_2SO_4 = Cr_2(SO_4)_3 + 3Fe_2(SO_4)_3 + 8H_2O$$

이하 철 부스러기의 경우와 같다.

Na_2SO_3에 의한 환원

$$2H_2CrO_4 + 3Na_2SO_3 + 3H_2SO_4 = Cr_2(SO_4)_3 + 3Na_2SO_4 + 5H_20$$

$$Cr_2(SO_4)_3 + 3Ca(OH)_2 = 2Cr(OH)_3 + 3CaSO_4$$

또는

$$Cr_2(SO_4)_3 + 6NaOH = 2Cr(OH)_3 + 3Na_2SO_4$$

$NaHSO_3$에 의한 환원

$$4H_2CrO_4 + 6NaHSO_3 + 3H_2SO_4 = 2Cr_2(SO_4)_3 + 3Na_2SO_4 + 10H_2O$$

이하 상기와 같다.

$Na_2S_2O_5$에 의한 환원

$$4H_2CrO_4 + 3Na_2S_2O_5 + 3H_2SO_4 = 2Cr_2(SO_4)_3 + 3Na_2SO_4 + 7H_2O$$

이하 상기와 같다.

SO_2에 의한 환원반응

$$2H_2CrO_4 + 3SO_2 = Cr_2(SO_4)_3 + 2H_2O$$

이하 상기와 같다.

$Na_2S_2O_5$에 의한 환원반응

$$4H_2CrO_4 + 3Na_2S_2O5 + 6H_2SO_4 = 2Cr_2(SO_4)_3 + 6NaHSO_4 + 7H_2O$$

이하 상기와 같다.

(3) 탈염소제

물에 과잉으로 염소를 첨가했을 경우 또는 잔류염소의 존재가 그 밖에 장해를 입힐 것 같은 경우에는 유리염소를 제거하는 이른바 탈염소처리를 한다.

이온교환처리에서는 수지탑에 통과시키기 전에 수지를 손상시키는 유리염소를 미리 제거한다. 역침투막에도 유리염소를 싫어하는 것이 있다.

청량음료의 제조에서는 살균을 완전하게 하는 목적으로 과잉염소법을 채용하고 있다. 이 때문에 염소첨가 후에 탈염소처리한다. 영국의 상수도에서는 지하수는 과잉염소처리한 후 탈염소처리를 실시하고 그 후 한층 더 잔류염소를 확보할 만큼의 염소를 첨가하게 되어 있다고 한다.

염소는 산화제이기 때문에 환원제를 탈염소제로서 사용할 수 있다. 또 활성탄의 촉매작용을 이용해 유리염소를 염소이온으로 환원할 수도 있다. 활성탄은 환원제는 아니지만 탈염소제로서 유효하게 사용할 수 있다.

유리염소를 환원하는 데 필요한 환원제의 이론량을 〈표 2.7.2〉에 나타낸다.

〈표 2.7.2〉 유리염소1[mg/ℓ]을 환원하는 데 필요로 하는 약품량

탈염소제	반응식	약품량 [mg/ℓ]
중아황산소다 $NaHSO_3$	$Cl_2 + NaHSO_3 + H_2O = NaCl + HCl + H_2SO_4$	1.47
아황산소다 Na_2SO_3	$Cl_2 + Na_2SO_3 + H_2O = 2NaCl + H_2SO_4$	1.77
티오황산소다 $Na_2S_2O_3$	$4Cl_2 + Na_2S_2O_3 + 5H_2O = 2NaCl + 6HCl + 2H_2SO_4$	0.56
아황산가스 SO_2	$Cl_2 + SO_2 + 2H_2O = 2HCl + H_2SO_4$	0.89

2.8 흡착제

(1) 흡착제의 기능

호수와 늪이 부영양화하면 호수면에 조류가 발생하고 맛 냄새를 발생하는 일이 있다. 이것들은 응집침전이나 산화처리로는 완전하게 제거할 수 없다. 휴민과 같은 천연유기물을 산화하면 AOC(동화 가능 유기물)가 되고 남조류 속에는 산화처리에 의해서 간장(肝臟) 독이 있는 마이크로시스테인을 생성하는 것도 있다.

또 많은 산업폐수나 하수는 재래의 처리방법에서는 제거하기 어려운 저농도의 유기물질을 포함하고 있다. 그 안에는 생물의 호르몬 밸런스를 교란하는 물질을 포함할 가능성도 있다.

이러한 수중의 오염물질을 흡착할 수 있는 활성 고체표면을 가진 물질을 흡착제라 한다.

흡착제에 의해서 제거할 수 있는 물질에는 색도성분, 정악취(呈臭味) 물질, 합성세제(ABS), 살충제(BHC, DDT, 2·4D, 트키사펜, 데르드린, 아르데린, 파라치온 등), 리그닌, 휴민 등의 유기물 외, 산화생성물인 AOC나 마이크로시스테인 게다가 수은, 인산, 불소, 비소와 같은 무기물이 있다. 또 유리염소나 오존은 활성탄표면의 촉매작용에 의해 분해된다.

공업용 흡착제의 대표는 활성탄이다. 이 외 골탄, 실리카겔, 활성백토, 보크사이트 등이 있고 합성무기 흡착제의 개발도 진행되고 있다.

(2) 흡착이론

용액과 접촉하고 있는 고체표면은 표면력의 불균형 때문에 용질 분자군을 흡착하여 표면층을 형성한다. 화학흡착은 표면에 있는 분자의 잔여 원자가의 힘에 의해서 흡착질의 단분자층을 형성하는 것이고, 물리흡착은 고체의 모관에 분자가 응축하는 것에 의해서 생기는 것이다. 물리흡착에서는 일반적으로 분자량이 큰 것일수록 용이하게 흡착할 수 있다.

흡착제에의 흡착량과 용액농도와의 평형관계는 Langmure의 이론식이나 Freundlich의 경험식으로 나타낼 수 있다.

Langmure의 흡착등온식 $$\frac{X}{M}=\frac{1}{1+bC_0} \quad (1)$$

Freundlich의 흡착등온식 $\frac{X}{M} = kC^{1/n}$ (2)

여기서, X : 흡착물질 질량[mg/ℓ], M : 흡착매 질량[mg/ℓ], b : Langmure정수[mg/ℓ], C_0 : 초기농도[mg/ℓ], C : 용액의 잔존농도, k, n : 온도, 흡착매 및 흡착질에 의해서 정해지는 정수, C의 차원은 실용적으로는 mg/ℓ로도 좋지만 정확하게는 mg/kg이다.

실험데이터의 정리에는 Freundlich의 식이 많이 사용되고 이에 의해 흡착법의 가능성이나 경제성을 평가한다.

흡착등온식을 구하기 위해서 우선 평형에 접근하기 위한 소요시간을 검토한다. 활성탄 농도를 일정하게 하여 폐수와 혼화하고 일정 시간마다 흡착의 정도를 측정한다(액의 농도를 측정한다). 90% 이상 평형에 접근하는 데 필요한 혼화시간을 구하여 이것을 다음 실험에 사용한다.

다음으로 탄소량을 몇 단계인가 바꾸고 위에서 구한 시간혼화한 후 활성탄을 여과분리하여(濾別) 용액의 잔존농도를 측정한다. 측정치를 양대수 모눈종이에 플롯하면 통상 근사적인 직선이 된다. 흡착등온식의 $1/n$이 이 직선의 구배로서 나타낸다. 〈그림 2.8.1〉의 A와 같이 흡착등온선이 높은 레벨에 있어 경사가 작은 경우에는, 이 농도범위의 전역에 걸쳐서 흡착이 크고, B와 같은 것에서는 전역에 걸쳐서 흡착력이 작다. 또 C와 같이 경사가 급격한 흡착등온선을 갖는 활성탄은 고농도에서 흡착력이 뛰어나고 저농도에서는 흡착력이 뒤떨어지는 것을 나타내고 있다. C와 같은 활성탄에서는 뒤에 기술하는 향류첨가법으로 하면 효과가 있다.

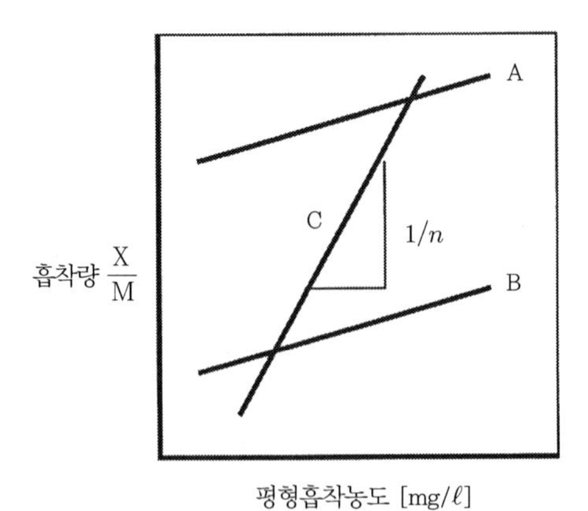

〈그림 2.8.1〉 Freundlich의 흡착등온선

(3) 활성탄

미세구멍(공경) 크기 분포

활성탄을 특징짓는 것은 무수한 세공으로 단위질량당 표면적의 크기는 700~1500m^2/g에 이른다. 또 물리흡착에서는 구멍지름과 같은 정도 크기의 물질을 가장 잘 흡착하기 때문에 흡착 대상물에 따라서 적절한 세공크기의 분포를 가진 활성탄을 선택한다.

활성탄의 품목 – 품질

활성탄은 갈탄, 톱밥 또는 야자껍질을 밀폐용기 내에서 가열해 공기 또는 증기로 흡착의 방해가 되는 탄화수소를 제거한 것이다. 이 원료의 차이, 세공분포의 차이에 의해 다양한 품목이 있다. 활성탄은 품목과 대상물질에 의해서 흡착력이 다르므로 실험에 의해 처리대상물질을 가장 잘 흡착하는 활성탄을 선택한다.

음료수의 처리에 사용하는 경우에는 활성탄의 원료나 제조과정에서 혼입하는 유해한 불순물량이 적은 것이 아니면 안 된다.

건조활성탄은 가볍고 비산하여 분진이 되기 쉽다. 이 때문에 포대 해체 작업의 노동환경은 현저하게 나빠지고 분진이 폭발사고를 내는 염려도 있다. 또 가루가 물에 떠버려 현탁시키는 것이 어렵고 용해작업에도 곤란을 초래한다. 이와 같은 작업성을 개선하기 위해 30~50% 정도의 수분을 첨가한 활성탄이 시판되고 있다. 그러나 수분을 첨가한 만큼 양이 증가하고, 또 강철에 대한 부식성이 높아지므로 건조탄을 사용하는 기술개발이 진행되고 있다.

입상탄과 분말탄

활성탄을 형상으로부터 분류하면 입자상의 것과 분말상의 것이 있다. 전자는 여과와 같은 조작에 의해, 후자는 약제와 같이 교반탱크에 첨가하는 것으로써, 처리 대상물질과 접촉시켜 흡착한다. 입상탄은 분말탄에 비해 고가이지만 재생이 가능하다.

분말탄은 재생이 어렵기 때문에 대상액에 일시적으로 첨가된다. 장기 연속운전을 전제로 했을 때에는 입상탄이 유리하고, 일시적인 운전의 경우에는 설비투자가 적은 분말탄이 유리하게 된다.

분말활성탄처리는 입상활성탄처리에 비해 다음과 같은 이점이 있다.

① 설비비가 작다.

입상탄과 같이 큰 접촉탑을 필요로 하지 않고 주입장치와 교반탱크가 있으면 좋다.

② 탄의 가격이 낮다.

③ 수중의 피흡착물질과 흡착평형에 빨리 도달한다.

④ 피처리액의 수량이나 수질의 변화에 대응하기 쉽다.

수량·수질의 변화에 대하여, 활성탄의 주입량이나 품목을 바꾸어 대응할 수 있다.

⑤ 수요에 응하기 쉽다.

입상탄과 같이 입경의 크기나 균일함에 특정의 시방을 요구하는 것이 없다.

분말활성탄의 단점은 다음과 같다.

① 폐탄의 처분이 필요하게 된다.

② 재생을 할 수 없기 때문에 장기연속 운전하는 경우에 종합 비용이 크게 된다.

입상활성탄은 약품이라고 하는 것보다 여재라고 말할 수밖에 없기 때문에 본 항에서는 분말활성탄에 대해서만 설명한다.

분말활성탄 처리시스템

분말활성탄 처리시스템은 〈그림 2.8.2〉와 같이 접촉조와 분리조로 구성된다.

접촉조는 급속교반지나 플록형성지와 같은 교반조이다. 흡착이 끝난 활성탄의 분리는 침전지로 하는 것이 보통이다. 침전지 대신에 MF(정밀여과막)나 UF(한외여과막) 등의 막을 사용할 수도 있다. 교반과 침강이 일체가 된 고속응집침전지와 같은 장치를 사용하는 것도 유효하다.

분말활성탄의 이용도를 높이기 위해서 〈그림 2.8.3〉과 같이 〈그림 2.8.2〉의 시스템을 2단 병렬 향류처리 시스템으로 하는 것이 있다. 즉, 2단 째에 새로운 활성탄을 첨가하고 2단 째의 흡착이 끝난 활성탄을 1단 째의 반응조의 흡착제로서 사용한다. 이렇게 하는 것에 의해서 활성탄의 첨가량을 줄이는 것이 가능하다.

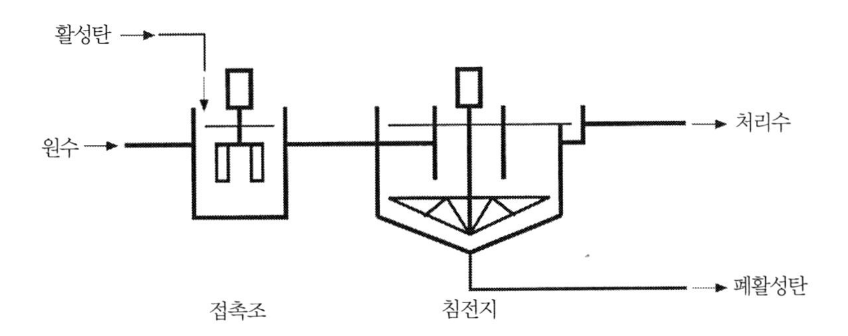

〈그림 2.8.2〉 활성탄처리 시스템

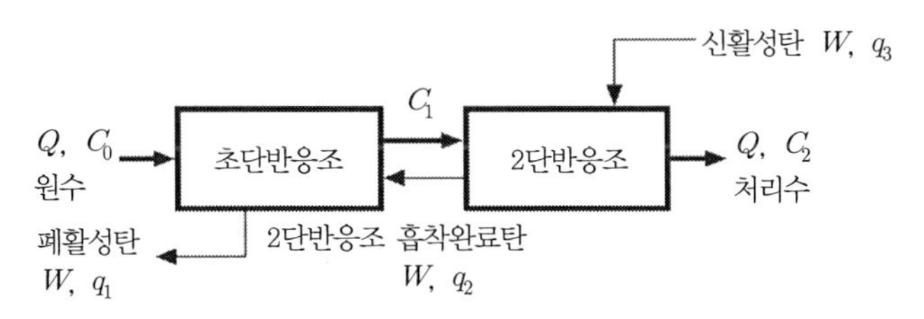

〈그림 2.8.3〉 2단 향류처리 시스템

예로서, 원액의 COD=100mg/ℓ을 25mg/ℓ까지 제거하는 경우를 고려한다.

Freundlich의 계수 $1/n$ =0.5로 한다.

이 그림에서 Q는 처리수량, W는 활성탄량, C는 COD, q는 활성탄에의 흡착량으로 첨자는 각 단을 나온 것을 나타낸다. 식을 세우면 다음과 같다.

각 단의 유입·유출로부터

$$W(q_1 - q_2) = Q(C_0 - C_1) \tag{3}$$

$$W(q_2 - q_3) = Q(C_1 - C_2) \tag{4}$$

$$W(q_1 - q_3) = Q(C_0 - C_2) \tag{5}$$

Freundlich의 식으로부터

$$q_1 = k\,C_1^{1/n}\ ,\ \ q_2 = k\,C_2^{1/n} \tag{6}$$

$q_3=0$이기 때문에 위의 각 식으로부터 다음 식을 얻을 수 있다.

$$\frac{C_0-C_2}{C_1-C_2}=\left(\frac{C_1}{C_2}\right)^{1/n} \tag{7}$$

수치를 넣어 계산하면 $C_1 \fallingdotseq 70$을 얻는다. 따라서 2단 향류처리에서는 활성탄 소요량은 다음과 같다.

$$W=\frac{Q}{k\,C_1^{\ 1/n}}(C_0-C_2)=8.96\,\frac{Q}{k} \tag{8}$$

1단의 경우의 활성탄 소요량 W_s는 똑같이 하면 다음과 같다.

$$W_s=\frac{Q}{k\,C_1^{\ 1/n}}(C_0-C_1)=15\,\frac{Q}{k} \tag{9}$$

따라서 양자의 비 $W/W_s=8.96/15 \fallingdotseq 0.6$이 되고, 이 경우 2단 향류방식으로 하면 활성탄량이 1단방식의 60%로 해결된다.

활성탄처리의 기본 사항

수처리에 분말활성탄을 사용하는 경우의 기본 사항은 다음과 같다.

① 활성탄은 품목에 따라서 대상물질의 흡착력이 다르다.
② 온도는 낮을수록 효과적이다.
③ 흡착계면에서의 흡착은 순간적이다.
④ 흡착작용을 충분히 활용하기 위해 잘 교반한다.
⑤ 일반적으로는 알칼리 측보다 산성 측이 흡착 효율이 좋다. 활성탄이 산성역에서 (+)로, 알칼리역에서 (-)로 대전하기 때문이다.

⑥ 피흡착 물질의 용해도가 최소일 때 흡착은 최대가 된다. 피흡착 물질이 콜로이드에서 알칼리 측에 등전점(等電点)이 있으면 알칼리 측에서 잘 흡착된다.

(4) 합성 무기 흡착제[1)]

알민산마그네슘계 흡착제

비표면적은 활성탄보다 1자릿수 낮은 150m^2/g 정도이다. 배수 중의 착색성 유기오탁물을 선택적으로 흡착하고, 각종 펄프 증해(蒸解) 폐수 중의 색도, 리그닌(Lignin), COD를 활성탄과 동일한 정도로 제거할 수 있다. 흡착이 끝난 입자의 침강속도가 크고 슬러지의 탈수성도 좋다.

550~600°C로 소성하면 용이하게 재생할 수 있다. 극성이 높은 저분자의 유기산이나 단당류는 흡착되기 어렵다.

마그네시아계 흡착제

크라프트펄프(KraftPulp) 표백공정으로부터의 표백폐액 가운데 가장 부하량이 높은 초단 알칼리폐수는 COD가 1,000mg/ℓ 정도가 된다. 이 폐수에 마그네시아계 흡착제를 0.5~0.75% 첨가하면 COD, 색도 및 리그닌을 각각 75~95% 제거 가능하고, 폐흡착제는 500°C로 소각하면 재생할 수 있다. 인이나 불소도 흡착할 수 있고, 인은 오르트(Ortho)인산뿐만 아니라, 축합형의 인화합물에 대해서 흡착속도가 크고, 0.03mg-P/ℓ까지 처리할 수 있다. 불소화합물에 대해서는 0.05%의 첨가로 3mg-F/ℓ까지 제거 가능하다.

참고문헌

1) 猪狩俶将, 無機吸着剤(合成系), 造水技術, Vol.16, No.2, pp.40~48(1990).

2.9 청관제와 냉각탑 냉각수 처리제

(1) 청관제의 기능

청관제의 '관'이란 보일러를 말한다. 물에 의한 보일러의 장해를 제외한 수처리 가운데, 화학반응 또는 물리적작용이 주로 보일러 내에서 행해지는 방법을 총칭해 보일러 내처리라고 하고, 약제를 급수 또는 보일러수에 첨가하여, 수중의 유해불순물을 보일러에 무해상태로 한다. 이 목적으로 사용되는 약제를 청관제라고 한다.

물에 기인하는 보일러 장해의 주된 것은 보일러 내부의 스케일 부착, 보일러 및 관련 계통의 부식, 보일러 내부의 가성취화(조직이 변화되어 소성이나 연성을 잃어버림), 증기계통의 고온고압수증기에 의한 취화(소성이나 연성을 잃어버림) 및 carry over이다. 이 중에서도 스케일과 부식의 방지는 가장 중요하다.

▌스케일 방지

스케일은 물의 경도에 기인한다. 보일러수중의 용해고형물이 물의 증발과 함께 농축되어, 관 벽이나 드럼 등의 전열면에 부착해 굳어진 것을 스케일(관석), 부착하지 않고 저부에 퇴적하고 있는 연질의 침전물을 슬러지(카마도로, 관슬러지)라고 칭하고 있다.

스케일의 주요 성분은 급수 중의 비탄산염 경도성분 주로 $CaSO_4$와 $MgSO_4$이고 경우에 따라 산화철이나 규산을 포함하는 수도 있다. 스케일이 한번 부착하면 점차 성장하는 경향이 있으므로 제거하는 것이 용이하지 않다.

자연 수중에는 스케일을 생성하는 성분이 많아 보일러 외처리, 즉 응집 · 침전 · 여과, 화학연화 또는 이온교환이나 막에 의한 처리를 하여 수중의 부유물이나 용해고형물을 제거해둔다.

보일러 외처리를 실시해도 미량의 스케일 생성성분이 급수 중에 남는 것은 피할 수 없다. 이 때문에 청관제를 첨가하는 것에 의해서 스케일 성분을 연질 슬러지로하여 침전시켜 블로(Blow)에 의해서 제거하는 것이 행해지고 있다. 이것을 보일러 내처리라고 한다.

슬러지의 성분은 급수 중의 탄산염 경도성분, 즉 칼슘 및 마그네슘의 중탄산염으로부터 생기는 $CaCO_3$나 $Mg(OH)_2$이다. 인산염을 청관제로서 첨가했을 경우에 생기는 $Ca_3(PO_4)_2$나 $Mg_3(PO_4)_2$ 또는 철이나 알루미늄의 수산화물이 섞이기도 한다.

▌부식방지

열교환기에는 탄소강, 스테인리스강, 구리, 구리합금 등 여러 가지의 금속이 사용되고 있고 고온에 노출되어지는 이러한 금속은 정도의 차이는 있어도 부식을 피하는 것은 어렵다.

부식을 방지하는 방법에는 수질을 조정하는 것 외에 약제처리에 의해 금속표면에 피막을 형성하는 것이 행해지고 있다.

(2) 청관제의 종류

청관제를 작용상으로부터 분류하면, 〈표 2.9.1〉과 같다.

▌pH, 알칼리도 조정제

보일러의 물은 강을 부식시키지 않게 할 필요가 있다. 보일러수에 예상되는 온도범위에서는 강의 부식은 pH=12 부근에서 최소가 된다. 그러나 보일러수의 평균 pH를 12로 하면 국부적으로는 pH가 12보다 높아지고 carry over, 가성취화 또는 알칼리부식 등의 위험이 늘어나므로 10.5~11.5 정도로 하고 있다.

pH 조정제로는 알칼리를 부여하는 것과 알칼리도의 상승을 억제하는 것이 있다. 알칼리부여제로는 가성소다 NaOH, 소다회 Na_2CO_3, 알칼리 억제제로는 제1인산소다 NaH_2PO_4, 헥사메타인산소다$(NaPO_3)_6$ 등이 있다.

▌연화제

급수 또는 보일러수에 첨가하여 경도성분을 불용성 화합물, 이른바 카마도로로 변하여 스케일의 부착을 방지하는 약제를 연화제라고 한다. 연화제 중 가성소다와 소다회는 석회-소다법과 같게 하여 침전을 만든다. 〈표 2.9.2〉에는 인산염에 의한 연화처리를 나타낸다.

〈표 2.9.1〉 보일러-내처리에 사용되는 약제[1)]

구분	약품명		적용
• pH, 알칼리도 조정제 급수보일러 물의 pH, 알칼리도를 조정, 부식이나 스케일을 방지한다.	가성소다	$NaOH$	알칼리도 상승에 최적
	소다회	Na_2CO_3	pH가 매우 높아져 증기에 CO_2가 들어감
	인산3 나트륨	Na_3PO_4	
	인산2 나트륨	Na_2HPO_4	
	인산1 나트륨	NaH_2PO_4	알칼리 억제제
	헥사메타인산소다	$(NaPO_3)_6$	알칼리 억제제
• 연화제 보일러수의 경도성분을 불용성침전, 즉 관슬러지로하여 스케일의 부착을 방지한다.	가성소다	$NaOH$	비탄산염경도를 제거
	소다회	Na_2CO_3	비탄산염경도를 제거
	인산3 나트륨	Na_3PO_4	비탄산염경도가 높은 물에 유효
	인산2 나트륨	Na_2HPO_4	저압보일러에 사용한다.
		NaH_2PO_4	알칼리 성분이 많은 급수에 사용한다.
• 금속봉쇄제 철이나 망간의 석출을 방지하고 칼슘이나 마그네슘을 콜로이드상태로 분산한다.	중합인산염	$Na_5P_3O_{10}$, $Na_6P_4O_{13}$, $(NaPO_3)_6$ 등	결정의 성장을 억제하는 작용이 있다. $(NaPO_3)_6$를 가장 많이 사용한다.
• 관슬러지 조정제 물리작용으로 관슬러지를 보일러 수중에 분산현탁시켜 블로에 의해 배출을 용이하게 한다.	타닌 리그닌 전분 해초추출물 고분자유기합성화합물	 $(C_6H_{12}O_5)n$	고압보일러 중에서는 분해하여 해를 끼친다. 2MPa 이하의 저압보일러에 한정한다.
• 탈산소제 급수 중의 용존산소를 환원하여 부식을 방지한다.	아황산소다	Na_2SO_3	고 pH에서는 반응이 저해된다. SO_2가스가 발생하여 pH를 낮게 한다.
	중아황산소다	$NaHSO_3$	
	히이드라진		
	타닌	N_2H_4	
• 가성취화 방지제	초산소다 인산소다류 타닌 리그닌	$NaNO_3$	$NaNO_3/NaOH$ = 0.15~0.25 가장 좋다.
• 포밍(foaming) 방지제	고급 지방산의 폴리아미드, 에스테르, 알코올		
• 급복수계의 부식방지, pH 조정	암모니아 호르모린 시클로헥실아민 알킬아민	NH_3 C_4H_8ONH $C_6H_{11}NH_2$ $R-NH_2$	

〈표 2.9.2〉 인산염에 의한 연화

약품명		P_2O_5%	pH (1% 액)	A*	적용
인산	H_3PO_4	75 ~ 89	강산성	0.66	관내 알칼리 중화력 큼
제1 인산소다	NaH_2PO_4	58		0.80	관내 알칼리 중화력 큼 부식성이 있어 석회분과 반응이 신속
〃 (함수)	$NaH_2PO_4 \cdot H_2O$	52	4.6	0.92	
〃 (함수)	$NaH_2PO_4 \cdot 2H_2O$	21		1.05	
제2 인산소다	Na_2HPO_4	49	8.9	0.95	경도성분과의 반응 신속 급수계에 침적물 생성 경도성분의 관슬러지 촉진 관슬러지점착성, 관외연화 신속
〃	$Na_2HPO_4 \cdot 12\ H_2O$	19	알칼리성	2.39	
제3 인산소다	Na_3PO_4	43.2		1.10	
〃	$Na_3PO_4 \cdot H_2O$	38	12.0	1.22	
〃	$Na_3PO_4 \cdot 12H_2O$	18		2.54	
메타인산소다	$NaPO_3$	69		0.79	
산성피로인산소다	$Na_2H_2P_2O_7$	≥ 52	4.2	0.68	마그네슘 경도 저하
피로인산소다	$Na_2P_2O_7$	≥ 56	알칼리성	0.74	마그네슘 경도 저하 큼 관내연화력 큼
트리폴리인산소다	$Na_5P_3O_{10}$	≥ 65	약알칼리성	0.82	급수 중의 Ca, Mg 염을 용성에 고정시키다.
디카폴리인산소다	$Na_{12}P_{10}O_{31}$	≥ 67	7.2	0.73	석회와의 반응 완만. 급수계 관석 방지. 가수분해후 알칼리 중화. 저온에서 인산 방식피막형성
헥사메타인산소다	$Na_6P_6O_{18}$		중성~미산성	0.69	

(주) *A : 경도 1mg/ℓ를 연화하는 데 필요로 하는 인산염 소요량으로 약제농도를 100%로 되어 있다.

〈표 2.9.2〉의 인산염 소요량은 다음과 같은 반응식에 의해 계산했다.

$$2H_3PO_4 + 6NaOH + 3Ca^{+2} \rightarrow Ca_3(PO_4)_2 + 6Na^+ + 6H_2O$$

$$2NaH_2PO_4 + 4NaOH + 3Ca^{+2} \rightarrow Ca_3(PO_4)_2 + 6Na^+ + 2H_2O$$

$$2Na_2HPO_4 + 2NaOH + 3Ca^{+2} \rightarrow Ca_3(PO_4)_2 + 6Na^+ + 2H_2O$$

$$2Na_3PO_4 + 3Ca^{+2} \rightarrow Ca_3(PO_4)_2 + 6Na^+$$

$$2NaPO_3 + 4NaOH + 3Ca^{+2} \rightarrow Ca_3(PO_4)_2 + 6Na^+ + 2H_2O$$

$$Na_2H_2P_2O_7 + 3Ca^{+2}\ H_2O \rightarrow Ca_3(PO_4)_2 + 2Na^+ + 4H^+$$

$$Na_2P_2O_7 + 3Ca^{+2}\ H_2O \rightarrow Ca_3(PO_4)_2 + 2Na^+ + 4H^+$$

$$2Na_5P_3O_{10} + 9Ca^{+2} + 4H_2O \rightarrow 3Ca_3(PO_4)_2 + 10Na^+ + 8H^+$$

$$Na_{12}P_{10}O_{31} + 15Ca^{+2} + 9H_2O \rightarrow 5Ca_3(PO_4)_2 + 12Na^+ + 18H^+$$

$$Na_6P_6O_{18} + 9Ca^{+2} + 6H_2O \rightarrow 3Ca_3(PO_4)_2 + 6Na^+ + 12H^+$$

금속 봉쇄제

금속이온의 침전생성을 방지하는 약제를 금속봉쇄제라고 말하고, 철이나 망간을 봉쇄하여 석출을 막고 칼슘염이나 마그네슘염을 콜로이드 상으로 분산하여 석출을 방지한다. 금속봉쇄제로서 각종의 인산나트륨이 사용되고 있다.

관체의 부식방지의 면으로부터 보일러수 중에 일정량의 인산염을 유지하는 것이 행하여지고, 저압보일러에서는 PO_4로서 보일러수중에 20~50mg/ℓ를 잔존시키고 있다.

관슬러지 조정제

관슬러지가 보일러 가열면에 부착해 스케일이 되는 것을 억제하기 위해서 첨가하는 약제를 관슬러지 조정제라고 한다. 철이나 경도성분을 분산하여 스케일이 되는 것을 방지하므로 슬러지분산제라고도 한다.

탄닌이나 전분 등의 천연고분자제, 폴리아크릴산, 폴리메타크릴산, 아크릴산 과메타크릴산과의 코폴리머 등의 합성고분자제가 사용된다. 폴리머가 스케일의 성장과 석출을 억제하는 것이다. 탄닌이나 전분은 보일러 내에서 분해하여 유기산을 생성하기 때문에 이러한 약제의 사용은 2MPa($20kgf/cm^2$) 이하의 저압보일러에 한정한다.

탈산소제

보일러수 중의 용존산소는 보일러의 부식을 빠르게 한다. 용존산소농도가 약 0.01mg/ℓ로부터 부식이 시작되는 것으로 나타내어져 있다.[2] 그 때문에 산소를 환원하는 약제를 주입하여 용존산소를 무해하게 한다.

아황산나트륨 Na_2SO_3 및 히드라진 N_2H_4는 산소와 다음과 같이 반응한다.

투입량은 이러한 식으로부터 계산한 것보다 약간 많게 한다.

$$2Na_2SO_3 + O_2 = 2Na_2SO_4$$

$$N_2H_4 + O_2 = 2H_2O + N_2$$

▌가성취화 억제제

pH가 높은 물에서는 보일러의 금속재료가 가성취화를 일으킨다. 이것을 억제하는 약제로서는 초산나트륨 등이 있다.

▌거품 억제제

기수공발(共発)을 방지하는 약제를 거품 억제제라고 한다. 일반적인 거품억제제는 유지의 혼입에 근거하는 거품에는 거의 효과가 없다.

▌부식억제제(Inhibiter)

관이나 기기의 표면에 방식피막을 형성해 부식을 방지한다. 축합인산염, 규산염, 아초산염, 리그닌, 탄닌 등이 사용된다.

(3) 냉각탑의 수처리제

▌냉각수에 기인하는 장해[3)]

냉각탑에서 냉각되어 재이용되는 순환냉각수는 대기로부터 혼입하는 먼지, 미생물, 유해가스 등에 의해 오염되어 진다. 또 물의 증발이 있기 때문에 수중의 용존염류가 농축되어 다양한 장해가 발생한다.

냉각수계에서 발생하는 장해는 〈표 2.9.3〉과 같이 부식 장해, 스케일 장해 및 슬라임 장해의 3개로 크게 나눌 수 있다.

부식 장해와 스케일 장해는 보일러에서의 장해와 같다. 그 외에 냉각탑은 조류나 세균류의 번식에 적절한 환경이 된다. 수중의 용존영양염을 이용해 번식한 미생물군에게 토사나 먼지 등이 서로 섞여 부드러운 연니성물질(슬라임)을 형성해 이것이 열교환기나 냉각탑의 충진재에 침전·부착해 각종의 장해를 일으킨다.

순환냉각수계의 슬라임의 구성미생물의 종류와 특징을 〈표 2.9.4〉에 나타냈다. 개방순환냉각수계에서는 즈그레아(Zoogloea) 상세균에 의한 장해가 가장 많고 다음에 조류, 사상균, 사상세균에 의하는 것이 발생한다. 또 슬라임의 생성이 현저하고 오염이 많은 냉각수계에서는 황산환원균과 같은 혐기성세균이나 레지오넬라균이 번식하고 있는 경우가 있다.

〈표 2.9.3〉 개방계 순환 냉각수계에서 발생하는 장해의 구체적 예[3]

장해 요인 / 장해 예	부식	스케일	슬라임
열교환 효율의 저하	○	○	○
열교환기, 배관의 폐색	○	○	○
펌프압상승, 순환수량 감소	○	○	○
2차부식의 촉진		○	○
냉각탑의 효율저하		○	○
충전재의 변화, 낙하		○	○
시각공해			○
열교환기, 배관의 누설		○	○

〈표 2.9.4〉 순환 냉각수계 슬라임의 구성 미생물[3]

미생물의 종류		특징
조류 (algae)	남조류	세포 내에 엽록소를 갖고 빛의 에너지를 이용하고 탄산동화작용을 영위한다. 냉각탑이나 온수피트, 냉수피트 등 빛이 있는 장소에 발생한다.
	녹조류	
	규조류	
세균 (bacteria)	즈그레아	괴상의 한천질에서 그 중에 세균이 점존한다. 유기물 오염된 수계로 극히 보통으로 볼 수 있다.
	스페로틸루스(sphaerotilus)	물목화, 유기물오염된 수계에서 선상의 군락을 만든다.
	철박테리아	수중의 제1철이온을 산화하여 세포 주위에 제2철화합물을 만든다.
	유황세균	특이한 운동을 완만하게 실시한다. 보통은 체내에 유황알갱이를 포함한다. 수중의 황화수소, 티오황산염, 유황 등을 산화한다.
	초화세균	암모니아 산화균과 아초산 산화균암모니아가 혼입하는 순환수계에서 생육한다.
	황산환원균	황산염을 환원하여 황화수소를 생성하는 혐기성세균
진균류 (fungi)	조균류(물곰팡이류)	균사에 격벽이 없고, 균사 전체가 하나의 세포를 이룬다.
	불완전균류(푸른곰팡이류)	균사에 격벽이 있다.

방식과 스케일 방지[4]

전처리

안정된 방식효과를 얻기 위해서는 금속표면에 방식피막을 형성시키는 것이 필요하다. 제작 직후의 신튜브에는 유분, Mill Scale, 부식생성물 등이 부착되어 있어 방식피막 형성의 저해요인이 되기 때문에 계면활성제나 인산염계 약제로 제거한다. 전처리 후나 정기 수리 후의 플랜트 기동 시에는 금속표면에 단시간에 견고한 방식피막을 형성시키는 기초처리를 실시한다. 기초처리제로는 인산염계나 아연염계 등이 있다.

◎ 인산염처리

인산염으로서 오르토(Ortho) 인산이나 중합인산을 사용한다. 이것들은 양극(anode) 방식제로서의 기능을 갖고 탄소강 표면에 부동태 피막을 형성한다. 또 수중의 칼슘과 반응하여 불용성의 인산칼슘을 생성한다. 인산칼슘의 생성은 pH에 의존해 국소적으로 pH가 높아지는 탄소강의 음극(cathode)부에서 선택적으로 생성하기 때문에 산소확산을 막는다. 따라서 통상의 냉각수에서는 인산염 방식제는 양극과 음극의 양쪽 모두의 방식기능을 가지게 된다. 냉각수 중의 전인산이온을 10~15mg/ℓ에 유지하면 양호한 방식효과를 얻을 수 있다.

중합인산염은 탄산칼슘 스케일을 거의 완전하게 방지할 수 있지만 수온이 높게 되는 열교환기 등에서 인산칼슘 스케일을 일으키는 결점이 있다. 이 인산칼슘 스케일의 방지에는 아크릴산계 또는 말레(maleic)산계 합성고분자 전해질이 효과를 발휘한다.

◎ 포스폰산처리

오르토인산에 분해하기 어려운 포스폰산과 고분자 전해질계 스케일 방지제를 병용하는 방법이다. 고농축 냉각수계의 부식 및 스케일 방지 처리법이며, 저인 · 고칼슘경도 조건에서 안정된 처리효과를 얻을 수 있다.

◎ 저인 · 아연처리

아연이온은 탄소강의 음극부에 있어 수산화아연의 침전피막을 형성하는 방식제이다. 인산염과 같은 양극방식제와 병용함으로써 공식(孔食)의 방지에 유효하다.

◎ 비인처리

수계의 부영양화를 가져오는 인의 배출을 줄이는 목적으로 사용된다. 아연계약제와 합성고분자 전해질을 포함한 부식억제제를 사용한다.

슬라임 방지처리[5)]

조류는 냉각탑에서의 레지오넬라균의 발생과 관련이 있다. 조류의 발생이 확인되지 않은 냉각수계에서는 레지오넬라균이 검출되지 않는 것이 많고, 조류가 관찰되어지는 냉각탑에서는 레지오넬라균이 검출되는 비율이 높다.

조류의 번식을 막으려면 우선 살수조에 덮개를 씌워 햇빛을 차단한다. 살균 · 살조에 사용할 수 있는 약제에는 염소계의 염소, 차아염소산소다, 차아염소산칼슘, 염소화이소시아눌산(isocyanic acid)이 있다. 염소의 살균효과는 저 pH 영역에서 높고, 고 pH에서 낮지만 냉각수를 저 pH로 하면 금속에 대한 부식성이 증가한다. 이와 같이 금속부식의 관점으로부터 냉각수는 잔류염소농도를 1mg/ℓ 이하로 할 필요가 있고, 고 pH 조건에서는 충분한 살균효과를 얻을 수 없다. 게다가 염소처리에서는 염소의 주입을 정지하면 단시간에 세균수가 증가한다.

이 결점을 보충하기 위해 염소처리와 함께 부식에 관여하지 않는 슬라임방지제를 정기적으로 주입한다. 그 하나는 유기질소 유황계약제이다.

슬라임을 박리제거하기 위한 약제에는 과산화수소가 있다. 열교환기나 배관에 부착한 슬라임은 과산화수소를 첨가하면 슬라임 표면 및 내부에 기포를 만들어 고체표면으로부터 박리한다. 이것을 강제 블로에 의해서 계외에 배출한다.

오존이나 자외선도 살균작용이 있지만 모두 효과가 일시적이며 다른 약제와 조합해서 사용하여야 한다.

참고문헌

1) 日本ボイラー協会編, ボイラーの水, 共立出版(1965). 一部加筆.

2) 渡辺孝, 水による障害と対策, 造水技術, Vol.18, No, 4, pp.13~31(1993).

3) 常木孝雄, 冷却水系で発生する障害, 造水技術, Vol.14, No.3, pp.2~4(1988).

4) 高橋邦幸, 川村文夫, 大型冷却塔冷却水系の水処理, 造水技術, Vol.14, No.3, pp.4~11(1988).

5) 常木孝男, 小形冷却塔冷却水系の水処理, 造水技術, Vol.14, No.3, pp.11~13(1988).

2.10 영양염 제거제와 영양제

(1) 부영양화

생물이 증식하기 위해서는 각종의 영양염이 필요하다. 〈표 2.10.1〉은 자연수계 중의 원소의 존재비율과 수서식물의 원소조성 및 양측의 비율을 나타낸 것이다.

이 표에서 보듯이 생물이 필요로 하는 원소 중에서 질소와 인의 요구량/공급량 비율이 뛰어나게 높다. 즉, 청정한 하천수중에는 생물증식에 필요한 질소와 인의 양이 결핍해 있다. 반대로 말하면 질소와 인이 공급되면 거기에 알맞은 생물증식이 일어난다.

생활하수나 가축분뇨나 공장폐수가 수계에 흘러들어 수중의 질소나 인의 농도가 높아지면 호소나 해역에 조류가 비정상적으로 번창하게 자란다. 하수처리장에서 유기물을 없애도 수중에 이러한 영양원이 존재하는 한 수중 내지는 공기 중의 이산화탄소와 태양광선으로부터 유기물이 생산된다. 호수표면에 담수조(淡水藻)와 같은 조류가 무성하게 자라는 것은 이러한 영양원이 존재하는 것에 의한다. 질소와 인이 '부영양화의 제한요소'라고 불리고 있는 것은 이것들이 적으면 부영양화를 방해할 수 있기 때문이다.

〈표 2.10.1〉 주요 수서식물에 대한 영양염의 요구량/공급량 비율[1)]

원소	수서식물의 요구량[%]	물로부터의 영양염 공급량[%]	요구량/공급량
O	80.5	89	+1
H	9.7	11	1
C	6.5	0.0012	5,000
Si	1.3	0.00065	2,000
N	0.7	0.000023	30,000
Ca	0.4	0.0015	<1,000
K	0.3	0.000023	1,300
P	0.08	0.000001	80,000
Mg	0.07	0.0004	<1,000
S	0.06	0.0004	<1,000
CI	0.06	0.0008	<1,000
Na	0.04	0.0006	<1,000
Fe	0.02	0.00007	<1,000
B	0.001	0.00001	<1,000
Mn	0.0007	0.0000015	<1,000
Zn	0.0003	0.000001	<1,000
Cu	0.0001	0.000001	<1,000
Mo	0.00005	0.0000003	<1,000
Co	0.00002	0.000000005	<1,000

조류 속에는 맛 냄새를 발생하는 것이나 여과지의 폐색을 빨리하는 것이 있고 때로는 조류자체가 독성을 가지는 것이 있다. 수계의 부영양화를 억제해 소류의 증식을 억제하기 위해서 질소와 인을 하수나 폐수로부터 제거하는 것이 요구된다.

(2) 질소의 제거

질소제거 방법을 〈표 2.10.2〉에 나타내었다.

〈표 2.10.2〉 질소 제거법

질소 제거법	개요	대상 질소 형태	사용 약품
생물적 탈질소	수소 공여체를 첨가하고, 무산소 상태로 하여 초산성질소를 질소가스까지 환원한다.	NO_3-N NO_2-N, NH_4-N는 미리 질화한다.	CH_3OH or C_2H_5OH or 자당 or CH_3COOH
암모니아 제오라이트법	제오라이트 여층을 통과하여 암모니아 이온을 교환한다.	NH_4-N	NaCl (재생제로서)
이온교환법	음이온 교환수지에 의한 교환 양이온 교환수지에 의한 교환	NO_3-N, NO_2-N NH_4-N	NaCl or HCl or NaOH
이온교환막법	1가 선택성 이온교환수지를 이용한 전기투석장치에 따른다.	NO_3-N, NO_2-N	HCl (극액으로서)
촉매법	촉매의 존재하에서 수소에 의해 질산과 아질산을 질소가스로 환원한다.	NO_3-N, NO_2-N	H_2
불연속점 염소주입법	염소를 불연속점까지 주입해 암모니아를 질소가스로 한다.	NH_4-N	Cl_2 or NaClO
암모니아 스트리핑법	pH를 높여 암모니아 이온을 암모니아 가스로하여 공기로 내 쫒는다	NH_4-N	NaOH
유황탈질균법	독립영향세균인 유황탈질균을 사용한다. 반응속도 작다.	NO_3-N	티오황산염
역삼투막법	저압역삼투막에 의해 탈염. 기타 이온도 제거된다.	NH_4-N, NO_2-N, NO_3-N	HCl (금속석출방지제로서)

▌생물적 탈질소

수중의 질산성질소는 메탄올과 같은 유기물이 존재하면 탈질소 세균의 기능에 의해 다음과 같이 2단계의 반응으로 질소가스로 환원된다.

$$3NO_3^- + CH_3OH \rightarrow 3NO_2^- + CO_2 + 2H_2O$$

$$2NO_2^- + CH_3OH \rightarrow N_2 + CO_2 + H_2O + 2OH^-$$

이 유기물을 수소공여체라고 말하며 메탄올 외 초산(아세트산)이나 에탄올이나 자당이 사용된다. 수소 그 자체를 사용하는 방법도 시도되고 있다. 이러한 약제의 탈질소 반응식은 다음과 같다.

초산 $8NO_3^- + 5CH_3COOH = 4N_2 + 10CO_2 + 6H_2O + 8OH^-$

에탄올 $12NO_3^- + 5C_2H_5OH = 6N_2 + 10CO_2 + 9H_2O + 12OH^-$

자당 $24NO_3^- + 5C_6H_{12}O_6 = 12N_2 + 30CO_2 + 18H_2O + 24OH-$

수소 $2NO_3^- + 5H_2 = N_2 + 4H_2O + 2OH^-$

분뇨처리나 하수처리에서는 유입수중의 암모니아를 초산까지 초화하기 위해서 전단에 초화과정을 넣는다. 또 메탄올의 첨가량을 절약하기 위해 초화과정의 전단에 한층 더 하수를 수소공여체로 하는 탈질소조를 마련하고, 이미 초산이 되어 있는 질소분을 제거한다.

상수도 원수에서는 암모니아와 초산이 공존하고 있지 않는지, 공존하여 있어도 어느 쪽인가의 농도가 압도적으로 높은 것이 많다. 지하수에서는 초화가 진행하고, 질소분은 거의 초산성 질소가 되어 있다. 이러한 물에 대해서는 초화과정은 필요 없고, 즉시 탈질소 공정에 들어간다. 수소공여체에는 인체에 해가 없는 에탄올이나 자당을 사용하고, 영양염이 부족한 경우에는 인산을 첨가하기도 한다.

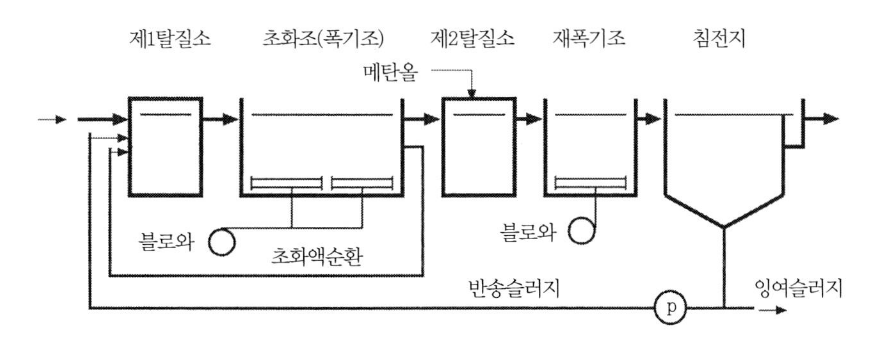

〈그림 2.10.1〉 하수처리에서 생물적 탈질소

처리수에 혐기성처리 특유의 냄새가 발생하므로 폭기처리를 뒤에 둔다. 이를 〈그림 2.10.2〉에 나타낸다.

에탄올은 전매가 되어 있어 보통으로 구입하면 고액의 세금이 붙는다. 음용이 불가능하도록 제조원에서 불순물을 혼합한 것을 구입하면 알코올세금을 경감할 수 있다.

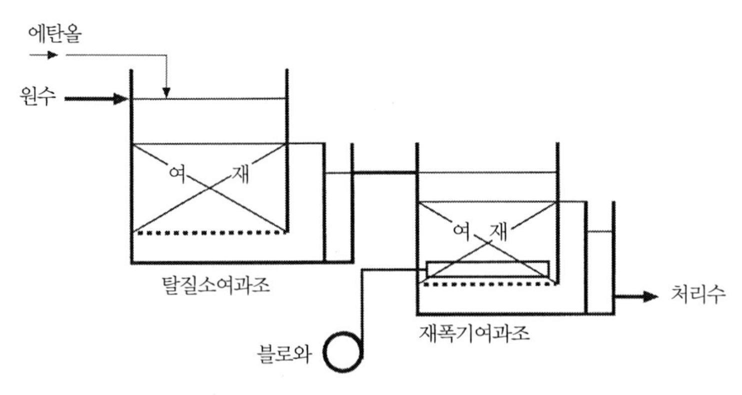

〈그림 2.10.2〉 정수처리에서 생물적 탈질소

▌이온교환법

초산성질소와 아초산성질소를 제거하려면 음이온 교환수지를 사용한다. 질산이온 선택성의 수지가 좋다. 원수의 현탁물 농도가 높으면 수지를 더럽히므로 지하수와 같은 탁도가 낮은 원수 중의 질(초)산성질소를 제거하는 데 사용된다. 수지의 재생제로는 식염수를 사용한다.

제거과정 $R - Cl + NO_3^- \rightarrow R - NO_3 + Cl^-$

재생과정 $R - NO_3 + NaCl \rightarrow R - Cl + NaNO_3$

암모니아성질소에 대해서는 양이온교환수지를 사용한다. 가능한 한 암모니아 선택성이 높은 수지를 선택한다.

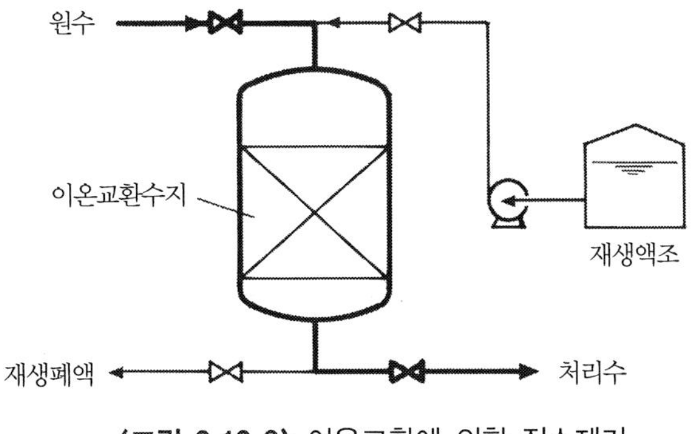

〈그림 2.10.3〉 이온교환에 의한 질소제거

암모니아 제오라이트법

암모니아이온을 선택적으로 교환하는 천연 또는 합성의 무기교환재 제오라이트를 사용하는 방법이다. 장치는 이온교환탑과 같고 재생에는 식염수를 사용한다.

처리과정 $Z-Na + NH_4^+ \rightarrow Z-NH_4 + Na^+$

재생과정 $Z-NH_4 + NaCl \rightarrow Z-Na + NH_4^+$

이온교환막법

전기투석법이라고도 한다. 양이온을 통하는 이온교환막과 음이온을 통하는 음이온교환막을 교대로 늘어놓아 통수하고, 직류의 전기장 아래에 두면, 음·양의 양이온은 각각 양·음극으로 향해서 이동하고, 음·양 이온교환막은 통과하지만, 양·음 이온교환막에는 이동이 방해된다. 이 결과, 막과 막 사이의 방은 교대로 이온농도가 높아진 방과 낮아진 방으로 된다. 농도가 낮아진 방의 액은 탈염된 것이 된다.

전기투석법에 대해 1가 선택성의 막을 사용하면 초산, 아초산, 염소 등의 1가 이온은 막에서 빠져 제거할 수 있지만, 황산이온과 같은 2가의 이온은 남으므로, 초산이온이 저농도가 되어도 전기저항이 그다지 높게 되지 않아 전류가 저하하지 않기 때문에 효율적인 초산제거를 할 수 있다.[2)]

전기투석에 이용하는 약제는 전극부에 순환하는 극액만으로 염산을 사용하고 있다.

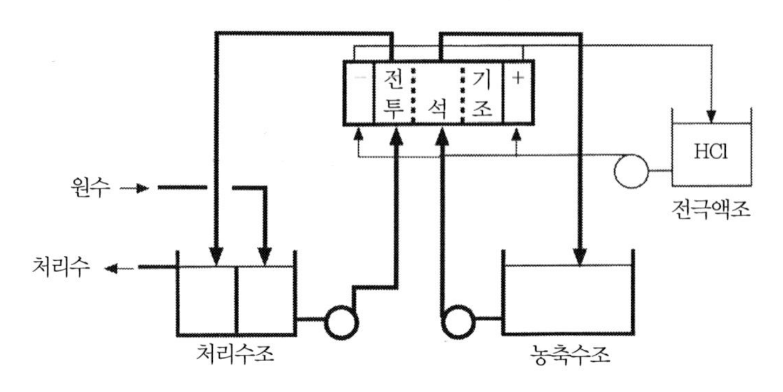

〈그림 2.10.4〉 전기투석법 장치[2)]

불연속점 염소주입법

pH를 6~7로서 염소를 불연속점까지 첨가하면 다음의 반응식에 의해 암모니아는 질소가스로 환원된다.

$$2NH_3 + 3HClO \rightarrow N_2 + 3HCl + 3H_2O$$

이 반응식으로부터 암모니아성질소 1mg/ℓ를 질소가스로 하려면 7.6mg/ℓ의 염소를 필요로 한다. 원수는 그 밖에도 환원성물질을 포함하고 있기 때문에 한층 더 많은 염소를 첨가할 필요가 있어 그 경우에는 트리할로메탄 등의 유기염소화합물을 생성할 우려가 높다. 실용적인 질소 제거 방법이라고는 말하기 어렵다.

촉매법

환원촉매의 존재하에서 수소에 의해서 초산을 질소까지 환원한다. 상온에서 반응을 진행할 수 있는 팔라듐(palladium)-구리계의 촉매가 유망 시 되고 있다.[3)] 촉매는 오염을 싫어하기 때문에 적용할 수 있는 원수는 지하수와 같은 탁도가 낮은 것이 된다. 수소공여체는 수소가스를 직접 사용한다. 개발도상에 있는 기술이다.

〈그림 2.10.5〉에 촉매탈질소법의 플로우 시트를 나타낸다.

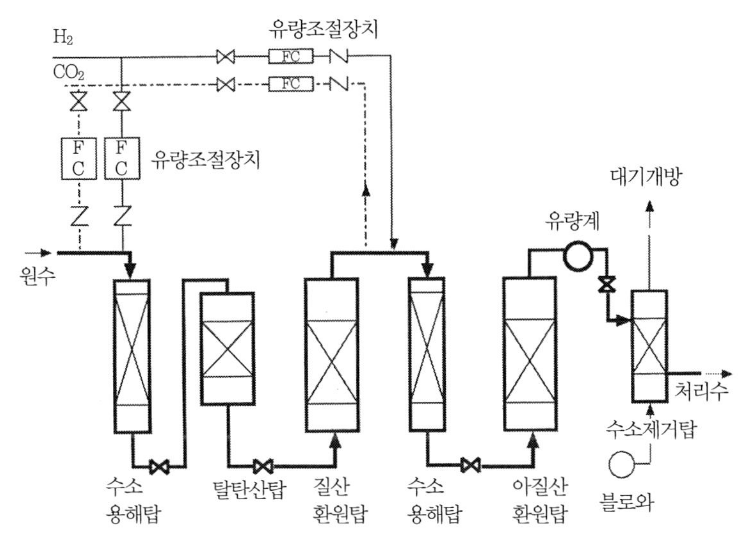

〈그림 2.10.5〉 촉매에 의한 초산성질소의 제거[3)]

암모니아 스트리핑법

수중에서 암모니아성질소는 암모늄이온 NH_4^+와 암모니아 NH_3의 형태로 존재하고, 식 (1)과 같이 평형을 유지하고 있다. 이 평형은 pH를 높이면 오른쪽으로, pH를 낮추면 왼쪽으로 이동한다.

$$NH_4^+ \leftrightarrows NH_3 \uparrow + H^+ \tag{1}$$

이 식에 질량작용의 법칙을 적용하면 다음과 같다.

$$\frac{[NH_3][H^+]}{[NH_4^+]} = k \tag{2}$$

따라서 질소분 전체에 대한 암모니아의 비율은 다음과 같다.

$$\frac{[NH_3]}{[NH_4^+]+[NH_3]} = \frac{k}{[H^+]+k} \tag{3}$$

평형정수 k는 4.8×10^{-10}이다.

식 (3)을 도시하면 〈그림 2.10.6〉과 같고, pH를 11($[H^+] = 10^{-11}$) 이상으로 하면 암모니아가 차지하는 비율이 99% 이상이 된다. 따라서 pH를 높여 수중의 암모니아성질소를 암모니아가스로 하여 공기로 폭기하면 수중으로부터 추출하는 것이 가능하다〈그림 2.10.7〉. pH 조정제로는 소석회나 가성소다를 사용한다.

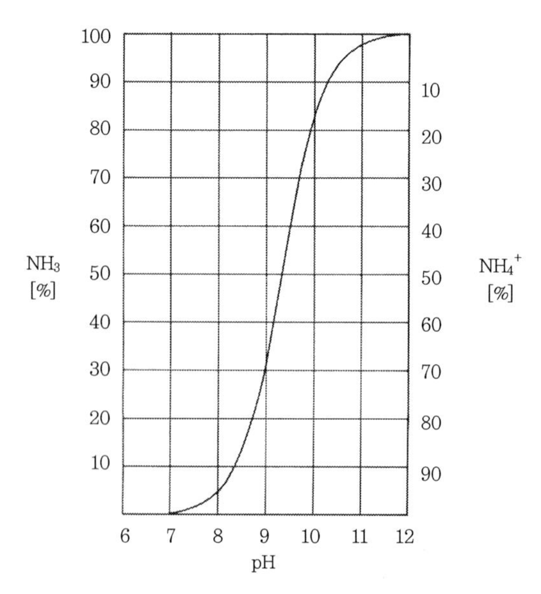

〈그림 2.10.6〉 pH와 암모니아의 존재비

이 방법은 암모니아가스가 대기를 오염하게 되기 때문에 보편적으로는 사용하지 않는다.

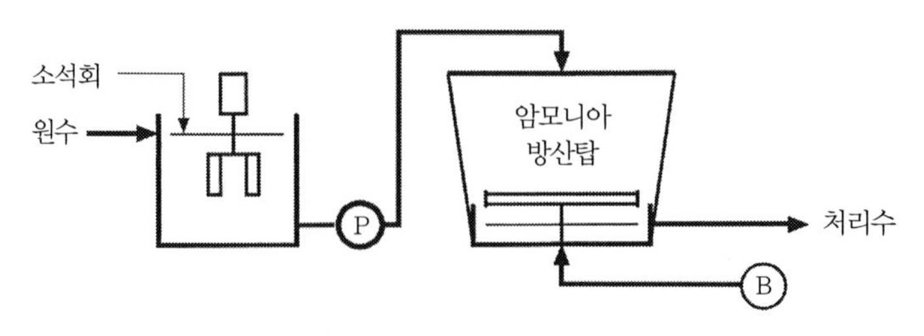

〈그림 2.10.7〉 암모니아 스트리핑

(3) 인의 제거

수중의 인을 제거하는 방법을 크게 나누면 생수처리와 화학처리가 있다.

생수처리에는 혐기·호기법이나 포스트리핑(phostripping)법 등이 있다. 혐기·호기법은 배수를 혐기분위기와 호기분위기에 교대로 두면 호기과정에서 미생물이 인을 과잉 섭취하는 것을 이용하여 인 함유율이 높은 슬러지를 생성하고 이것을 계외에 배출하여 인을 제거하는 방법이다. 생수처리에서는 약제는 사용하지 않는다.

화학적 탈인처리에는 석회응집법, 철/알루미늄 응집법 및 정석법(晶析法)이 있다. 정석법은 촉매하의 석회응집이다. 마그네시아 흡착제나 수산화제2철계 흡착제에 의한 처리도 제안되고 있다.

인은 수계의 부영양화를 가져오는 귀찮은 물질이다. 그러나 농업생산에는 필수의 비료성분이며 게다가 장래 인자원의 고갈이 걱정되고 있다. 이러한 것 때문에 인회수의 기술개발이 시작되어 있다. 정석법이나 MAP법이 그중에 하나이다.

▮석회 응집법

소석회를 첨가해 인을 불용성으로 침전제거하는 방법으로 다음의 반응에 의한다.

$$3PO_4^{3-} + 5Ca(OH)_2 = Ca_5OH(PO_4)_3\downarrow + 9OH^-$$

이 식으로부터 인산을 침전하는 데 필요한 소석회의 양은 몰비로 Ca/P = 1.67, 질량비로 3.85가 된다. 실제하수를 사용한 실험에서도 몰비로 Ca/P = 1.3~2.0의 범위에 있다. 석회응집법에서는 pH를 9.5 이상으로 할 필요가 있으므로 침전처리 후 산을 첨가하여 pH를 중성 부근까지 되돌린다.

▮철/알루미늄 응집법

철염 또는 알루미늄염으로 인을 응집하는 방법이다. 인산은 황산알루미늄과 반응하여 다음과 같이 인산알루미늄의 침전을 생성한다.

$$2PO_4^{3-} + Al_2(SO_4)_3 = 2AlPO_4\downarrow + 3SO_4^{2-}$$

여기서 소요알루미늄의 이론량은 인량의 0.87배가 되지만 하수처리에서는 1.7배 정도가 필요하고, 제거율은 85% 정도이다. 철염을 이용하는 경우에는 이론량 Fe/P=1.8보다 적어도 10mg/ℓ는 과잉으로 더해진다.

$$2PO_4^{3-} + Fe_2(SO_4)_3 = 2FePO_4 \downarrow + 3SO_4^{2-}$$

하수처리에서는 폭기조를 교반조로서 이 반응을 진행시키고 있다. 알루미늄은 활성슬러지 생물에게 독성을 가지지만 실용상 해는 없다고 여겨진다.

정석법

석회응집반응을 촉매 존재하에서 진행하는 방법이다. 촉매에는 칼슘하이드록시아파타이트(Calcium hydroxy apatite) $Ca_5OH(PO_4)_3$을 사용하고 반응조는 여과형태를 취한다. 즉, 원수에 소석회를 첨가한 뒤 입상의 칼슘하이드록시아파타이트를 충진한 여과층을 통과시킨다. 수중의 인산은 앞에서 기술한 석회응집 반응식에 따라서 여재표면에 빠르게 석출한다. 석출물은 여재와 같은 조성을 갖고 이것도 촉매로서 일한다. 여재는 점차 비후해나가기 때문에 정기적으로 역세정을 하든가, 여재의 일부를 꺼내어 외부에 배출한다. 배출물은 인산비료로 재이용할 수 있다. 원수중의 탄산이온이 정석을 방해하는 수가 있다.

마그네시아 흡착법

지금까지 말한 방법에서는 축합형 인산은 제거하기 어렵지만, 마그네시아계 합성무기흡착제를 사용하면 오르토인산뿐만 아니라 축합형의 인산도 흡착제거할 수 있다는 보고가 있다.[4)]

MAP법[5)]

MAP(Magnesium-Ammonia Process)법은 수중으로부터 단지 인을 제거하는 것만이 아니고 인을 회수하는 기술이다. 인을 포함한 배수나 슬러지에 마그네슘과 암모니아를 더하면 다음의 반응에 의해서 물에 난용성의 결정 $MgNH_4PO_4 \cdot 6H_2O$를 생성한다.

$$Mg_2^{+} + NH_4^{+} + HPO_4^{2-} + OH^{-} + 5H_2O \rightarrow MgNH_4PO_4 \cdot 6H_2O$$

하수처리수에는 인산이온과 암모늄이온은 다량으로 포함하지만 마그네슘이온은 수 mg/ℓ 정도 밖에 포함하지 않는다. 그 때문에 염화마그네슘이나 수산화마그네슘 등을 첨가해 MAP법을 완성시킨다. 마그네슘원으로 해수를 사용할 수도 있다.

원수 중의 인량에 대한 첨가마그네슘의 양은 상기반응식에서 얻을 수 있는 몰비 Mg/P＝1보다 크게 1.5 이상으로 한다.

(4) 영양제

▮활성 슬러지처리와 영양물

유기성 산업폐수를 생수 처리하는 경우, 대상이 되는 폐수는 정화생물이 증식하는 데 필요한 영양원을 함유하고 있지 않으면 안 된다. 하수 중에는 각종 영양염류가 풍부하게 포함되어 있으므로 그대로 생수처리가 가능하다. 그러나 공장폐수 속에는 유기물(BOD) 농도는 높고, 영양염 농도가 낮기 때문에 그대로는 생수처리가 어려운 것이 있다. 영양원 중에서도 특히 질소와 인이 중요하고 이것들이 결핍되면 유기물의 분해가 현저하게 늦어진다.

일반적으로 활성슬러지의 물질대사기능을 유지하는 데 필요한 질소화합물과 인산염의 양은

$$BOD : N : P = 1 : 5 : 1$$

이고, N와 P이 이 비에 못 미칠 때에는 영양원으로서 질소화합물이나 인산염을 첨가한다. 예를 들어 펄프 공장의 SCP 폐수나 UKP 폐수는 BOD는 높지만 N, P 모두 부족하기 때문에 요소와 인산을 첨가해 활성 슬러지처리하고 있다.

청량 음료수 공장의 폐수도 이와 같이 처리되고 있다.

인원으로서는 인산 H_3PO_4가, 질소원으로서는 요소 $(NH_2)_2CO$, 암모니아수 NH_4OH 또는 황산암모늄 $(NH_4)_2SO_4$가 사용되고, 제1인산암모늄 $NH_2H_2PO_4$, 제2인산암모늄 $(NH_4)_2HPO_4$는 양쪽 모두에 이용된다.

▮생물적 탈질소처리

생물적 탈질소처리에서 메탄올 등의 유기물을 첨가해 탈질소균을 증식시키는 것을 말한다. 이것도 일종의 영양제 보급이다.

참고문헌

1) Vallentyne (1974) による.

2) 富家和男, 花田文夫, 竹村昇, 藤田賢二, 電気透析透析法による地下水中硝酸性窒素の除去, 水道協会雑誌, Vol.68, No.7, pp.25~33(1999).

3) 三宅酉作他, 日本{水道協会·硝酸除去研究会平成6年度報告書(1995).

4) 猪狩将, 無機吸着剤(合成系), 造水技術, Vol.16, No.2, pp.40~48(1990.3).

5) 飯高幸次, 磯部秀哉, 海水とMAP法による燐回収技術とMAPの有効利用, 造水技術, Vol.27, No.3, pp.57~62(2001).

2.11 살조제, 생물 제거제

(1) 생물장해

수중에 서식하는 생물에는 식물성과 동물성, 호기성과 혐기성, 광합성을 하는 것과 하지 않는 것 등이 있고 크기에 대해서도 현미경이 아니면 안 보이는 것으로부터 육안으로 확인되는 것까지 광범위하게 걸쳐 있다.

저수지 안에서 번식하는 생물 중에서 상수도에 큰 영향을 주는 것은 플랑크톤이다. 저수지나 호수와 늪에 조류가 무성하게 자라면 여과지의 폐색이 빨라지거나 물에 맛 냄새를 내는 일이 있다.

남조류(시아노박테리아)는 맛 냄새의 원인이 되거나 응집저해를 야기시킨다. 그중 마이크로시스티스(Microcystis)는 담수조를 형성해 이것을 다량으로 포함한 물을 마셔 소나 말이 사망하기도 한다. 마이크로시스티스(Microcystis)는 간장독을 가져 발암촉진작용이 확인된 마이크로시스틴을 생성한다. 지하수에는 철박테리아나 망간박테리아가 번식하고 있는 것이 있다. 이것들이 양수관이나 스트레이너의 폐색을 일으키는 일이 있어 수로에 부착한 철박테리아 슬라임이 벗겨지면 적수(赤水)의 원인이 된다. 임해(臨海) 화력발전소에서는 냉각용수로서 다량의 해수를 사용하고 있다. 해수의 취입구나 관로에 조개류가 부착해 성장하여 수로가 폐색하거나 생물슬라임이 스케일화하여 냉각기의 능력저하를 일으킨다. 또 여름철에 해파리의 큰 무리가 습격하여 옴에 의해서 취수구가 폐색해 취수 불능에 빠지는 일이 있다.

(2) 생물장해의 제거

생물장해를 제거하는 방법으로서 수중의 영양분(질소나 인산염)을 제거하는 방법, 뚜껑을 걸치거나 활성탄가루를 저수지에 살포하거나하고, 조류의 생장에 불가결한 햇빛을 차단하는 방법이 있다. 호수 중에 공기탑을 설치하여 호수내의 물을 교반시키는 방법도 호수면에 번식하는 조류를 햇빛이 닿지 않는 호수의 깊은 곳으로 이송하는 것에 의해 증식을 억제하는 방법이다. 원수입구에 마이크로 스트레이너나 굵은 모래 여과지를 시설하고 있는 정수장도 있다.

대증적(対症的)으로 효과적인 방법은 약품에 의한 처리이다.

살조용약품에는 황산구리 $CuSO_4 \cdot 5H_2O$, 염소 Cl_2, 염화구리 $CuCl_2$, 과망간산칼륨 $KMnO_4$

가 있다.

일반적으로 식물성 플랑크톤에는 황산구리가, 동물성 플랑크톤이나 박테리아에는 염소가 적합하고, 염화구리는 양쪽 모두에 유효하다고 말한다.

황산구리는 분말로 한 것을 저수지나 호수수면에 살포하거나 용액을 수로에 주입하기도 한다.

염소계약제에는 염소가스 외 차아염소산소다가 있고 해수취수구에 첨가하는 경우에는 전해염소법도 이용되고 있다. 그러나 트리할로메탄 등의 유기염소 화합물을 생성하므로 수도 수원에서는 사용을 삼가는 편이 좋다.

염화구리는 구입약품을 주입하는 방법 외 구리조각(銅片)을 충진한 조에 염소수를 통해 발생 주입하는 방법이 있다. 이 방법에서는 염소가 잔류하기 때문에 트리할로메탄의 생성은 피할 수 없다.

(3) 황산구리 등에 의한 조류의 제거

약제의 필요 주입량은 대상이 되는 생물의 종류에 의해서 차이가 난다. 물을 끌어들이는 수로 내의 철박테리아의 제거에 대해서는 〈표 2.11.1〉을, 저수지나 호수와 늪에서 조류를 처리하는 경우에는 〈표 2.11.2〉를 참고로 하여 주입률을 결정한다.[1)]

황산구리는 플랑크톤 조류 가운데 특히 규조류에 대해서 효과적으로 염소에 비하면 효력이 장기간 미친다.

살조제의 살포에 의해서 생물을 죽일 수 있지만 생물세포로부터 용출하는 물질에 대해서도 거동을 확인해둘 필요가 있다. 예를 들어, 염소는 어떤 종류의 조류 분비물과 반응해 클로로페놀 같은 악취를 발생하는 일이 있다.

〈표 2.11.1〉 철박테리아 등에 대한 처리제 표준 주입률[1)]

생물종		황산구리 $CuSO_4 \cdot H_2O$ [mg/ℓ]	염소 Cl_2 [mg/ℓ]
유황박테리아	Beggiatoa Thiothrix	0.50	0.50 0.50~1.00
철박테리아	Crenothrix Sphaerotilus	0.33~0.50 0.40	0.50 0.25
균류	Leptomitus Saprolegnia	0.40 0.18	

〈표 2.11.2〉 호수와 늪에서의 살조제 표준 주입률[1)]

생물종		황산구리[mg/ℓ] $CuSO_4 \cdot 5H_2O$	鹽素[mg/ℓ] Cl_2	위험수[1mℓ 중]	
				면적표준	개체(群体) 수
남조류	Anabena	0.12 ~ 0.48	0.50 ~ 1.00	600	
	Aphanizomenon	0.12 ~ 0.50	0.50 ~ 1.00	700 ~ 1,000	
	Oscillatoria	0.20 ~ 0.50	1.10		
	Phormidium		3.00		
	Polycystis	0.12 ~ 0.25	1.00		
규조류	Achnanthes	0.50	2.00 ~ 3.00		5,000
	Asterionella	0.12 ~ 0.20	0.50	700 ~ 3,000	(100)
	Attheya	0.20			200
	Cyclotella	0.50	1.00		2,000
	Fragilaria	0.25	2.00		(100)
	Melosira	0.33	0.50 ~ 2.00		
	Navicula	0.07			
	Nitzschia	0.50			1,000 ~ 2,000
	Rhizosolenia	0.20 ~ 0.70			200
	Stepanodiscus	0.25			2,000
	Synedra	0.50 ~ 1.00	1.00	3,000	500
	Tabellaria	0.12 ~ 0.50	0.30 ~ 1.00	700 ~ 2,500	
녹조류	Ankistrodesmus	1.00			
	Chiamydomonas	0.50			
	Closterium	0.17			
	Coccomyxa		2.50 ~ 3.00		
	Cosmarium		1.50 ~ 2.00		
	Eurorina	10.00			
	Palmella	0.50 ~ 1.00	2.50 ~ 3.00		2500
	Scenedesmus	1.00			100
	Sphaerocystis	0.25	0.70 ~ 1.50		
	Spirogyra	0.12 ~ 0.20	1.00 ~ 1.50		
	Staurastrum	1.50	0.30 ~ 1.00		
	Tetraspora	0.30			
	Ulothrix	0.20			
	Volvox	0.25		300	
	Zygnema	0.50			
황조류	Dinobryon	0.25	0.30 ~ 1.00	500	(300)
	Mallomonas	0.50	0.30 ~ 1.00		
	Synura	0.12 ~ 0.25	0.30 ~ 1.00	200	
	Uroglenopsis	0.05 ~ 0.20		200	
소용돌이 편모조류	Ceratium	0.33	0.30 ~ 1.00	500	
	Peridinium	0.50 ~ 2.00			

황산구리에 관해서 카와카미(川上) 등은 마이크로시스티스(Microcystis)의 제거와 조류 체내로부터 용출하는 마이크로시스테인에 대해서 다음과 같은 식견을 얻고 있다. 즉, 저수지에 황산구리를 살포하면 3시간 이내에 마이크로시스티스(Microcystis) 조류 체내의 마이크로시스틴은 수중에 용출하고, 3~4일 후에는 마이크로시스테인은 연못 수중으로부터 검출되지 않게 된다. 마이크로시스틴의 분해에는 세균이 관여하고 있다. 황산구리 살포에 의해 생긴 마이크로시스틴은 고농도가 아니면 통상의 염소처리로 분해할 수 있다.[2)]

음료수중의 구리의 허용량(안전기준량)은 1mg/ℓ로 정해져 있다. 이 값은 황산구리로서 4mg/ℓ에 상당한다. 황산구리를 이와 같이 다량으로 주입하는 것은 거의 없지만 이 값을 넘어 첨가하여도 주입점이 충분히 상류이면 그다지 걱정은 없다. 자연수 중에서 구리는 탄산염이나 수산화물로 되어 침전하여 수중에는 거의 잔류하지 않고, 응집처리에 의해서도 동은 제거되기 때문이다.

그러나 주입점이나 살포지점에 가까운 어류에 영향을 주는 것이 있을 수 있기 때문에 다목적 댐 등 공동이용의 수원에 적용하는 것은 피하는 편이 좋다. 황산구리에 대한 물고기의 치사농도는 〈표 2.11.3〉과 같다.

〈표 2.11.3〉 황산구리에 대한 물고기의 치사농도[1)]

어종	황산구리[mg/ℓ]	어종	황산구리[mg/ℓ]
송어	0.14	금붕어	0.50
잉어	0.33	농어	0.67
매끄러운 잉어	0.33	Sunfish	1.35
메기	0.40	블랙베스	2.00
강꼬치류	0.40		

참고문헌

1) 小島貞夫, 生物処理, 衛生工学ハンドブック, pp.310~320, 朝倉書庖(1967).

2) 川上雄三郎, 伊藤裕之, 小田琢也, 阪上正明, 矢野洋, 貯水池での硫酸銅散布によるミクロキスティンの挙動, 水道協会雑誌, Vol.68, No.11, pp.2~10(1999).

2.12 기타 약제

(1) 막처리용 약제와 막세정제

막의 종류와 용도

막을 분리대상 물질의 크기로 분류하면 다음과 같다.

정밀여과막 MF(Micro Filtration Membrane)
한외여과막 UF(Ultra Filtration Membrane)
나노여과막 NF(Nano Filtration Membrane)
역삼투막 RO(Revers Osmosis Membrane)

정밀여과막과 한외여과막은 콜로이드나 세균 등의 미립자의 분리에, 나노여과막은 저분자 유기물에서 무기염류의 분리에, 역삼투막은 탈염처리에 적용되고 있다.

막여과용 약품

MF, UF 및 NF의 막여과 단계에서는 기본적으로 약품을 사용할 필요는 없다. 막의 눈 막힘을 억제하기 위해서 막처리 전에 응집제를 첨가하거나 pH를 조정하거나 오존이나 염소를 첨가하기도 하지만 막여과에 불가결한 것은 아니다.

해수 담수화 처리용 약품

응집제

RO에 의한 해수 담수화 시설에서는 해수 중의 현탁물을 제거하기 위해 응집제로서 염화제2철을 사용하고 있다. 염화제2철은 낮은 pH에서 응집효과가 높으므로 칼슘이나 마그네슘이 석출하기 어려운 조건을 만드는 데 안성맞춤이기 때문이다.

생물처리제

초산셀로스와 같은 막에서는 막을 미생물이 침범하는 것을 막기 위해 막처리 전에 염소를 간

혈주입한다. 이 경우에는 이후에 중아황산소다와 같은 탈염소제을 더한다.

◎ 탈산소제

고압하에서 수중에 용해한 기체는 압력저하와 함께 기포가 되어 막투과 흐름을 방해한다. 이것을 막기 위해 아황산소다나 중아황산소다를 첨가하고 용존산소를 제거한다.

◎ pH조절제

탄산칼슘 $CaCO_3$나 $CaSO_4$와 같은 스케일이 막 면에 석출하는 것을 막기 위해 초산셀로스계 막에서는 pH ≤ 6.5로, PA계막에서는 pH ≤ 7로 한다.

◎ 경도 부여제

막처리한 뒤의 물은 염분이 거의 제거되어 순수한 물에 가깝게 된다. 이러한 물은 음료수로서 적절하지 않기 때문에 소석회 등을 첨가하여 경도를 부여한다.

▌막세정용 약품

MF, UF, NF에서는 역세정이나 공기세정이라고 하는 물리세정을 빈번히 베풀어 억류 현탁물을 막 면으로부터 배제하고 있다. 그러나 이것만으로는 억류물을 완전하게 제거할 수는 없고 막간 차압이 점차 커져간다. 막간의 차압이 한도 이상으로 높아진 막은 약품으로 세정해 투과능력을 회복한다. 이것을 화학세정이라고 한다.

막의 화학세정은 정유량 여과에서는 막간 차압이 설정한 상한에 이르렀을 때, 정압여과의 경우에는 막여과 유속이 설정한 하한에 이르렀을 때에 실시한다.

막의 세정방법에는 막모듈을 장치에 장착한 채로 세정하는 온라인 방식과 막을 장치로부터 떼어내어 외부에서 세정하는 오프라인 방식이 있다. 오프라인 방식에는 현장에서 세정하는 경우와 공장에 가지고 가서 세정하는 방법이 있다. 사용하는 약제에 차이는 없다.

세정효과에 영향을 미치는 요소에는 약품의 종류, 농도, 온도 및 세정시간이다. MF막이나 UF막의 세정용약제로서 차아염소산소다, 가성소다, 염산, 황산, 옥살산, 구연산 및 계면활성제가 사용되고 있고, RO막의 세정에는 구연산과 알칼리제가 사용되고 있다.

〈표 2.12.1〉에 MF막과 UF막의 세정약품의 종류와 세정대상물 및 사용농도를 나타낸다. 이러한 약제는 단독으로는 세정효과가 떨어져 복수의 약제를 사용해 세정한다.

〈표 2.12.1〉 막세정 약품

세정약품		농도[%]	제거 가능 물질
알칼리	가성소다	0.4 ~ 5	유기물
무기산	염산	0.05 ~ 5	무기물
	황산	0.08 ~ 1	무기물
산화제	차아염소산소다	0.05 ~ 2	유기물
유기산	옥살산	0.1 ~ 1	무기물
	구연산	0.5 ~ 2	무기물
계면활성제	알칼리 세제	-	유기물(더러움)
	산세제	-	무기물

◎ 세정 순서

막의 화학세정은 다음과 같은 순서로 실시한다.

① 약품세정전의 헹굼 세탁

막이나 장치에 억류되어 있는 슬러지나 협잡물을 청수나 공기로 제거한다.

② 약품에 의한 세정

복수의 약품으로 세정한다. 하나의 약품 세정 시간은 2~3시간이다.

③ 세정후의 헹굼 세탁

청수로 막이나 장치 내에 남은 약품을 배출한다. pH계나 전기 전도도계로 약품이 잔류하고 있지 않은 것을 확인한다.

(2) 이온교환수지의 재생제

▌이온교환수지

수처리에 이용되는 이온교환체에는 그린샌드, 제올라이트 등의 무기질 교환체나 황화탄(Sulfonated coal) 등의 천연유기질 교환체도 있다. 그러나 이것들은 극히 한정된 용도에 사용

될 뿐, 대부분 실용적으로 사용되는 것은 합성수지 이온교환체이다.

이온교환수지를 크게 나누면 다음의 네 개의 기본형으로 분류된다.

- 이온교환수지
  - 양이온교환수지
    - 강산성 양이온교환수지
    - 약산성 양이온교환수지
  - 음이온교환수지
    - 강염기성 음이온교환수지
    - 약염기성 음이온교환수지

이 외, 특수용도에 킬레이트수지가 이온교환수지와 같이 사용되고 있다.

◎ 강산성 양이온교환수지 $R-SO_3Na$

식염 NaCl 또는 해수에서 재생하여 Na형으로 했을 때는 수중의 Ca^{2+}, Mg^{2+}나 금속이온을 교환하여 수중에 Na^+를 낸다.

탈염 : $R-(SO_3Na)_2 + Ca^{2+} = R-(SO_3)_2Ca + 2Na^+$

재생 : $R-(SO_3)_2Ca + 2NaCl = R-(SO_3Na)_2 + CaCl_2$

염산 HCl 또는 황산 H_2SO_4로 재생하여 H형으로 했을 때는 수중의 양이온을 모두 교환해 수중에 H^+를 낸다.

재생 : $R-(SO_3)_2Ca + 2HCl = R-(SO_3H)_2 + CaCl_2$

탈염 : $R-(SO_3H)_2 + Ca^{2+} = R-(SO_3)_2Ca + H^+$

◎ 약산성 양이온교환수지 R-COOH

염산 또는 황산으로 재생해 H형으로 했을 때는 수중의 알칼리도(HCO_3^-)에 거의 상당하는 분의 Ca^{2+}, Mg^{2+}를 교환하여 그만큼 H^+를 수중에 낸다. Ca형이나 Mg형이 된 수지는 가성소다로 재생하면 Na형이 된다.

◎ 강염기성 음이온교환수지 R-NOH

수지를 가성소다 재생하여 OH형으로 했을 때는 수중의 전 음이온 HCO_3^-, SO_4^{2-}, NO_3^-, Cl^-, $HSiO_2^-$와 교환하고 그만큼 수중에 OH^-를 낸다.

탈염 : $R{-}NOH + Cl^- = R{-}NCl + OH^-$

재생 : $R{-}NCl + NaOH = R{-}NOH + NaCl$

◎ 약염기성 음이온교환수지 R-NHOH

가성소다 또는 암모니아로 재생하여 OH형으로 했을 때는 수중의 광산 음이온 Cl^-, SO_4^{2-}, NO_3^-와 교환하여 그만큼 수중에 OH^-를 낸다. HCO_3^-, $HSiO_2^-$는 교환되지 않고 처리수중에 잔류한다.

▌사용하는 약의 표준

이온교환수지를 재생할 때의 각 약품의 재생 레벨, 사용하는 약의 농도 및 공간속도(이온교환수지 $1m^3$당 재생제유량 $m^3/m^3/h$)의 표준은 〈표 2.12.2〉와 같다.

〈표 2.12.2〉 이온교환수지 재생/사용하는 약품의 표준[1)]

약품명		재생 레벨[g/ℓ-resin]		약품 농도[%]	공간 속도[h^{-1}]
식염	NaCl	90% NaCl	70 ~ 150	10	4 ~ 6
해수		20 ~ 40ℓ/ℓ			15 ~ 30
염산	HCl	33% HCl	200 ~ 450	2 ~ 5	3 ~ 5
황산	H_2SO_4	66° Be'H_2SO_4	90 ~ 300	0.5 ~ 5	3 ~ 12
가성소다	NaOH	100% NaOH	60 ~ 300	2 ~ 10	2 ~ 4

(주) 공간속도 = 사용약의 유량[m^3/h]/수지체적[m^3]

▌킬레이트수지

킬레이트(chelate)란 둘 또는 그 이상의 원자를 가진 배위자(配位子)가 환을 형성하여 금속과 만든 착체(복합체)를 말한다. 적당한 수지모체에 킬레이트착체를 결합한 것은 수중의 금속이온에 접하면 게의 집게발과 같이 금속을 강고하게 끼워 넣어서 흡착하므로 중금속의 제거나 포집에 사용된다. 예를 들어 티올형(Thiolform) 킬레이트수지에서는 다음과 같이 반응하여 수은을 포집한다.

$$R\left\langle\begin{matrix}SH\\SH\end{matrix}\right. + Hg^{2+} \longrightarrow R\left\langle\begin{matrix}S\\S\end{matrix}\right\rangle Hg + 2H^{+}$$

킬레이트수지의 수지모체 R에는 스틸렌·디비닐벤젠 중합체, 페놀·포르말린중합체 등이 있다.

킬레이트수지의 사용법에는 흡착탑에 충진하여 폐액과 접촉시키는 방법과 응집제와 같이 폐액에 첨가해 금속을 포집 후 침강 제거하는 방법이 있다.

전자의 방법은 약산성이온교환수지의 사용법과 거의 같다. 후자의 경우에는 사용하는 킬레이트수지는 액체킬레이트, 중금속 고정제 또는 고분자 금속응집제 등이라고 하여 시판되고 있다. 이에 대해서는 다음 항에서 설명한다.

킬레이트수지는 금속에 대한 선택성이 높고 처리대상 금속농도를 검출한계 근처까지 낮게 할 수 있어 Sb, Bi, In, Hg, B 등을 농축·회수할 수 있다. 그러나 수지가 고가이므로 고농도폐액에 대해서는 수산화수처리나 황화수처리와 같은 전처리에 의해 금속농도를 낮추어둔다.

흡착이 끝난 킬레이트수지는 산으로 재생할 수 있다. 그러나 다량의 산을 필요로 해 재생폐수의 처리가 어렵기 때문에 수은을 포집한 킬레이트수지 등은 재생하지 않고 소각해 수은을 회수하고 있다.

(3) 황화제와 킬레이트제

▮황화제

수중금속의 처리는 pH를 조정해 수산화물로서 석출시키고 나서 침전제거하는 방법 – 수산화수처리 – 이 일반적이다. 그러나 금속에 따라서는 수산화물의 용해도가 크고, 이 방법에서는 충분히 저농도까지 제거하기 어려운 것이 있다.

많은 금속이온은 S^{2-}와 강한 친화력을 가져 용해도의 작은 황화물을 생성한다. 이것을 이용하여 수중에 용해하는 금속이온을 황화제 첨가 후 침전처리하는 것에 따라 제거할 수 있다.

$$Hg^{2+} + Na_2S \rightarrow HgS\downarrow + 2Na^{+}$$

각종 금속황화물에 대해서 용존이온량과 pH와의 관계를 나타내면 〈그림 2.12.1〉과 같다. 예를 들면 수은 Hg는 HgS가 되면, pH=7에서 약10^{-23}mol/ℓ=2.01×10^{-18}mg/ℓ밖에 물에 녹지 않는다. 따라서 수은함유폐수를 황화수처리하면 수은농도가 낮은 처리수를 얻을 수 있다. 황화제로서 황화수소 H_2S, 황화소다 $Na_2S \cdot 9H_2O$ 또는 수황화소다 $NaHS \cdot 2H_2O$가 사용된다. 황화처리한 물은 유황을 포함해 악취를 방출하기 때문에 산화처리프로세스를 후속공정에 둔다.

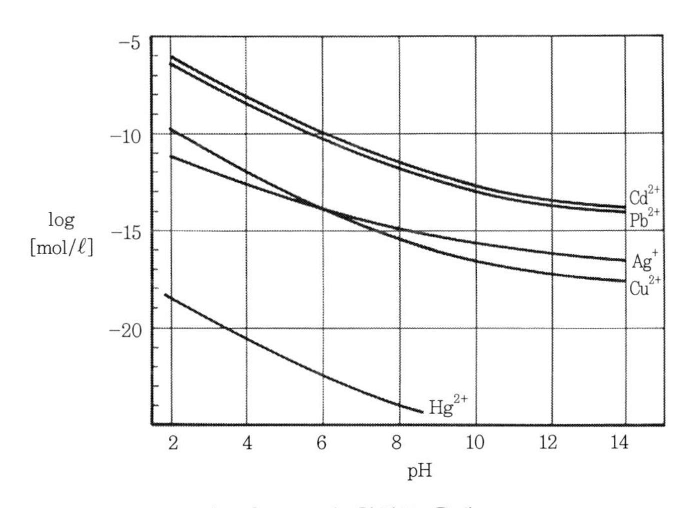

〈그림 2.12.1〉 황화물 용해도

▮ 킬레이트제(중금속 포집제)

킬레이트(chelate) 수지는 금속을 강고하게 흡착하므로 중금속을 극히 저농도까지 처리할 수 있다. 전술과 같이 킬레이트수지에는 이온교환수지와 똑같이 사용하는 것과 응집제와 같이 폐수에 일시적으로 주입해 사용하는 것이 있다. 여기에서는 후자, 이른바 액체킬레이트에 대해 말한다.

소각공장의 세연폐수나 재오수 중에는 각종의 중금속이 혼입해 있다. 이러한 폐액에 액체킬레이트제를 첨가하면, 중금속은 물에 불용성의 킬레이트착체(복합체)로서 석출하므로 Hg, Cd, Cu 등 각종 중금속을 제거할 수 있다.

액체킬레이트의 선택성이나 사용 pH 범위는 메이커에 의해 차이가 있다. 폐수에 대한 킬레이트제의 첨가량은 다음 식에 의해 정한다.

$$q = m\frac{A}{B} \times a \qquad (1)$$

여기서, q : 킬레이트제 첨가율, m :금속농도, A : 킬레이트제 그램당량, B : 대상금속 그램당량, α : 여유율

(4) 악취 제거제

물의 맛과 냄새는 감각적으로 구별하기 어렵고, 또 제거방법도 동일하기 때문에 수처리에서는 함께 다루고 있다.

냄새 제거에 유효한 방법은 활성탄 흡착으로 대부분의 맛 냄새 제거에 효과가 있다. 그러나 사용이 끝난 활성탄이 슬러지로서 발생한다고 하는 불리한 조건이 있다.

맛이나 냄새의 근원이 되는 물질은 산화에 의해서 분해하는 것이 많아 슬러지 처분의 문제가 없으므로 악취 제거에는 산화처리가 자주 이용된다.

이와 같이 악취 제거는 산화, 활성탄흡착 또는 양자의 조합으로 행해지지만 어느 것에 대해서도 이미 말했으므로 여기에서는 냄새 제거법의 일람표를 나타내는 것에 그친다.

〈표 2.12.3〉 맛과 냄새의 제거법

처리법		제거할 수 있는 악취	사용약품	제거할 수 없는 냄새
폭기법		H_2S, Cl_2, 기타 휘발성물질에 의한 냄새	없음	클로로페놀 등
산화법	과잉염소법 불연속점 염소처리법	H_2S(계란 썩는 냄새), 철·망간(철분 냄새) 등에 의한 냄새	Cl_2	기름에 의한 냄새. 페놀계 물질에 대해서는 냄새가 증가한다.
	이산화염소법	페놀계 냄새	ClO_2	
	과망간산 칼륨법	미생물, 클로로페놀에 의한 냄새	$KMnO_4$	주입을 잘못하면 망간에 의한 색이나 냄새를 만든다.
	오존법	피산화성 물질일반	O_3	염소 냄새
활성탄 흡착법		저농도의 유기물질에 의한 냄새, 염소냄새	활성탄	다량의 철, 망간에 의한 철분 냄새
황산구리 처리법		생물, 특히 식물성 생물에 기인하는 냄새	$CuSO_4$	H_2S, Fe, Mn, Cl_2 등에 원인하는 냄새

(5) 슬러지처리용 약제

수처리의 결과물로부터 분리한 불순물, 즉 슬러지가 발생한다. 이 슬러지는 어떠한 처리를 실시하여 매립처분하든지 유가물을 회수하게 된다.

수처리 슬러지는 99% 정도가 수분이다. 따라서 슬러지처리의 첫걸음은 수분을 가능한 한 줄이는 농축과 탈수이다.

슬러지의 농축에는 침강농축, 부상농축 및 여과농축이 있고, 침강농축으로 하는 경우가 많다. 이 농축과정에서 산처리나 폴리머첨가를 하기도 한다.

▌슬러지 탈수조제

슬러지의 탈수방법에는 크게 나누어 자연탈수법과 기계탈수법이 있다. 전자는 슬러지를 모래여과상으로 인도하여 수분을 모래층을 통해 하부에 침투시키며 동시에 태양열로 증발시키는 것이다. 자연탈수법에서는 약제는 첨가하지 않는다.

기계탈수법에는 진공여과, 가압여과, 원심분리, 벨트프레스 및 습식조립법이 있다.

진공여과에서는 여과성이나 박리성을 좋게 하기 위해서 소석회 $Ca(OH)_2$를 첨가한다. 응집침전슬러지에서는 건조고형물당 15~50%, 하수슬러지에서는 한층 더 염화철 $FeCl_3$나 염화철과 황산제1철 $FeSO_4$와의 혼합물을 첨가한다. 하수의 소화슬러지에서는 슬러지건조 고형물당 $FeCl_3$ 5%와 $Ca(OH)_2$ 10% 또는 $FeCl_3$와 $FeSO_4$과의 혼합물 10%와 소석회 20% 정도를 투입하고 있다.

가압여과에서도 상기와 같은 약제를 첨가하고 있지만 탈수케이크의 두께를 작게 하고 장시간에 걸쳐 탈수하는 것으로 약제를 첨가하지 않는 방법도 있다.

원심분리법에서는 고분자 응집제를 첨가한다. 고분자 응집제로서 비이온성의 폴리아크릴아미드계의 합성유기고분자 응집제를 사용하고 있다.

습식조립법에서는 응집침전 슬러지에 대해 폴리아크릴아미드 0.2%와 물유리(규산소다) 5% 정도를 첨가하고 있다.

▌슬러지 산처리

응집침전 슬러지에 산을 첨가해 황산알루미늄을 회수하는 방법이다. 산으로서는 황산

H_2SO_4를 사용한다. 즉, 다음의 반응에 의해서 수산화알루미늄 플록으로부터 황산알루미늄을 녹여내어 회수한다. 플로우 시트를 〈그림 2.12.2〉에 나타낸다.

$$2Al(OH)_3 + 3H_2SO_4 \rightarrow Al_2(SO_4)_3 + 6H_2O$$

이 수법은 응집슬러지 중의 여과성을 나쁘게 하는 수산화알루미늄 성분을 제거해 그것에 의해서 처리 슬러지양을 줄여 탈수조제로서 첨가하는 소석회의 양을 줄인다고 하는 효과도 있다.

그러나 회수황산알루미늄의 농도가 낮고(원슬러지 중의 알루미늄 농도가 낮기 때문이다), 회수 황산알루미늄 중에 철이나 망간 등 원수 중의 불순물이 농축되고, 회수율이 100%를 넘고(원수 중의 철이나 알루미늄도 회수되기 때문이다), 철 · 망간이 과잉으로 축적해나간다라는 단점이 있다.

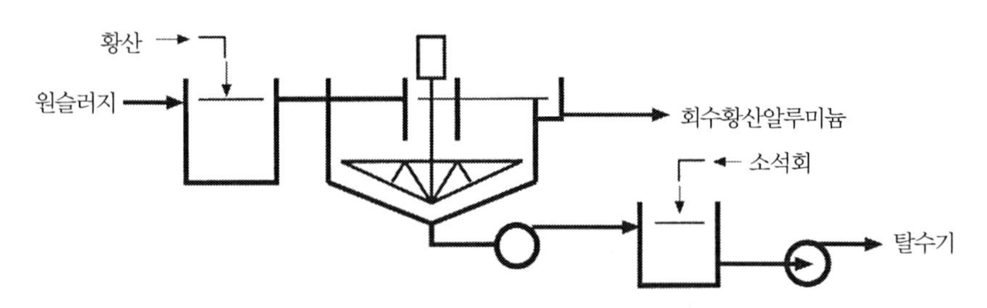

〈그림 2.12.2〉 응집침전슬러지의 산처리 플로우 시트

응집제로서 폴리염화알루미늄(PAC)을 사용했을 경우 단지 황산으로 처리한 것만으로는 회수물이 황산알루미늄이 된다. '関根'는 황산첨가 후 가성소다로 처리하여 염산을 더하는 것에 의해 폴리염화알루미늄을 회수하는 〈그림 2.12.3〉과 같은 프로세스를 제안해 회수 PAC가 구입 PAC보다 응집효과가 높은 것을 나타내었다.

또 이 프로세스에 의해 회수물의 저농도, 철 · 망간의 농축, 회수물의 과축적이라고 하는 종래의 산처리법의 결점을 해소할 수 있다고 하고 있다.[3)]

① $2Al(OH)_3 + 3H_2SO_4 \rightarrow Al_2(SO_4)_3 + 6H_2O$

② $Al_2(SO_4)_3 + 6NaOH \rightarrow 2Al(OH)_3 + 3Na_2SO_4$

③ $2Al(OH)_3 + (6-n)HCl + (n-6)H_2O \rightarrow Al_2(OH)_nCl_{6-n}$

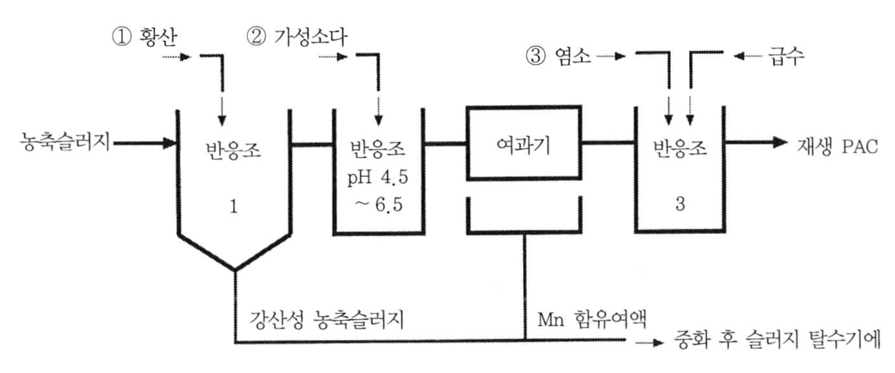

〈그림 2.12.3〉 PAC 회수 흐름도

▌슬러지의 가용화

하수처리 시설로부터 발생하는 슬러지는 불용성의 유기물이 대부분을 차지하고 있다. 이 슬러지를 오존 등으로 가용화하고 생수처리를 하기 쉽게 해 주 처리계통에 되돌리는 것이 행해지고 있다. 이것에 의해 슬러지를 크게 감용할 수 있다. 마찬가지로 염소나 해수를 전해해 얻은 차아염소산소다로 슬러지를 감용화하는 방법이 시도되고 있다.

▌여포세정

소석회를 첨가하고 있는 진공여과기나 가압여과기에서는 여포에 탄산칼슘 $CaCO_3$가 석출된다. 이 여포의 세정에는 염산 HCl를 이용한다. 황산 H_2SO_4를 사용하면 석고 $CaSO_4$를 일으키고 오히려 눈 막힘을 일으킨다.

(6) 염소가스 흡수제

정수장이나 하수처리장에서는 소독으로 염소를 사용하고 있다. 염소원으로 액화염소를 사용하는 경우에는 사고를 예상해 누설염소가스를 무해화하는 설비가 필요하다.

염소가스를 무해화하려면 소규모시설에서는 흡수제를 누설개소에 살포하는 방법이나, 중·

대규모의 시설에서는 누설염소가스를 팬으로 흡인해 흡수탑에서 흡수액과 향류접촉 시키는 방식이 취해지고 있다.

살포용약제에는 소석회 $Ca(OH)_2$를 분말 그대로, 흡수탑용 흡수제에는 가성소다 NaOH 용액을 사용하고 있다.

일반고압가스 보안규칙 관계기준에 의해서 저장능력이 1톤 이상인 저장설비에 대해서는 가성소다 670kg(100% 환산) 또는 소석회 620kg 이상을 보유할 것 또 액화염소충진질량 1,000kg 이하의 용기로 저장 또는 소비하는 경우에는 소석회 300kg 이상을 보유해야 한다. 지방공공단체에서는 상기기준보다 엄격한 보안기준을 마련하고 있는 곳도 있다.

(7) 프리코트(pre coat) 여과 보조제

슬러지의 탈수여과에 사용하는 소석회나 철염도 여과 보조제라고 한다. 또 급속여과 공정에서는 여과 전에 응집제의 첨가가 필수조건이 되지만 이것도 여과 보조제이다.

여기서 말하는 여과보조제는 프리코트 여과에 사용하는 약제이다. 여과포 등의 표면을 규조토나 활성탄 등의 다공질 재료로 덮으면 여과효율을 높일 수 있다.

이것이 프리코트 여과로 특히 규조토를 이용한 것을 규조토 여과기라고 한다.

규조토 여과기는 소형경량으로 간편하게 음료수 정도의 수질을 얻을 수 있으므로 야전용 정수장치나 수영장의 순환수처리에 사용되었다.

규조토는 대부분이 규조의 껍질로부터 만들어진 연질의 암석 또는 흙덩이로 다공질의 미세한 분말이다. 각종 입도의 것이 있어 입도에 의해 여과수 수질과 계속적인 여과시간이 변한다.

(8) 염석제

친수콜로이드는 소량의 전해질을 더한 것만으로는 응석하지 않지만, 다량으로 더하면 응석한다. 이것을 염석이라고 한다. 폐수처리에 염석을 적용할 때 제거대상으로 되는 물질의 등전점(等電点)에 의해서 주입약제를 선택한다.

예를 들어 단백질의 등전점은 대체로 저 pH값 영역에 있으므로, 수산가공폐수 중의 용해단백질을 석출응고시켜 부상 분리하는 프로세스에는 염산 HCl을 사용하고 있다.

전착도장폐수 중에는 도료의 미세한 친수성 콜로이드가 있어 통상의 처리에서는 제거가 어렵지만, 염화칼슘 $CaCl_2$를 첨가한 후 응집침전하면 제거할 수 있다.

(9) 불소첨가

충치예방을 목적으로 하여 수돗물에 불소를 첨가하는 일이 있다. 세계적으로 상당한 도시에서 수돗물에 불소를 첨가하고 있다. 그러나 불소는 아이의 충치를 예방하여도 인체에 다양한 장해를 가져오는 것을 알 수 있고 음료수에의 첨가는 신중해야 한다.

수돗물의 불소처리에 쓰이는 약제에는 불화암모늄 NaF, 규불화소다 Na_2SiF_6, 규불화암모늄 $(NH_2)_2SiF_6$ 및 불화규소산 H_2SiF_6가 있다.

참고문헌

1) 藤田賢二, 水処理薬品とその注入装置(その6), 公害防止管理者, Vol.2, No.4, pp.27~39(1973).

3) 関根勇二, 再生PACの生産と排水処理の改善一システム提案, 水道協会雑誌, Vol.70, No.9, pp.23~33(2001).

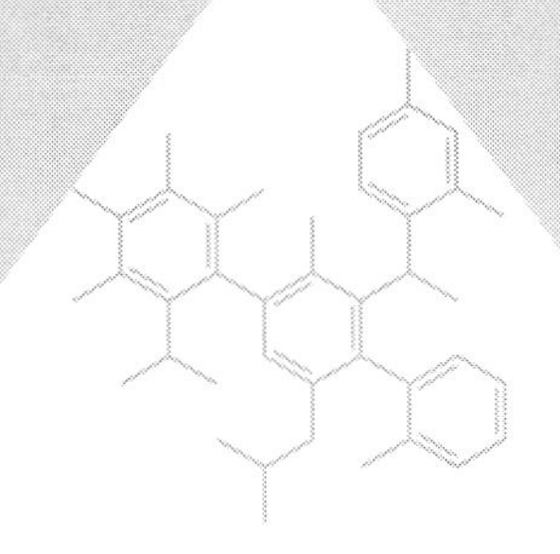

제3장

약품주입설비의 기본시방

본 장에서는 약품주입설비를 계획할 때의 기본적인 사항, 즉 약품종류, 주입방식, 주입설비용량 및 제어 방법의 선정과 결정방법에 대해서 기술한다.

현장에서는 약품배관이 수처리 계통 배관과 교차접속을 일으키기 쉽다. 또 운전원이나 작업원의 안전에 대해서도 고려할 필요가 있다. 이와 같은 일반적 주의사항에 대해서도 본 장에서 다루기로 한다.

제3장
약품주입설비의 기본시방

3.1 사용 약품의 선정

(1) 약품 선택기준

수처리에 이용되는 약품은 각양각색이다. 어느 폐수 또는 어느 원수를 처리하는 경우 사용할 수 있는 약품은 1종류로 제한되지 않는다. 같은 기능을 하는 약품이 몇 개 있는 것이 보통이며 같은 약품에서도 구입 시의 포장이 고형, 입상, 분말, 액상, 기체의 구별이 있다. 약품의 선정이 이후의 유지관리에 영향을 미친다.

약품의 선택기준으로서 다음과 같은 항목을 들 수 있다. 이들을 종합적으로 판단하여 사용약물을 선정한다. 일반적으로는 가장 많이 쓰이고 있는 약품을 사용하면 실수가 줄어들고 이것에 지역성이나 처리방식의 특수성을 고려하여 결정한다.

◎ 처리 효과

약품은 소량으로 목적을 달성하지 않으면 안 된다. 물을 깨끗이 하는 목적이라고 하지만 약품을 첨가하는 것은 물에 불순물을 더하는 것이기 때문에, 첨가량은 가능한 한 소량으로 하지 않으면 안 된다. 첨가량이 적으면 저장탱크나 주입기의 용량을 줄일 수 있는 경제적인 이점도 있다.

◎ 경제성

경제성에 대해서는 약품비(러닝 코스트) 외에 설비비용 및 인건비를 병합하여 고려한다. 약품비는 비싸도 저장이나 주입설비 또는 부대설비가 간단하고 좋은 것도 있고 작업 인원을 줄일 수도 있다.

◎ 구입의 용이성

정수처리에서는 약품주입은 잠시도 정지할 수 없기 때문에 제품의 공급이 확실하지 않으면 안 된다. 제조공장이 가까이 있는 것, 특수하지 않은 것, 가격이 안정되어 있는 것이 바람직하다.

◎ 작업성

약품의 주입은 정수장이나 처리장의 일상작업 중에서도 가장 중요한 작업의 하나이다. 취급이 번거롭거나 작업 조건이 열악하거나 또는 관로를 폐쇄시키기 쉬운 약품은 피하여야 한다. 일반적으로 분말약품은 분진 때문에 작업 환경이 나빠지는 수가 많고, 용해도가 낮은 약제는 관로에 침적되어 청소나 관 교체 등에 필요 이상의 작업이 요구될 수 있다.

◎ 안전성

작업성은 좋아도 만일의 경우에 위험을 수반하는 약제는 많다. 염소, 황산, 염산, 가성소다 등이 그것이다. 이들을 취급하는 장소는 만전의 안전대책이 강구되어야 한다. 될 수 있다면 안전한 약재로 바꾸는 것도 고려한다.

◎ 독성

약재는 생물에 대해 많거나 적거나 독성을 가지고 있으며 다량으로 섭취하면 반드시 장해가 발생한다. 문제는 통상의 첨가양의 범위에서 독성이 나타나느냐 아니냐라는 것이다.

독성의 문제는 '있다'라고 말하는 것은 쉬우나, '○○mg/ℓ 이하라면 안전'하다라고 하는 것은 어렵다. 특히 만성독성 시험은 많은 노력과 시간을 들여 허용치를 확인하는 것은 용이하지 않다. 주입설비 계획단계에서 독성시험을 실시할 수 없기 때문에 약품회사의 데이터나 발표되고 있는 문헌으로부터 판단하게 된다.

폐수처리에 사용하는 약제에서도 최종적으로는 환경에 배출되는 것이 되기 때문에 될 수 있는 한 저독성으로 축적성이 없는 약제를 선택하지 않으면 안 된다.

◎ 후처리 용이성

물이 깨끗해지면서 물에서 제거된 불순물이 찌꺼기가 되어 나온다. 첨가하는 약품의 종류에 따라서 이 찌꺼기의 처리가 어려운 것 또는 찌꺼기 양이 늘어나기도 한다.

(2) 주입방식의 선택

약품의 선택이 끝나면 다음에 주입방식을 정한다. 약품주입방식은 다음과 같이 분류된다.

① 계량 시 약품 형태의 차이에 따라 건식, 습식
② 건식약품의 경우 계량이 질량인지, 체적인지에 따라 질량식, 용적식
③ 습식계량의 경우 유량측정방식에 따라 펌프계량방식, 유량계방식
④ 액이송 방법에 따라 펌프압송, 이젝타압송, 자연유하
⑤ 조작 방식에 따라 자동, 수동
⑥ 조작 장소에 따라 원격조작, 현장조작

이 중 어느 방식을 선택할지는 약품의 종류, 처리시설의 규모, 지형조건, 작업 인원의 배치 등에 따라 달라진다.

이에 대해서는 다음 장에서 설명하기로 한다.

3.2 약품주입 용량의 결정

약품주입설비를 설계하는 데 가장 기본적인 수치는 대상처리수량과 약품주입률이다. 어느 것에 대해서도 최대치, 평균치 및 최소치를 알 필요가 있다.

처리수량에 대해서 용수처리에서는 수요수량이나 취수가능수량의 데이터로부터, 폐수처리에서는 사용량과 순환수량의 데이터로부터 설계에 필요한 정도로 정확한 수치를 파악할 수 있다.

약품주입률에 대해서는 계획설계 시 정확한 수치를 얻는 것은 그다지 쉽지 않다. 특히 신설 시설에서는 추정에 의존할 수밖에 없다. 동일 수계의 물 또는 동종폐수를 처리하고 있는 사례를 조사하고 되도록 실제에 가까운 값으로 선정한다. 쓸데없이 여유를 가진 수치를 바탕으로 설계를 하면 설비비의 증대뿐만 아니라 실제 조작에 지장을 받게 된다.

(1) 약품주입률

탁도, pH, 알칼리도 등 측정할 수 있는 수질데이터로부터 정확한 응집제 주입률을 알 수는 없다. 운전 현장에서는 Jar test나 Column test에 의해서 정하고 있으나 설계 시에 원수의 샘플을 얻을 수 있는 것은 아니다. 샘플을 얻었다고 해도 그 테스트 결과는 어느 시점에 채수된 물에 대한 것인지 그 값을 항상 사용할 수 있다는 것은 아니다.

결국 많은 경우 응집제 주입률의 상하한이나 평균치는 추정에 의해 결정하도록 강요된다. 추정을 위한 판단재료로서 계절마다의 수질시험결과나 동일수계에서 채수하고 있는 타정수장의 Data가 참고가 된다.

하천수나 호소수를 처리하는 경우 수질시험 Data로서 나타내고 있는 것은 탁도나 pH이다. 이들로부터 응집제 주입량을 추정하는 것은 너무 무모하나 필자가 경험한 범위에서 계획 주입률을 추정하는 곡선을 〈그림 3.2.1〉에 나타낸다. 이 그림은 일본의 하천에서 취수하는 경우에 있어서의 개략치이다. 황산알루미늄 $Al_2(SO_4)_3 \cdot 18H_2O$에 대해 나타냈지만 폴리염화알루미늄에 대해서는 같은 알루미늄 농도를 갖는 것으로 하면 된다. 이 그림은 설계에 사용하는 것으로 실제의 응집처리조작에 꼭 사용하라고 하는 것은 아니다.

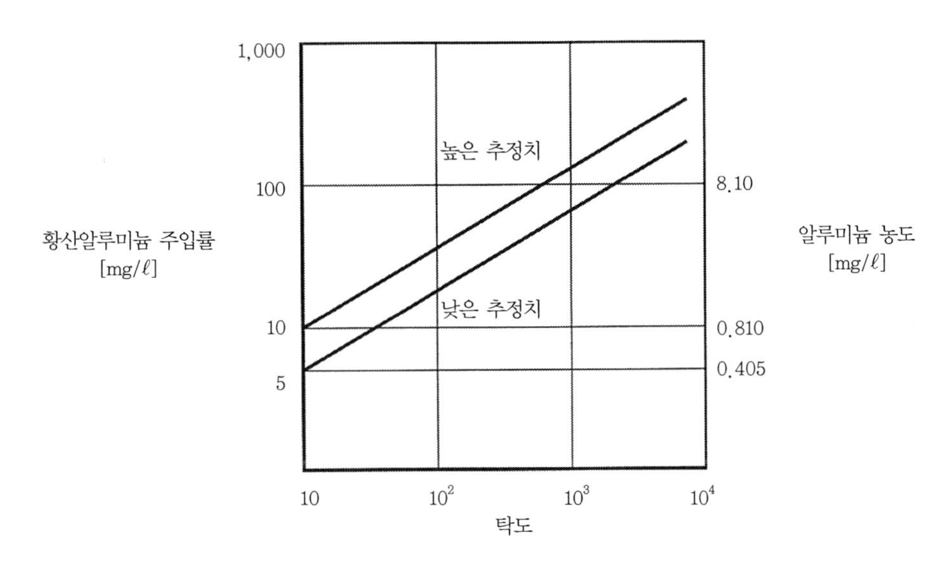

〈그림 3.2.1〉 하천수에 대한 황산알루미늄 주입률의 추정치

〈표 3.2.1〉 약품주입률 설계치 계산

약품 용도	주입률 계산	참고 표 또는 식
알칼리제 (응집처리용)	응집제 주입률에 소정의 계수를 곱한다.	〈표 2.3.1〉
알칼리제 (부식방지용)	Langelier 지수 $I \geq 0$으로 한다.	〈표 2.4.6〉
산(pH 조정용)	감소시켜야 할 알칼리도분 상당량	〈표 2.3.1〉
염소	불연속점에서 염소주입률 B_p에 소요 잔류 염소량을 더한다.	이론량 $B_p = 7.6 \times NH_4\text{-}N$
산화제	산화대상물질의 농도에 소정의 계수를 곱한다. 과잉량이 있는 경우와 없는 경우가 있다.	〈표 2.6.2〉
살조제	생물종에 대해 경험적인 필요주입량이 있다	〈표 2.11.1〉 〈표 2.11.2〉 〈표 2.11.3〉
환원제	처리대상물질 농도에 소정의 계수를 곱한다.	〈표 2.7.1〉
탈염소제	유리염소량에 소정의 계수를 곱한다.	〈표 2.7.2〉
연화제 (Lime · Soda법)	소석회=(알칼리도+마그네슘 경도)×0.74 소다회=(총경도−알칼리도)×1.06	10% 과잉하여 더한다.
연화제(인산염)	경도에 소정의 계수를 곱한다.	〈표 2.9.2〉

수질이 거의 일정한 폐수를 처리하는 경우의 응집제 주입률은 평균적 농도의 폐수에 대해 Jar Test를 실시하고, 그 결과 얻은 주입량의 1/2에서 3배 정도의 주입범위를 취하면 좋다. 이것은 나중에 기술하는 주입기의 Rangeability를 염두에 두고 주입 정도의 입장에서 말하고 있는 것으로 이론적 근거가 있다는 것은 아니다.

응집제 이외의 약품주입률에 대해 계산에서 요구되는 것을 〈표 3.2.1〉에 정리하여 표시하였다.

(2) 약품주입률 표시법

약품주입률은 'mg/ℓ' 단위로 나타낸다. 호칭하기 쉽고 편리하기 때문에 'ppm'으로 하는 경우도 있다. 후자는 백만 분의 1이라는 무차원수이다. 정확히는 mg/kg 또는 $m\ell/m^3$ 등 질량끼리 또는 부피끼리의 비율이다.

고형황산알루미늄, 소석회, 염소 등 농도가 거의 100%인 약제는 간단히 '주입률 ○○mg/ℓ'으로 말하여도 문제는 없다. 하지만 액체 황산알루미늄, 액체 PAC, 액체 가성소다, 차아염소산소다 등 농도가 100%가 아닌 액체약품은 주입률의 표시방법이 몇 가지 있다.

제1의 표시법은 고형물 환산으로 하는 것이다. 고형황산알루미늄 환산 주입률이나 고형가성소다 환산 주입률이 그것이다. 차아염소산소다나 표백분(Chlorkalk)은 유효염소 환산 주입률이 사용된다.

제2의 표시법은 용적 주입률이라고 불리는 것으로 액체약품의 용(체)적으로 주입률을 표시한다.

예를 들어 농도 20%의 가성소다 용액(밀도 $1225kg/m^3$)에서는

$$
\begin{aligned}
1mg/\ell \text{ (as 100\% NaOH)} &= \frac{100}{20} \times \frac{1,000}{1225} \\
&= 4.08m\ell/m^3 \text{(as 20\% NaOH 체적)}
\end{aligned}
$$

이다. 즉, 고형가성소다 환산 주입률 1mg/ℓ는 20% 가성소다용액에서는 $4.08m\ell/m^3$이 된다. 양자 모두 ppm으로 호칭하는 것이다.

제3의 표시법은 액체약품의 질량으로 표시하는 것이다.

$$1\text{mg}/\ell \text{ (as 100\% NaOH)} \times \frac{100}{20} = 5 \text{ mg}/\ell \text{ (as 20\% NaOH 질량)}$$

흔히 쓰이는 약품에 대해 이러한 주입률 간의 관계를 나타내면 〈표 3.2.2〉와 같다.

〈표 3.2.2〉 각종 표시법에 의한 주입률

약품명	고형환산 주입률 [mg/ℓ]	체적 주입률 [mℓ/m³]	질량 주입률 [mg/ℓ]
액체 황산알루미늄			
8.2% as Al_2O_3	1 고형 황산알루미늄환산	1.28	1.71
8.0%	1 〃	1.33	1.75
7.5%	1 〃	1.44	1.87
7.0%	1 〃	1.57	2.00
폴리염화알루미늄			
10% as Al_2O_3	1 Al_2O_3 환산	8.14	10.00
	1 고형황산알루미늄환산*	1.14	1.40
가성소다			
45% as NaOH	1	1.50	2.22
22.5%	1	3.56	4.45
20%	1	4.08	5.00
15%	1	5.70	6.67
10%	1	8.96	10.00
차아염소산소다			
12% 유효염소	1 as Cl_2	7.00	8.33
5%	1 〃	20.00	20.00
고도표백분			
70% 유효염소	1 as Cl_2		1.43
60%	1 〃		1.67
표백분			
33%	1 as Cl_2		3.03
32%	1 〃		3.13
30%	1 〃		3.33

(주) * 고형황산알루미늄은 Al_2O_3로서 14% 품질로 하였다.

(3) 약품 주입농도

약품은 대부분의 경우 최종적으로 수용액의 형태로 주입하는 것이 된다. 어느 정도의 농도로 할까에 따라서 약품주입 장치의 크기가 달라진다. 현장 상황에 따라 정해져야 하나 경험적으로 문제가 적은 주입농도가 있어 이 농도에 근접하면 실수가 적다. 대표적인 정수용 약품에 대해 저장이나 계량에 편리한 농도를 〈표 3.2.3〉에 나타낸다.

〈표 3.2.3〉 대표적인 정수용 약품의 저장·주입에 편리한 농도

약품명	주입 농도	비고
액체 황산알루미늄	8% as Al_2O_3	고농도에서는 저온 시에 고화한다.
고형 황산알루미늄	10%(고형반토)	용해조작이 편리
폴리염화 황산알루미늄	10 ~ 11% as Al_2O_3	희석하면 고화하는 수가 있다.
가성소다	15 ~ 20%	고농도에서는 저온 시에 고화한다.
황산	95 ~ 98%	희석황산은 금속에 대해 부식성이 높다.
소석회(정수계)	5%	배관계의 폐쇄방지를 위해 저농도로 한다.
〃 (하수처리계)	20%	물의 첨가량을 적게 하기 위한 목적
차아염소산소다	5 ~ 12% as Cl_2	구입농도

(4) 약품주입량 계산

약품주입량은 다음 식과 같이 대상 처리수량에 주입률을 곱하여 구한다.

$$m = Q \times r \times 10^{-3}$$

여기서, m : 주입약품량[kg/h], Q : 대상 처리수량[m^3/h], r : 약품주입률[mg/ℓ]

액체약품의 경우 주입량을 체적으로 표시하면 다음과 같다(r은 고형환산 주입률).

$$q = Q_r \times \frac{100}{c} \times \frac{10^3}{\rho} \times 10^{-3} = \frac{Qr}{c\rho} \times 10^2$$

여기서, q : 주입약품량[ℓ/h], c : 약품농도[%], ρ : 용액밀도[kg/m^3]

위의 계산 식에서는 시간의 단위로서 'h'를 사용하였다. 일, 분, 초로 하는 단위도 문제는 없다. 그러나 '시'를 사용하는 것이 감각적, 양적으로 편리한 일이 많다.

약품주입설비의 계산에서 필요한 수치는 최대, 상용 및 최소의 3가지 주입량이다. 최대 주입량과 최소 주입량은 주입기의 크기를 정하는 수치이고, 상용주입량은 저장조나 이송 차량의 크기를 결정하는 수치이다.

최대 주입량 : 최대 처리량 × 최대 주입률
상용 주입량 : 평균 처리량 × 평균 주입률
최소 주입량 : 최소 처리량 × 최소 주입률

(5) 약품 저장탱크 및 저장창고의 크기

약품의 저장량은 약품의 중요도 외에 구매절차나 납기, 적설지나 도서 지역 등의 운반에 요하는 기간도 고려하여 결정한다.

상수도나 공업용수도에서는 다음과 같은 저장량을 표준으로 하고 있다.

〈표 3.2.4〉 상수 및 공업요수에서 약품 저장량의 표준

구분	응집제	알칼리제	응집 보조제	염소
상수도	30일분	30일분	10일분	10일분
공업용수도	10일분	10일분	10일분	10일분

(주) 모두 평균(상용) 주입량을 표준으로 한 것이다.

3.3 제어 방법과 안전 대책

(1) 주입기의 제어 방법

주입기의 제어 방법에는 수동 제어, 아날로그 제어, 컴퓨터 제어, 시퀀스 제어가 있다.

수동 제어에서는 약품주입량을 사람이 설정하고, 설정값의 유지를 기계가 한다. 처리 수량과 수질의 변화가 적은 수처리, 주입 빈도가 적은 약제, 임시 시설의 주입 장치 등에서는 수동 제어로 충분하다.

자동 제어에서는 주입률이나 수질 목표값을 설정하면 목표값이 자동적으로 유지된다. 아날로그 제어와 컴퓨터 제어로 나뉘지만, 아날로그 제어에 필요한 지시계와 기록계를 생략할 수 있는 점 등에서 컴퓨터 제어가 유리하다.

시퀀스 제어는 펌프, 교반기 등의 기동 · 정지, 약품의 반입 · 용해 작업, 이상 시의 기기정지 · 경보발신을 맡는다. 그 부분도 컴퓨터가 수행할 수 있으나 개별의 시퀀서를 사용하여 제어를 행하고 결과만을 컴퓨터에 입력하도록 하는 쪽이 안정감이 있다.

(2) 주입기 주입 범위와 정밀도

주입기의 레인지어빌리티(Range ability)

주입기는 최대 주입량에서 최소 주입량까지 정밀하게 주입하지 않으면 안 된다. 일정한 정밀도를 가지고 주입할 수 있는 주입량의 최대치와 최소치의 비를 레인지어빌리티(Range ability)라 한다. 예를 들어 최대 100ℓ/h, 최소 10ℓ/h를 주입할 수 있는 주입기의 레인지어빌리티는 10 : 1이다.

약품주입기의 레인지어빌리티는 넓은 것보다 더 좋은 것은 없다. 극단적으로 좁은 것은 주입기로서 가치가 없다.

그러나 유량계를 읽는 눈금이나 정밀도에서 많은 약품주입기의 레인지어빌리티는 10 : 1이며 가장 넓은 것이라도 20 : 1이다. 따라서 주입량의 최대/최소 비율이 10이하이면 주입기는 1대로 좋으나, 10 이상이 되면 대/소 2대의 주입기가 필요하다.

▌주입기의 정밀도

주입기나 유량계의 정밀도는 ±0%라고 표시된다. 예를 들어 100ℓ/h의 유량계에서 ±4%의 정밀도로 되어 있으면 ±4ℓ/h의 오차가 발생할 수 있는 것이다. 주의해야 할 것은 많은 유량계나 주입기에서는 표시된 정밀도는 최대 눈금(Full Scale)에 대해 보증하고 있는 수치이다.

상기 예에서 유량 10ℓ/h 때도 ±4ℓ/h (실유량에 대해 40%)의 오차가 발생할 수 있는 것이다[그림 3.3.1(a)], 전자유량계에서는 지시 눈금에 대해서 같은 정밀도를 보증하고 있다[그림 3.3.1(b)].

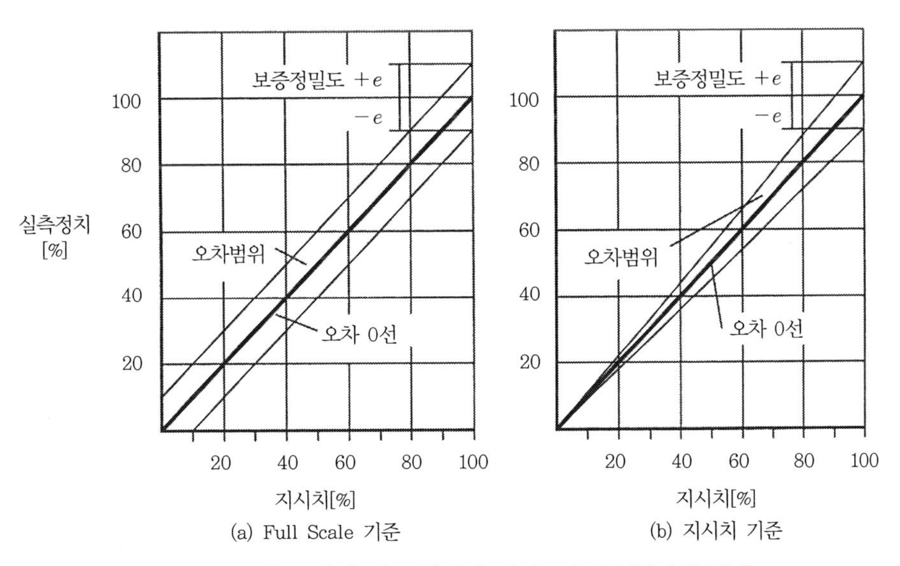

〈그림 3.3.1〉 유량계 및 주입기의 정밀도와 오차량과의 관계

(3) 각종 안전대책 및 환경보전대책

약품에는 부식성이나 독성이 있는 것이 있다. 이것들이 작업환경을 손상하지 않고 더욱이 시설외의 환경까지 악화되지 않도록 대책을 강구하여둔다. 약품주입설비에서 자주 발생할 수 있는 사고와 그 대책은 다음과 같다.

▌기체의 누설

염소 가스나 오존은 맹독이다. 암모니아가스나 이산화탄소도 고농도에서는 인체에 해롭다.

이것들이 극력 누설하지 않도록 하는 것은 물론 만일 누설하여도 피해를 최소화가 되도록 대비를 하고 또한 배가스처리 장치를 설치한다. 가스누출 검지기를 설치하여 경보를 발하고 처리장치를 가동하도록 한다. 또 방호복, 장갑, 방독면 등 방호구나 비상 용구를 적절한 장소에 정비하여 배치한다.

폭발성 약제

이산화염소는 어느 농도가 되면 폭발을 일으키고, 차아염소산소다를 만드는 식염 전기분해장치에서 발생하는 수소가스는 공기의 어느 농도에서 혼합하면 폭발한다. 전자는 적절한 농도로 조제하고, 후자에서는 수소가스의 배제를 확실히 한다. 건조 활성탄은 분진폭발을 일으킬 가능성이 있어 폭발을 일으키기 어려운 제품을 선정하거나 방폭시방의 기기를 사용하는 등의 배려가 필요하다.

신체세정용 수도꼭지

황산이나 가성소다는 사람의 몸을 상하게 할 수 있다. 특히 눈에 들어가면 실명이 된다. 암모니아수도 여름철에 고온이 되면 가스화되어 뚜껑을 열 때에 분출할 수 있다. 이들을 취급하는 장소 근처에는 사고에 대비해 몸과 눈을 씻을 수 있도록 수도꼭지를 준비하여 배치한다. 빠른 초기조치는 이후 치료에 도움이 된다.

교차접속

음료수관이나 탱크와 다른 유체의 관이 직·간접으로 접속하고 있는 것을 교차접속이라 한다. 교차접속은 엄격히 배제하지 않으면 안 된다. 약품주입시설에서는 압력수 및 세척수의 계통에서 이 교차접속이 일어나기 쉽다. 세척용 압력수관은 약품주입관에 밸브를 통해 접속하지만 이 압력수관을 정수 계통의 관에서 직접 분기하고 있으면, 약품주입관의 압력이 높아진 경우에 정수 계통으로 약품이 역류할 수 있다.

현장에서는 이런 사고가 자주 일어나고 있다. 약품의 용해수나 세척수의 계통은 정수계통에서 완전히 차단한다. 지수밸브나 역지밸브에 의한 것이 아니라 〈그림 3.3.2〉와 같이 수리적으로 차단되도록 하지 않으면 안 된다.

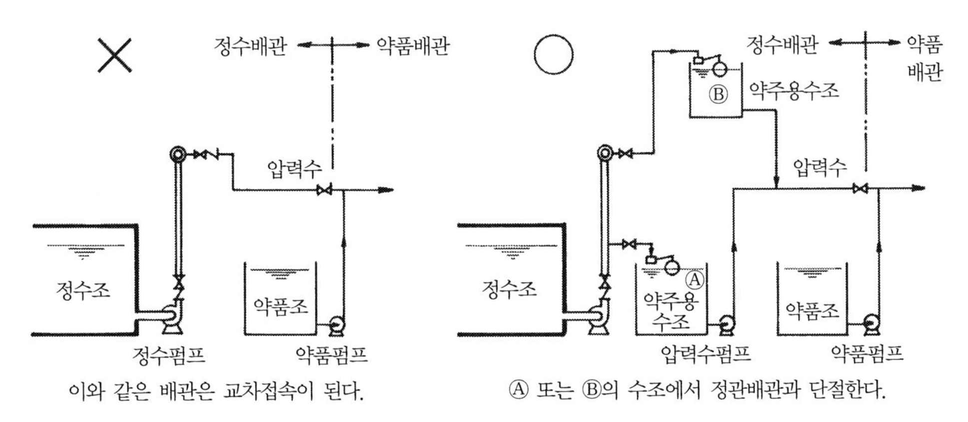

〈그림 3.3.2〉 압력수·세척수 수계의 배관

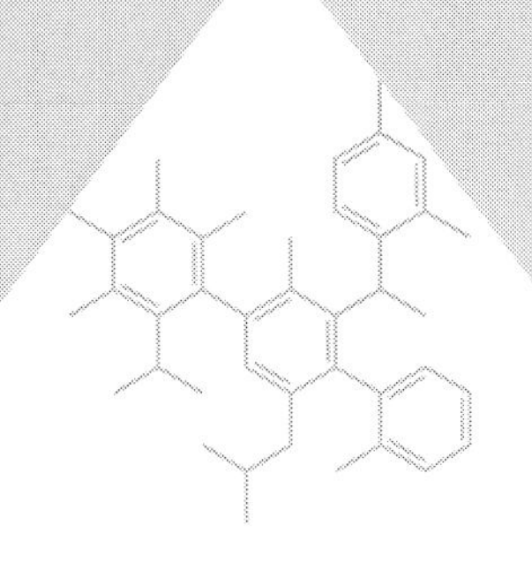

제4장
약품주입설비의 설계

전 장에 따라 약품주입설비를 설계하기 위한 기본적 시방을 결정한다. 즉, 약품의 종류, 약품 사용량, 주입기 용량, 저장탱크 및 저장창고의 크기이다.

본 장에서는 약품을 다음과 같이 성상별로 나누어 이 기본 설계조건을 바탕으로 주입설비를 설계하는 방법을 기술한다.

- 액체약품 폴리염화알루미늄, 가성소다, 황산 등
- 분체약품 소석회, 소다회, 활성탄 등
- 현장 조제약품 활성실리카, 이산화염소 등
- 고형약품 고형황산알루미늄 등
- 액화가스 염소, 이산화탄소, 암모니아
- 현장 발생약품 오존, 전해염소 등

약품주입설비의 설계

4.1 액체약품 주입설비

(1) 액체약품 주입계통

액체로 구입하는 약품으로는 액체황산알루미늄, 폴리염화알루미늄(PAC), 가성소다, 황산, 모종의 응집 보조제, 차아염소산나트륨 등이 있다.

액체약품은 반입 작업이 용이하며 용해 조작이 불필요하게 되고 작업장이 위생적으로 되어 작업성 면에서 고형이나 분체약품보다 우수하다.

단지, 액체약품은 화학적 성질이 심한 것이 많아 기기나 용기의 부식방지와 작업원에 대한 위험방지대책이 필수적이다.

액체약품주입설비는 〈그림 4.1.1〉과 같이 반입 · 검수설비, 희석설비, 액체이송설비 및 계량조절설비로 구성된다.

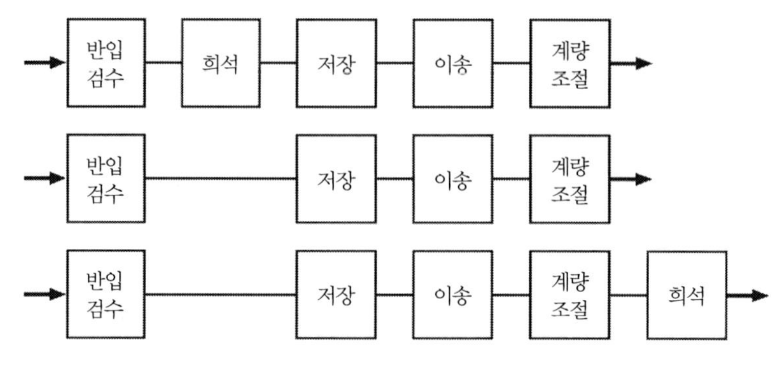

〈그림 4.1.1〉 액체약품의 주입계통

(2) 액체약품의 검수설비

구입한 약품의 품질과 양이 주문한 대로인지를 확인하는 설비를 검수설비라 한다.

품질검사는 출하 전의 공장검사로 위임하는 일이 대부분이고 검수 시에 실시하는 경우에도 밀도나 외관을 확인하는 것으로 끝마치는 경우가 많다.

임의추출 검사를 하는 경우에서도 시험은 시험실에서 실시하게 되므로 검수 설비로서 마련해두어야 할 품질 검사기기는 없다.

반입량에 대해서는 드럼통이나 병에 든 것은 용기의 반입 수로 확인할 수 있다. 탱크롤리로 반입하는 경우에는 다음과 같은 검수방법이 있다.

① 반입탱크의 액 위에 의한 체적검수
② 적산 유량계에 의한 체적검수
③ 트럭 스케일에 의한 질량검수

탱크에 의한 검수는 명쾌하다. 계량오차도 설비비용도 작다. 검수조는 희석조와 겸할 수 있고 저장조로 대용할 수 있는 경우도 있다. 검수조는 거래에 사용되는 것이기 때문에 계량법에 기초한 검정이 필요하다.

적산 유량계에 의한 검수는 언뜻 보기에 쉽게 생각되지만 실제로는 문제가 생기기 쉽다. 그 중 하나는 액체약품이 일반적으로 고농도로 반입되기 때문에 공기에 닿으면 단시간에 석출 고화하는 문제이다. 유량계는 내부에 액체가 채워지거나, 비게 되거나 하는 사용조건으로 인해 유량계 내에서 물질이 석출 고화하기 쉽다.

유량계는 기계적인 가동 부분, 교축 부분, 좁은 배관 등이 없는 것을 선정한다. 그리고 석출 약품 때문에 단면적 축소에 따른 유량 오차를 피하기 위해 유량계의 세정장치가 필요하다. 제2의 문제는 탱크에 공기 압력을 걸어 액체를 밀어내는 방식의 탱크롤리에서는 액을 전부 밀어낸 직후 탱크 내의 압축공기가 일시에 유량계를 통해 배출되는 수가 있다. 따라서 공기흐름을 감지하는 유량계는 사용할 수 없다.

트럭 저울에 의한 검수는 계량대에서 탱크로리 반입 시의 질량과 하역 후의 질량을 계량하여 그 차이를 반입량으로 한다. 반입약품의 종류가 많은 경우 보통 하나의 스케일에서 완료되는 이점이 있다. 그러나 트럭 저울은 고가이므로 약품 구입량이나 약품종류가 많은 큰 정수장으로 사용이 한정된다.

〈그림 4.1.2〉는 검수조의 한 예이다. 이 검수조는 희석조를 겸하고 있어서 교반기를 갖추고 있다.

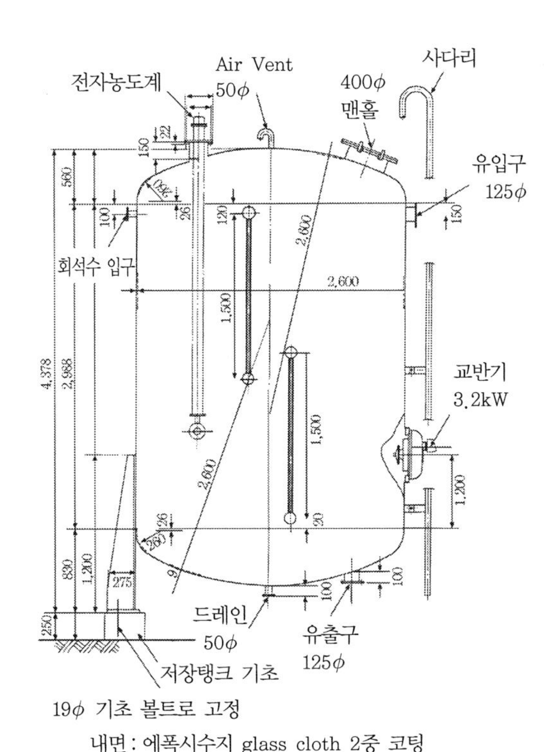

〈그림 4.1.2〉 황산알루미늄 검수 · 희석조

(3) 액체약품의 희석설비

구입한 약품의 농도가 계량이나 이송에 적당하면 희석설비는 필요하지 않다. 그러나 운반비를 절약할 목적으로 운반시의 약품농도를 높게 하는 것도 바람직할 수 있으나 다음과 같은 경우에는 희석설비가 필요하다.

① 반입농도가 평균치에서 벗어나 이것을 일정 농도로 하지 않으면 안 될 때
② 반입농도가 너무 높아 그대로는 주입 중에 석출이나 고화의 우려가 있을 때
③ 약품의 점도가 높아 취급이 불편할 때
④ 주입량이 작고, 농도를 낮추지 않으면 적당한 유량계나 펌프를 선정할 수 없을 때
⑤ 약품의 효과가 주입 농도의 영향을 받을 때

농도에 관해서 문제가 발생하기 쉬운 것은 주입관이다. 관경이 작은 약품주입배관은 외기온도의 영향을 민감하게 받아 저온 시 약품이 관내부에서 고화하기 쉽다.

액체황산알루미늄의 농도와 녹는점과의 관계는 제6장 〈그림 6.1.4〉와 같이 Al_2O_3로서 8.2~8.5% 부근이 민감한 변곡점이다.

주입농도를 이 부근으로 선택하면 어떤 원인으로 수분이 조금 증발하여도 비교적 고온에서 고화되어 버린다.

8% Al_2O_3 이하의 농도에서 사용하는 것이 안전하다.

가성소다의 농도-녹는점은 〈그림 6.3.2〉에 나타냈다. 구입농도는 45% 정도로 할 때가 많지만 이 농도에서는 저온 시 석출하기 때문에 주입에 적절한 농도라고는 할 수 없다. 제1 극소점의 20% 이하를 선정하는 것이 좋다.

희석설비를 설계할 때에 주의해야 하는 것은 약품에 따라 희석열이 발생하는 수가 있다. 그 대표적인 약품은 가성소다로 열에 약한 라이닝재료, 관재료, 패킹류를 사용하면 누액으로 어려움을 겪는다. 가성소다를 희석하는 경우의 온도상승을 〈그림 4.1.3〉에 나타냈다. 이 그림은 초기온도가 가성소다, 희석수 공히 희석액의 비열은 1kcal/(kg°C)[4.2kJ/(kg°C)]로 계산하고 있다.

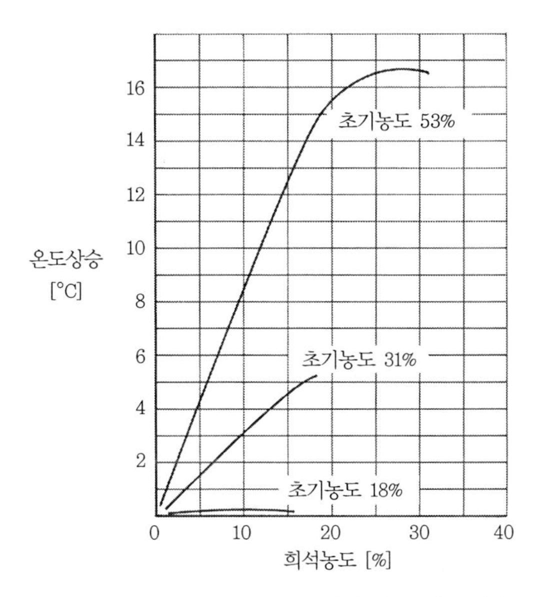

〈그림 4.1.3〉 가성소다의 희석에 따른 온도상승

희석을 하지 않는 편이 좋은 약품도 있다. 황산이나 폴리염화알루미늄이 그것이다. 황산은 95% 정도의 고농도에서는 강철이나 철에 대해 부식성을 갖고 있지 않지만 묽은 액은 강을 부식시킨다. 경질염화비닐이나 납(Pb)은 묽은 황산에는 견디지만, 진한 황산에는 침해된다. 진한 황산을 희석할 때는 탱크나 교반기에 고농도에서 저농도까지 견디는 재질을 사용하지 않으면 안 되는 것이다. 일반적인 구조용 재료로는 이 조건을 만족하는 것이 없어 불화수지나 유리와 같은 고급 라이닝 재료를 사용하지 않으면 안 된다. 황산은 진한 황산 그대로 사용하는 것이 좋고 묽은 황산을 사용하는 경우에는 최초부터 사용농도의 것을 구입한다.

폴리염화알루미늄(PAC) 중에는 희석하면 겔화(Gelation)하는 것이 있다. 구입농도를 적절한 시방으로 하여 될 수 있으면 희석하지 않고 사용한다.

희석설비의 기본적인 플로우 시트를 〈그림 4.1.4〉에 나타냈다.

①은 약품 밀도가 설정 값이 될 때까지 희석수를 가하도록 제어하는 것으로 희석설비의 대표적인 방식이다. 반입농도의 격차를 일정 농도로 할 경우에도 사용할 수 있다. 반입검수설비와 같이 겸용할 수도 있다.

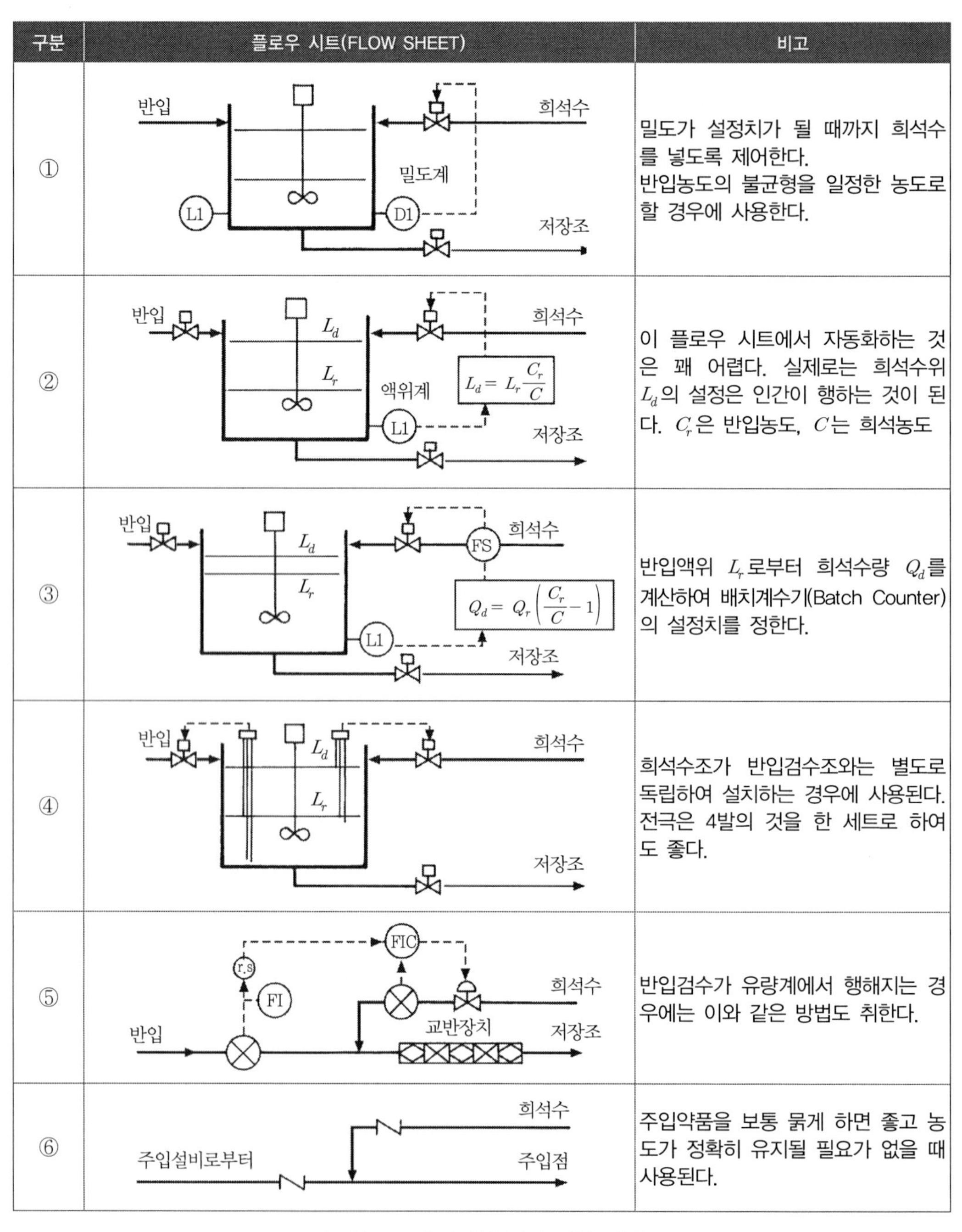

구분	플로우 시트(FLOW SHEET)	비고
①	반입, 희석수, 밀도계, L1, D1, 저장조	밀도가 설정치가 될 때까지 희석수를 넣도록 제어한다. 반입농도의 불균형을 일정한 농도로 할 경우에 사용한다.
②	반입, 희석수, L_d, L_r, 액위계, $L_d = L_r \frac{C_r}{C}$, L1, 저장조	이 플로우 시트에서 자동화하는 것은 꽤 어렵다. 실제로는 희석수위 L_d의 설정은 인간이 행하는 것이 된다. C_r은 반입농도, C는 희석농도
③	반입, 희석수, FS, L_d, L_r, $Q_d = Q_r\left(\frac{C_r}{C} - 1\right)$, L1, 저장조	반입액위 L_r로부터 희석수량 Q_d를 계산하여 배치계수기(Batch Counter)의 설정치를 정한다.
④	반입, 희석수, L_d, L_r, 저장조	희석수조가 반입검수조와는 별도로 독립하여 설치하는 경우에 사용된다. 전극은 4발의 것을 한 세트로 하여도 좋다.
⑤	FIC, r.s, FI, 희석수, 반입, 교반장치, 저장조	반입검수가 유량계에서 행해지는 경우에는 이와 같은 방법도 취한다.
⑥	희석수, 주입설비로부터, 주입점	주입약품을 보통 묽게 하면 좋고 농도가 정확히 유지될 필요가 없을 때 사용된다.

〈그림 4.1.4〉 희석설비의 기본 계통

②는 반입된 원액의 액위 L_r를 측정하고, 희석액위 L_d를 $L_d = L_r C_r / C$에 의해 계산하여 설정하고, 이 액위 L_d까지 희석수를 더하는 것이다. 여기서 C_r은 반입 농도, C는 희석 농도이다.

③은 반입 액위 L_r부터 희석 수량 Q_d를 계산해 적산 유량계의 설정 값을 정하는 것이다. 희석배율이 작고 L_d와 L_r과의 차이가 작을 때 효과적인 방법이다.

④는 검수조로부터 일정 농도의 약품을 일정량 유입 후 입구 밸브를 닫고, 이어서 희석밸브를 열어 희석수를 설정 액체까지 유입하는 것이다. 검수조가 따로 있고 일정 농도의 약품을 희석조로 유도하는 경우에 적용할 수 있다. 계기로서 전극 같은 간단한 것이 사용된다.

⑤는 반입 유량에 비례한 희석 물을 도입 · 혼합하는 것으로, 검수에 유량계를 사용하는 경우에 효과적인 방법이다.

⑥은 희석 농도를 정확히 유지할 필요가 없는 경우에 이용한다. 약품 계량 후, 배관 중의 석출을 방지하거나 주입 농도를 묽게 하고 싶은 경우에는 이와 같은 방식으로 좋다.

(4) 액체약품의 저장탱크

저장탱크의 구조 재료로는 철근 콘크리트, 강판, 스테인리스강판, 경질염화비닐 또는 유리섬유 강화 플라스틱(FRP)이 있다. 일반적으로, 철근콘트리트에서는 사각형이나, 그 밖의 재료에서는 원통형의 탱크가 경제적이다.

철근콘크리트제나 강판제 탱크는 내면을 내식재로 라이닝하는 것이 많다. 라이닝 재료는 에폭시수지, 염화비닐, 경질고무 등이 있고 사용약품종류나 탱크의 설치조건에 따라 선정한다. 한 예를 〈그림 4.1.5〉에 나타낸다.

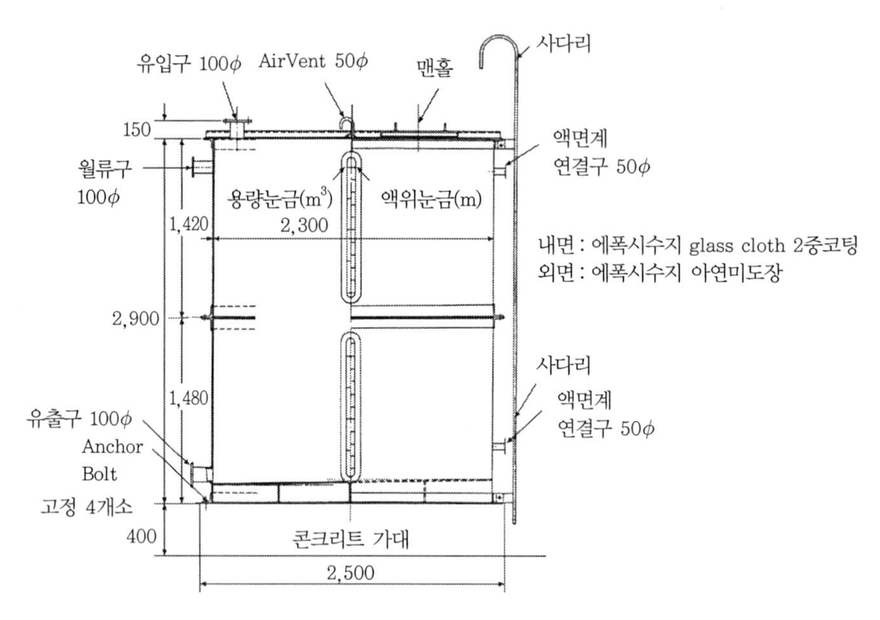

〈그림 4.1.5〉 폴리염화알루미늄 저장조

각종 약품에 대한 내식재에 대해서는 제5장에서 기술한다.

(5) 액체약품의 수동 제어주입기

약품주입기는 최소한 다음 세 가지 요건을 갖추지 않으면 안 된다.

① 주입량을 알 것(유량 측정)

② 어느 범위에서 주입량이 바뀔 수 있다는 것(유량 설정)

③ 설정한 유량이 외부 교란에 의해서 변화가 없거나, 변화하여도 신속하게 설정값으로 돌아가는 것[정치성(定値性)]

▌수동 조절밸브 방식

수동 조절밸브를 사용한 주입기에서는 정치성을 유지하기 위해 여러 가지 조치를 취한다.

저장 탱크의 액위 변화에 대응하기 위해서 저장 탱크와 조절밸브와의 사이에 정액위조를 설치한다.

〈그림 4.1.7〉의 ①은 그 플로우 시트이고 〈그림 4.1.6〉은 정액위조, 밸브 및 유량계를 하나의 패널에 모아 놓은 주입기이다.

액체를 높은 장소에 보내기 위해 펌프를 사용할 때에는 〈그림 4.1.7〉의 ②, ③ 및 ④와 같은 정치성을 가진 다양한 방법이 있다.

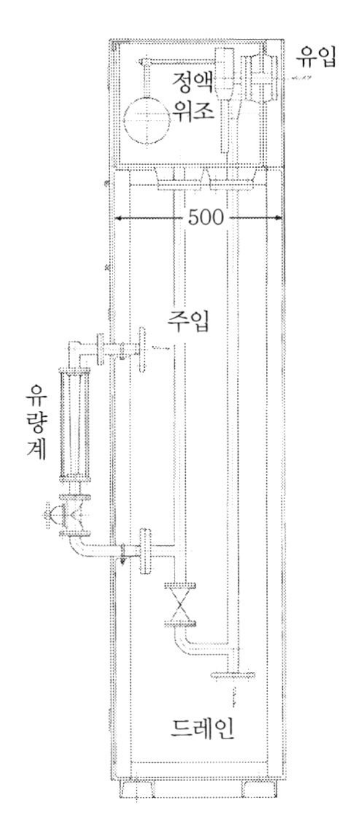

〈그림 4.1.6〉 수동 약품주입기

계량펌프 방식

계량펌프(용량 제어펌프)를 사용하면 정치성은 쉽게 유지된다〈그림 4.1.7⑤〉.

계량펌프의 대표적인 형태는 플런저형과 다이아프램형으로 모두 피스톤의 스트로크 길이(왕복동의 거리)를 바꾸거나, 회전수를 바꾸거나, 피스톤을 움직이는 간격을 바꾸어 유량을 설정한다.

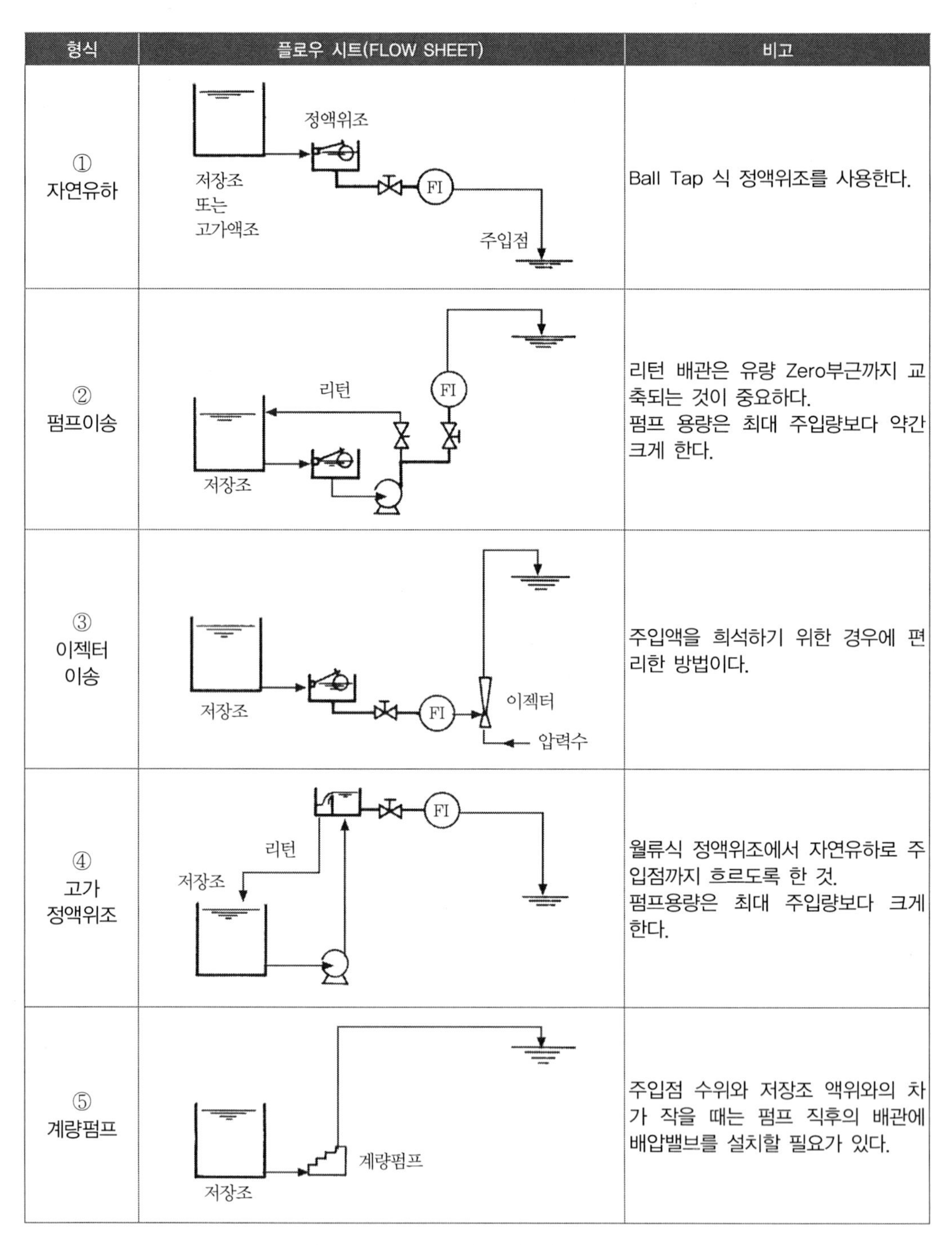

형식	플로우 시트(FLOW SHEET)	비고
① 자연유하	정액위조, 저장조 또는 고가액조, FI, 주입점	Ball Tap 식 정액위조를 사용한다.
② 펌프이송	리턴, FI, 저장조	리턴 배관은 유량 Zero부근까지 교축되는 것이 중요하다. 펌프 용량은 최대 주입량보다 약간 크게 한다.
③ 이젝터 이송	저장조, FI, 이젝터, 압력수	주입액을 희석하기 위한 경우에 편리한 방법이다.
④ 고가 정액위조	FI, 리턴, 저장조	월류식 정액위조에서 자연유하로 주입점까지 흐르도록 한 것. 펌프용량은 최대 주입량보다 크게 한다.
⑤ 계량펌프	계량펌프, 저장조	주입점 수위와 저장조 액위와의 차가 작을 때는 펌프 직후의 배관에 배압밸브를 설치할 필요가 있다.

〈그림 4.1.7〉 수동 설정주입기의 기본 계통

그 외 플라스틱 튜브를 훑어 이송하는 롤러펌프 또는 튜브펌프로 불리는 계량펌프가 있다. 이 펌프의 유량은 회전수에 따라 설정한다.

계량펌프는 펌프 토출압력이 흡입 측 압력보다 낮을 때 또는 높더라도 그 차이가 작을 때는 유량이 부정확하게 되거나 제어 불능에 빠지는 수가 있다.

이것은 배압부족으로 인한 펌프의 체크밸브가 열려져 액체가 여분으로 유출하기 때문이다.

이것을 방지하기에는 후술한 바와 같이

① 펌프 토출 측에 배압밸브를 설치한다.

② 토출 배관을 필요 높이까지 세워 올려 대기 개방 후, 자연 유하하는 방법이 있다〈그림 4.1.12〉.

왕복동 펌프에서는 토출배관 중의 액체의 속도가 맥동하기 때문에 펌프의 플런저 움직임과 동시에 관이 진동하거나 안전밸브가 작동하는 경우가 있다. 이를 피하기 위해 압력조를 두거나 배관의 굵기를 통상보다 크게 한다.

(6) 공업 계기를 사용한 주입기

공업 계기에 의하면 정치성 유지는 용이하다.

〈그림 4.1.8〉은 피드백에 따라 정치제어를 하는 플로우 시트로 설정치 q_s와 실유량 q가 동등하게 되도록 밸브가 자동적으로 움직인다.

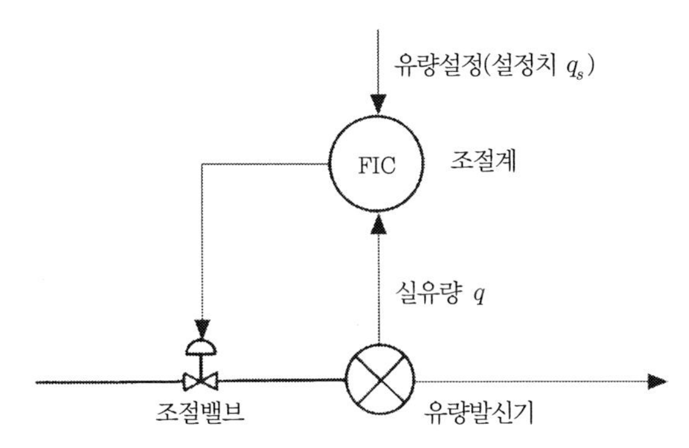

〈그림 4.1.8〉 공업계기에 따른 정치 제어

설정치와 실유량과의 편차 $e = q_s - q$에 비례한 출력신호로 조절밸브를 동작시키는 것을 비례(P) 동작, e의 적분값에 비례한 출력신호로 조절하는 것을 적분(I) 동작, 출력신호가 e의 변화속도에 비례하는 것을 미분(D) 동작이라고 한다.

$$\text{비례동작} \quad x = \frac{1}{b} e + x_0 \tag{1}$$

$$\text{적분동작} \quad x = \frac{1}{T_I} \int e dt + x_0 \tag{2}$$

$$\text{미분동작} \quad x = T_D \frac{de}{dt} + x_0 \tag{3}$$

여기서, x : 조절 신호, b : 비례대, t : 시간, T_I : 적분시간, T_D : 미분시간

수처리 약품주입 제어에서는 PI 동작만으로 충분하다. 이 경우는 다음과 같다.

$$x = A\left(e + \frac{1}{T_I} \int e dt\right) + x_0 \tag{4}$$

여기서, A : 비례 감도

컴퓨터로 직접 디지털 제어(DDC)하는 경우에는 〈그림 4.1.8〉의 조절계가 계산기가 된다. 데이터 채취와 제어가 시분 비율로 행해지므로 연속식이 아니라 단계식으로 표현된다. PI 동작에 대해서 쓰면 다음과 같다.

$$x_n = K\left(e_n + \sum \frac{e_n \Delta t}{T_i}\right) \tag{5}$$

$$v_n = K\left(\frac{e_n - e_{n-1}}{\Delta t} + \frac{e_n}{T_i}\right) \tag{6}$$

여기서 x_n, v_n : 출력, K : 비례 게인, Δt : 샘플링 주기

식 (5)는 위치형, 식 (6)은 속도형이라고 불리고 있으며, 후자가 사용되는 경우가 많다.

공업계기를 사용하는 경우에 상기와 같은 정치 제어만을 행하는 것은 드물고 동시에 처리 대상수의 유량에 대한 비율주입 제어 또는 pH값이나 잔류 염소를 일정하게 하는 제어를 하고 있다.

〈그림 4.1.9〉의 ①은 비율주입방식의 플로우 시트로 원수 유량에 비례하여 약품을 주입할 때 사용한다. 주입률은 사람이 설정하거나 별도의 제어 회로 신호에 의해 설정한다.

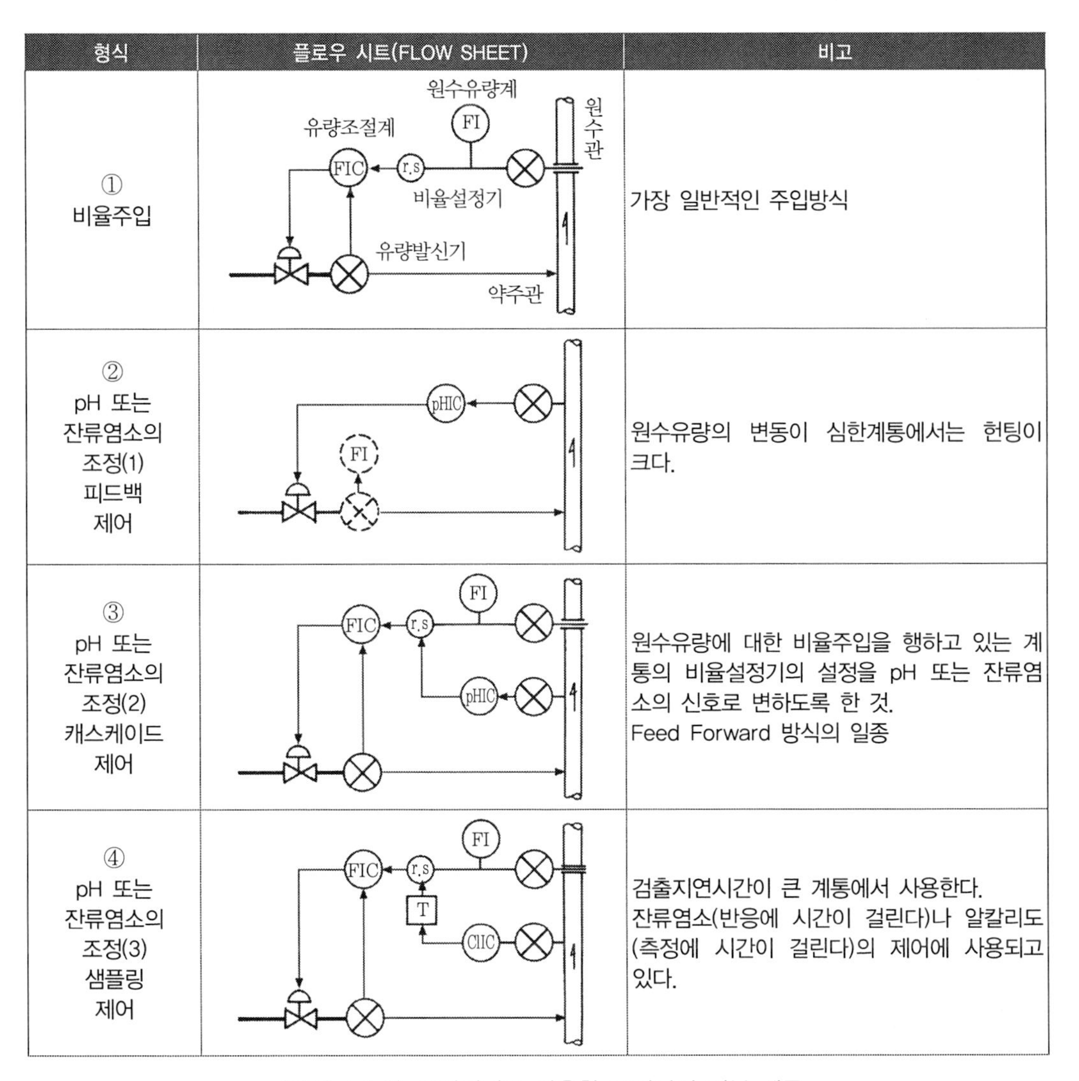

형식	플로우 시트(FLOW SHEET)	비고
① 비율주입	원수유량계, 유량조절계, FI, FIC, r.s, 비율설정기, 유량발신기, 약주관, 원수관	가장 일반적인 주입방식
② pH 또는 잔류염소의 조정(1) 피드백 제어	pHIC, FI	원수유량의 변동이 심한계통에서는 헌팅이 크다.
③ pH 또는 잔류염소의 조정(2) 캐스케이드 제어	FI, FIC, r.s, pHIC	원수유량에 대한 비율주입을 행하고 있는 계통의 비율설정기의 설정을 pH 또는 잔류염소의 신호로 변하도록 한 것. Feed Forward 방식의 일종
④ pH 또는 잔류염소의 조정(3) 샘플링 제어	FI, FIC, r.s, T, ClIC	검출지연시간이 큰 계통에서 사용한다. 잔류염소(반응에 시간이 걸린다)나 알칼리도(측정에 시간이 걸린다)의 제어에 사용되고 있다.

〈그림 4.1.9〉 공업계기를 사용한 주입기의 기본 계통

②는 pH제어법의 한 예이다. 원수 유량이 거의 일정한 계통에서 사용한다. 원수량이 크게 변동하는 계통에서는 약품주입량, pH값(또는 잔류 염소 농도)이 함께 진동(헌팅)을 일으켜 잘 제어할 수 없다.

③은 이 헌팅을 방지하기 위해 원수에 대한 비율 제어하는 계통의 비율의 설정치를 pH값이나 잔류염소농도로 바꾸게 한 것이다. 캐스케이드 제어라고 불리며, 원수유량에 변동이 있는 경우에도 헌팅을 일으키지 않는다.

pH값이 바뀌기 전에 원수유량의 변화를 파악하여 주입량을 바꾼다. 일종의 피드포워드 제어이다. 잔류염소의 측정은 물과 염소가 충분히 접촉한 후가 아니고는 의미가 없다.

적어도 15분 이상의 접촉시간이 필요하다. 잔류염소의 검출과 주입과의 사이에는 이 정도의 시간 지연이 있는 것으로, 예를 들면 캐스케이드 제어를 해도 원수의 유량이나 염소 요구량에 변동이 있으면 역시 헌팅을 일으키고 만다. 알칼리도를 제어하는 경우에도, 알칼리도계의 검출시간이 몇 분 정도 필요하기 때문에 같은 문제가 일어난다.

④는 타이머를 이용해 잔류염소농도에 의한 보정 신호를 유지해두고 간헐적으로 비율설정기의 설정을 보정하고 있다. 이러한 제어를 샘플링 제어라 하며 시간지연에 따른 계통의 불안정성을 방지할 때 쓰인다. 컴퓨터 제어에서는 본래부터 샘플링 제어가 된 것이지만 샘플링 시간을 길게 하게 된다. 조절부와 양액펌프가 1:1로 대응하고 있는 경우에는 〈그림 4.1.9〉의 조절밸브를 펌프로 하고 회전수를 제어하여도 좋다. 유량 제어에 사용하는 조절밸브의 선정은 계통을 안정적으로 운전하기 위해 중요하다. 구경이 너무 크면 연속적인 조절을 원활히 할 수 없고, on-off 제어에 가까운 움직임이 된다. 너무 작으면 소정의 유량이 흐르지 않는다. 조절밸브의 구경을 정하는 방법에 대해서는 제5장에서 기술한다.

유량계에 대해서도 제5장에서 기술한 바와 같이 교축(오리피스 등), 면적식(로타메타), 용적식(루츠, 오발 등)도 있지만 가장 신뢰할 수 있는 것은 전자 유량계이다.

(7) 계량펌프에 의한 자동 제어

이상 말한 조절밸브+유량계 방식은 실유량을 측정하고 있다는 점에서 계량펌프 방식보다 우수하다. 이 방식의 결점은 극히 소유량을 측정할 수 있는 유량계가 없는 것이다. 따라서 이 방식을 채용할 수 있는 것은 주입량이 많은 경우에 한정된다. 풀스케일에서 대략 300ℓ/h 이하의 유량은 공업용 유량계로 측정하기 어렵고, 이것 이하의 약품주입량은 계량펌프 분야로 된다. 계량펌프는 원래 뛰어난 정량성을 갖추고 있어 정치성을 유지하기 위한 제어를 할 필요는 없다.

여기에서는 비율주입이나 pH 제어를 하기 위한 자동 제어에 대해 기술한다. 계량펌프는 스트로크 길이나 회전수를 변하여도 유량을 조절할 수 있기 때문에 제어 방식에 여러 가지 변형이 있다.

▌계량펌프의 개방루프 제어

〈그림 4.1.10〉의 ①은 계량펌프의 스트로크를 설정기로부터의 신호에 의해 제어하는 것으로 약품주입량은 이 명령신호를 지시하는 것으로 묘사하고 있다. 계량펌프가 소정대로 움직여 스트로크 제어기나 서보모터가 정상적으로 움직이고 있으면 이 방법으로 목적을 달성할 수 있다.

서보기구가 잘 움직이고 있는가 아닌가를 확인하고 싶을 때는 ②와 같이 스트로크 위치 발신기를 설치하여 스트로크 위치로부터 유량을 나타낸다.

③은 구동전동기의 회전수를 원수유량에 비례하여 바꿈으로써 약품주입량을 제어하는 것이다. ①과 마찬가지로 설정기에서의 명령신호를 지시하여 약품주입량으로 한다.

①, ②, ③ 방식에서는 펌프의 구동전동기가 멈추어도 실제로는 약품이 주입되고 있지 않아도 유량계로는 마치 정상적으로 약품이 주입되는 것처럼 지시된다. ④는 전동기에 직결된 타코제너레이타의 신호를 지시하도록 되어 있으므로 이 불편은 해소된다.

⑤는 계량펌프의 유량조절방법에 스트로크 제어와 회전수 제어의 두 가지를 조합하여 이용한 것이다. 즉, 스트로크를 약품주입률로 설정하고, 회전수를 원수유량에 비례하여 바꾸는 방식이다. (스트로크)×(회전수)는 약품주입량에 비례하기 때문에 원수유량에 대한 비율 제어를 할 수 있다.

이상 말한 바와 같이 '개방루프 제어 방식'은 서보모터 위치나 구동전동기의 회전수를 명령대로 되어 있는 것을 전제로 성립한다.

이에 대해 스트로크 위치나 회전수의 신호를 유량조절계로 되돌려 명령신호와 비교하여 편차가 0이 되도록 조절하는 것이 폐쇄루프 제어 계통이다.

▌계량펌프의 폐쇄루프 제어

〈그림 4.1.11〉은 계량펌프의 폐쇄루프 제어 계통도이다.

①은 스트로크 길이를, ②는 회전수를 조절계에 피드백하고 있다.

③은 pH나 잔류염소 농도의 조절 계통에서 〈그림 4.1.9〉의 ③과 같은 방식이다.

④는 회전수를 유량으로, 스트로크를 pH값 또는 잔류 염소농도로 제어하기

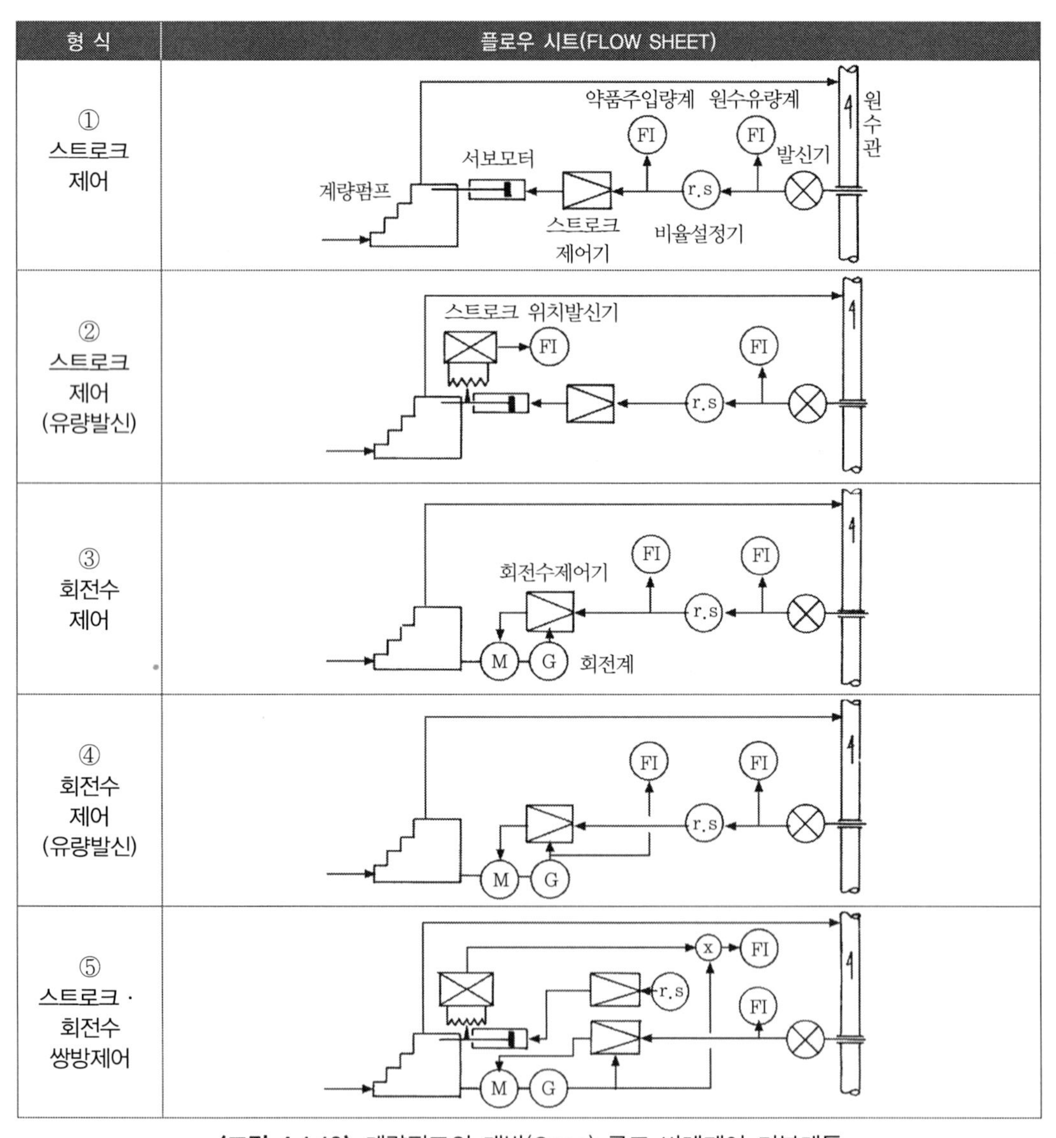

〈그림 4.1.10〉 계량펌프의 개방(Open) 루프 비례제어 기본계통

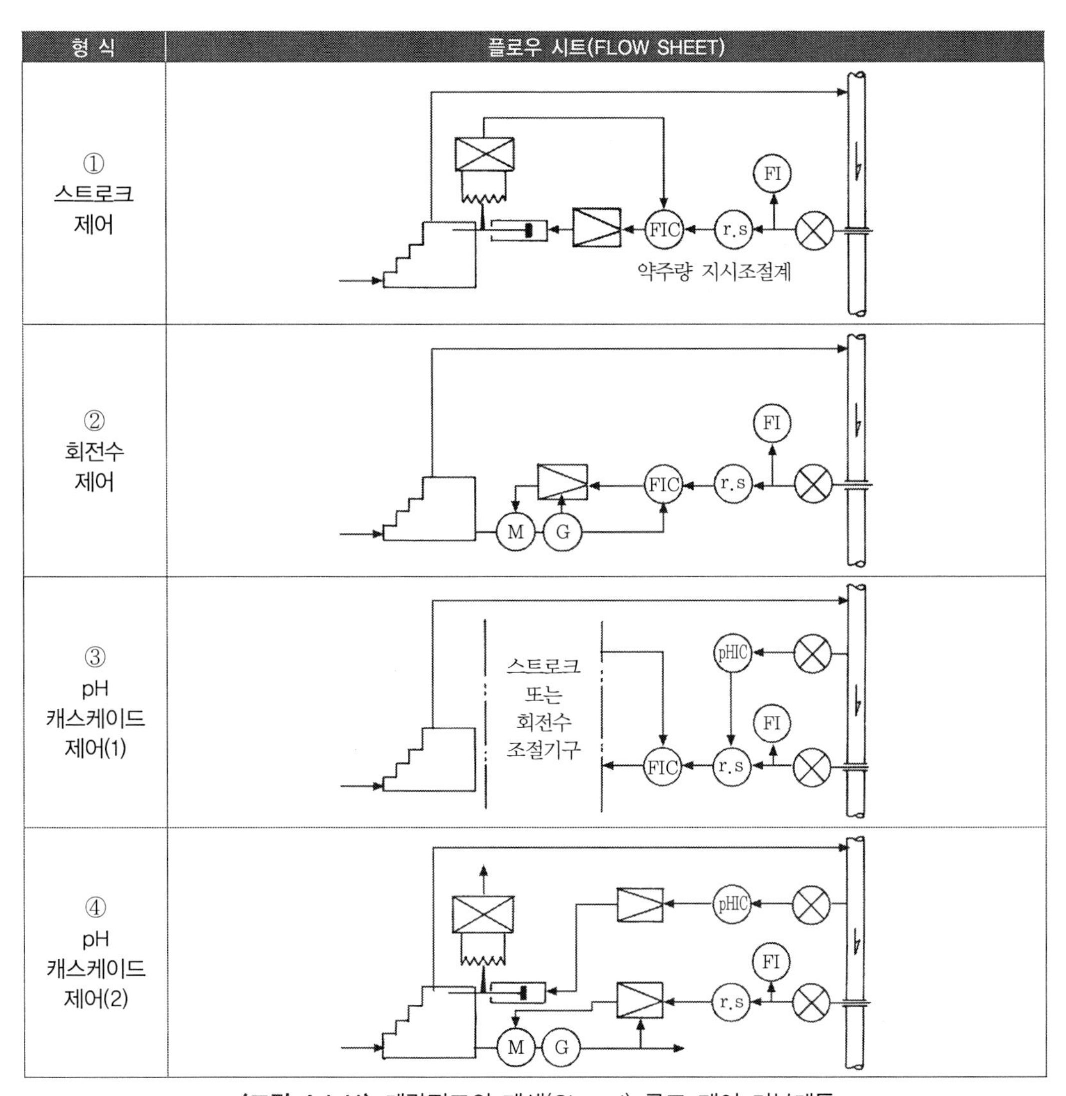

〈그림 4.1.11〉 계량펌프의 폐쇄(Closed) 루프 제어 기본계통

때문에 일종의 캐스케이드 제어이다.

①과 ②는 폐쇄(Closed) 루프 제어라 해도 실유량을 측정하여 피드백하고 있는 것은 아니므로 완전한 '폐쇄루프 제어'가 아니다. 예를 들어 약품 탱크가 비어있어도 전동기가 돌고 있는 한 약품이 정상적으로 주입하고 있는 것으로 지시한다.

이상과 같은 부적합이 있어도 계량펌프는 설정 · 계량 · 이송의 3동작이 한 개의 기계로 된다는 뛰어난 특성을 가지고 있으며 이 특징을 살린 제어 방식을 선택해야 한다.

(8) 배관설계

액체약품주입 배관 계통의 설계는 기본적으로 물의 펌프 · 배관 계통의 설계와 다른 것은 없다. 단, 약품에서는 밀도와 점성이 높은 것, 관로 내에서 가스가 발생하는 약품인 것, 계량펌프를 사용한 배관계통에서는 맥동이 있다는 것 등의 조건을 넣고 있다.

배관의 마찰손실계산에 대해서는 제5장에서 말하는 바와 같이 관내 흐름이 층류인지 난류인지에 따라 계산식이 다르기 때문에 레이놀즈수를 확인해둔다.

왕복동 펌프의 배관에서는 맥동류 때문에 순간유량이 평균유량의 2배 정도 되므로 관경을 평균유량으로 계산한 값보다 1~2 사이즈 크게 한다. 계량펌프는 펌프토출 측의 배압이 낮으면 토출량이 부정확하게 되므로 〈그림 4.1.12〉와 같이 배관한다.

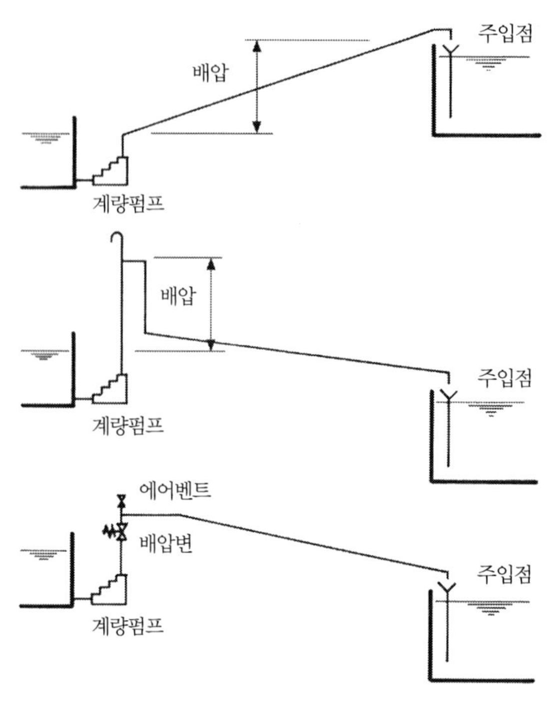

〈그림 4.1.12〉 계량펌프의 토출배관

약품주입배관은 공기나 가스가 차기 쉬우며 일단 가스가 차면 액체가 흐르기 어려워진다. 가스록 또는 에어록이라는 현상으로 차아염소산소다 주입배관에서는 자주 일어나는 문제이다. 이를 막기 위해서는 배관연장을 최대한 짧게 하고 배관을 일방향으로 상행하고 그것을 못할 경우에는 배관볼록부에 배기밸브를 마련하는 등 시공상의 조치가 필요하다〈그림 4.1.13〉.

약품주입점의 배관 방법은 〈그림 4.1.14〉와 같다.

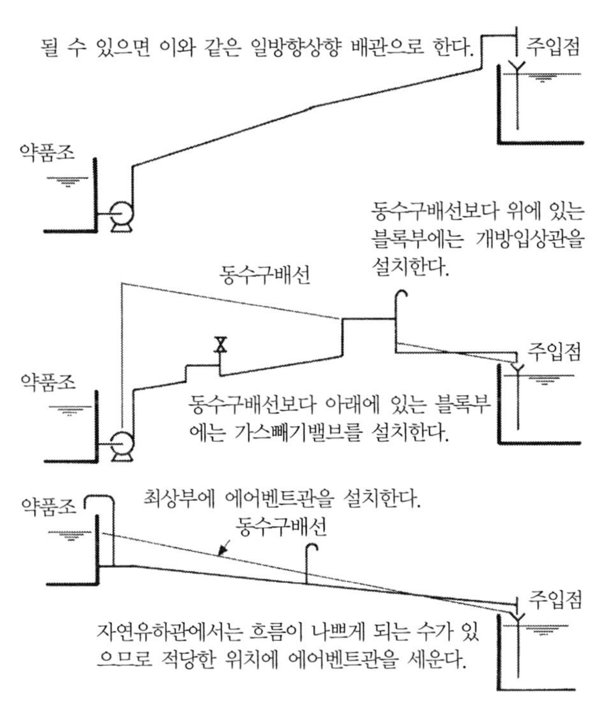

〈그림 4.1.13〉 가스록을 방지하는 약품주입배관

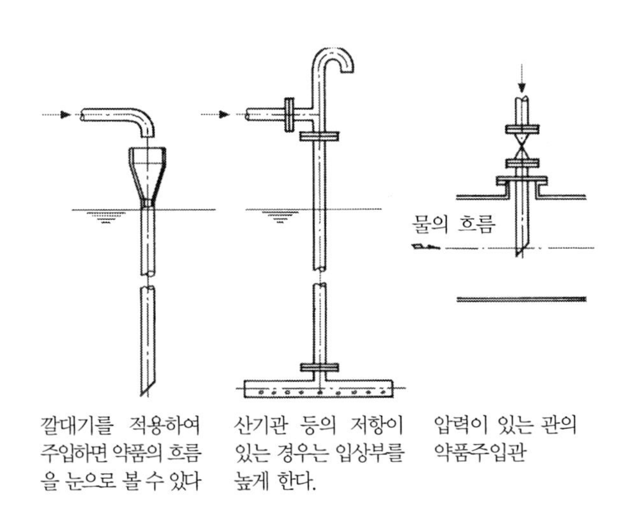

〈그림 4.1.14〉 약품주입점

펌프 시방

단순한 이송을 위한 펌프로는 벌루트펌프를 쓴다. 접액부를 내식성 재료로 하는 것은 말할 필요도 없다. 그랜드부는 미캐니컬실로 누액을 방지한다. 수실(Water Seal)은 약액이 묽어져도 좋은 경우에 한한다. 보다 확실한 것은 캔드모터펌프이다.

제5장에서 기술한 바와 같이 펌프양정은 '그 액을 양액하는 높이'로 표시되는 일이 많다. 오해가 생길 우려가 있는 경우에는 kPa 또는 MPa 표시로 하여 주문한다.

펌프용량은 계산값의 최대 유량으로 하고 여유는 취하지 않도록 한다. 대체로 저유량으로 운전하는 수가 많아지기 때문이다. 소유량용의 적절한 펌프를 구입할 수 없는 경우에는 용량이 큰 펌프를 쓰고 양액량의 일부를 바이패스 배관에 의해 흡입 측으로 되돌리도록 한다.

계량펌프는 메이커의 카탈로그의 수치에 의해 선정한다. 레인지어빌리티는 10 : 1 이하로 한다. 주입량 범위가 이 이상 넓어지는 경우에는 대소 2대를 사용해 유량 범위를 커버한다.

밸브류

일반적으로 약품용 밸브는 다이아프램형이 누액의 걱정이 없어 좋다. 체크밸브에는 볼·체크밸브가 기계적 가동 부분이 없어 사용하기 쉬우나 사용 액체의 밀도에 의해 볼의 무게를 적절히 선정한다. 조절밸브는 밸브 전후 차압을 충분히 크게 잡고 스무스한 조절이 되도록 한다.

이것에 대해서는 제5장에서 다시 기술하기로 한다.

위험 대책

액체약품 중에서도 진한 황산이나 가성소다는 극약이다. 앞서 기술한 바와 같이 배관 수리시나 파손 시에 신체에 접촉되면 피부가 손상되고, 튀거나 날아올라 흩어지는 약품의 거품들이 눈에 들어가면 실명할 우려도 있다. 만일에 대비해서 반입 · 희석 · 저장 설비나 약품 펌프 근처에는 세척용 수도꼭지를 설치하여 놓는다.

(9) 액체약품 주입설비 설계사례

[설계 조건]

주입약품 : 액체폴리염화알루미늄 (10.5% as Al_2O_3, 밀도 1,223kg/m^3)

대상수량 : 최대 ; 691,000m^3/d × 4계열

평균 ; 525,000m^3/d × 4계열

최소 ; 377,000m^3/d × 3계열

주 입 율 : 최대 ; 120ml/ℓ (10.5% 액체 PAC)

평균 ; 20ml/ℓ

최소 ; 5ml/ℓ

[주입량(1계열당)]

최대 : 691,000m^3/d × 120ml/ℓ/10^6 = 83m^3/d ≒ 3,500ℓ/h

평균 : 525,000m^3/d × 20ml/ℓ/10^6=10.5m^3/d ≒ 440ℓ/h

최소 : 377,000m^3/d × 5ml/ℓ/10^6 = 1.9m^3/d ≒ 79ℓ/h

[저류조](평균 주입량의 30일분 저장)

10.5m^3/d × 4계열 × 30일 = 1,260m^3

160m^3 철근 콘크리트제 탱크(PVC시트 라이닝) × 8탱크

[주입 펌프](최대 유량의 2계열 분을 1대의 펌프로 이송한다)

최대 주입량 = 83m^3/d × 2 = 166m^3/d = 115ℓ/min

평균 주입량 = 10.5m^3/d × 2 = 21m^3/d = 15ℓ/min

최소 주입량 = 1.9m^3/d × 2 = 3.8m^3/d = 2.6ℓ/min

주입 펌프는 실양정을 20m, 배관 지름을 가정하여 최대 주입 시 조절밸브를 제외한 배관마찰손실을 계산하면 6m가 되므로 이에 조절밸브에서 취하는 차압 4m를 더하여 양정을 30m로 한다(계산 생략). 대용량 펌프와 병렬운전하는 것을 예상하여 소용량용 펌프양정도 역시 30m로 한다.

주입 펌프 : 캔드모터형 벌루트펌프

대용량용 ; 115ℓ/min × 30m(360kPa)× 6.0kW × 3기(1기 예비)

소용량용 ; 25ℓ/min × 30m(360kPa)× 3.0kW × 3기(1기 예비)

[유량계] : 2레인지 전환 전자유량계 15mm × 6기(2기 예비)

대용량용 ; 350~3,500ℓ/h (유속 5.5m/s)

소용량용 ; 70~700ℓ/h (유속 1.1m/s)

[조절 밸브] : 제5장 참조

대용량용 조절밸브에서 취할 수 있는 차압은 4m이기 때문에 Cv 치는 다음과 같다.

$$Cv = \frac{11.56 \times Q\sqrt{\rho}}{\sqrt{\Delta p}} = \frac{11.56 \times 3.5\sqrt{1,223}}{\sqrt{4 \times 9.8 \times 1,223}} = 6.46 \rightarrow \text{조절밸브 구경 20mm}$$

소유량용 조절밸브에서는 차압을 5m로 한다.

$$Cv = \frac{11.56 \times Q\sqrt{\rho}}{\sqrt{\Delta p}} = \frac{11.56 \times 0.7\sqrt{1,223}}{\sqrt{5 \times 9.8 \times 1,223}} = 1.16 \rightarrow \text{조절밸브 구경 10mm}$$

대용량용 ; 20mm 싱글 시트 × 6

소용량용 ; 10mm 싱글 시트 × 6

[배관류]

탱크 관통부는 STS316, 그 외는 PVC로 한다.

〈그림 4.1.15〉에 이 실례의 플로우 시트를 나타냈다.

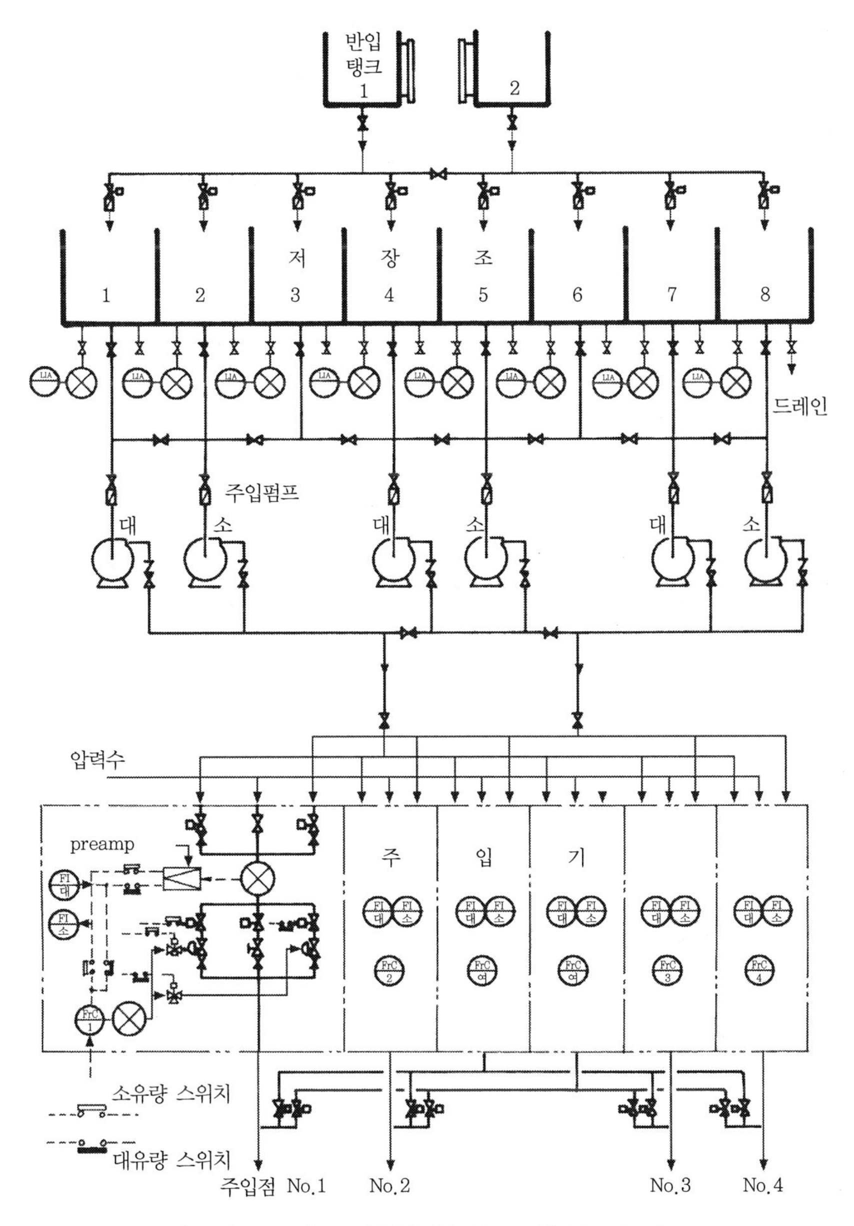

〈그림 4.1.15〉 폴리염화알루미늄 주입 플로우 시트

4.2 고형약품 주입설비

(1) 고형약품 주입계통

고형약품에는 고형황산알루미늄, 염화제2철, 황산제일철 및 생석회가 있다.

고형약품은 대부분의 경우 일정 농도로 용해하여 계량, 주입하고 있다.

이것을 습식주입법이라 하고, 용해조작 이후는 앞 절의 액체약품 취급과 완전히 똑같이 된다.

고형약품을 고형 그대로 계량해서 주입하는 방법도 있다. 이 방식을 건식 주입법이라고 한다. 이 경우 계량한 후에는 물에 용해하여 주입하고 있으므로 정확하게는 건식계량·습식주입법이라고 해야 한다.

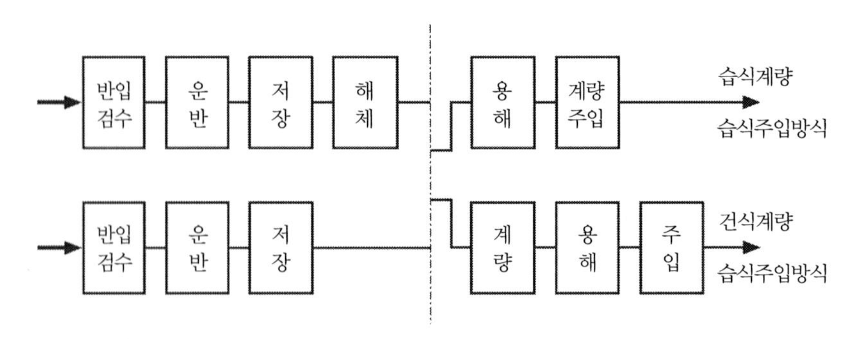

〈그림 4.2.1〉 고형약품의 주입계통

(2) 고형약품의 검수·운반·저장 설비

▮검수설비

고형약품을 트럭에 적재하여 구입하는 경우에는 검수설비로서 계량대를 설치한다. 표준 포대로 구입하는 경우에는 검수는 포대수를 하는 것으로 족하여 특별한 검수설비를 필요로 하지 않는다. 품질도 공장검사에 맡길 수 있다.

▮운반설비

약품을 반입하여 저장창고까지, 저장창고에서 용해탱크 투입구까지 포대약품을 이동·운반하는 수단으로는 인력 외에 수동 체인 블록, 손수레, 전동호이스트, 포크리프트, 벨트 컨베이어, 엘리베이터가 있다.

사람의 손과 어깨에 의한 운반은 원시적이지만 기본적인 운반 방법이다. 종이 포대의 1포대 용량이 20~30kg인 것을 생각하면, 1일의 약품주입량이 100kg 정도이면 인력 운반으로 대응할 수 있다.

용해 탱크의 약품 투입구는 용해 탱크의 높이 관계에서, 건물의 2층에 두는 것이 많다. 수동 체인 블록이나 전동 호이스트는 1층의 반입구부터 2층까지 들어 올리는 데 이용한다. 레일을 설치하여 가로 방향의 이동도 할 수 있도록 한다.

지게차 및 엘리베이터는 고형약품을 대량으로 취급하는 곳에서 이용된다.

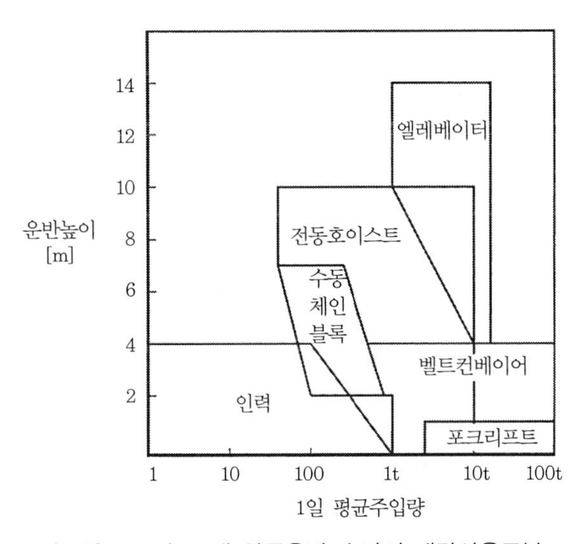

〈그림 4.2.2〉 포대 약품운반 수단의 개략사용구분

▌저장창고

20~25kg 포대의 약품이면 공간상 단위면적당 1.5톤/m^2을 쌓는다. 그러나 통상의 바닥에서는 설계 적재하중을 500kg/m^2 정도로 한다. 이것을 고려하여 저장창고의 크기를 정한다.

황산알루미늄처럼 흡습하면 강이나 콘크리트를 부식하는 것, 생석회처럼 물을 머금으면 발열하는 것이 있으므로 저장창고는 가급적 습기를 피하도록 한다. 부식성을 나타내는 것에 대해서는 저장창고 바닥을 내약품제로 라이닝 또는 코팅한다.

(3) 고형약품 용해설비

고형약품의 용해방식으로는 배치식과 연속식이 있다. 배치식에서는 용해탱크를 2개 이상 설치하고, 하나의 탱크는 주입에 사용하고, 그 사이에 다른 조에서 용해 작업을 행한다.

이 경우 용해작업 종료 후 용해탱크는 용액저장조가 된다. 용해와 저장으로 각각 전용탱크를 사용하는 경우도 있다. 이들의 플로우 시트를 나타내면 〈그림 4.2.3〉처럼 된다. 또 〈그림 4.2.4〉는 ①의 용해 · 저장탱크의 실례이다.

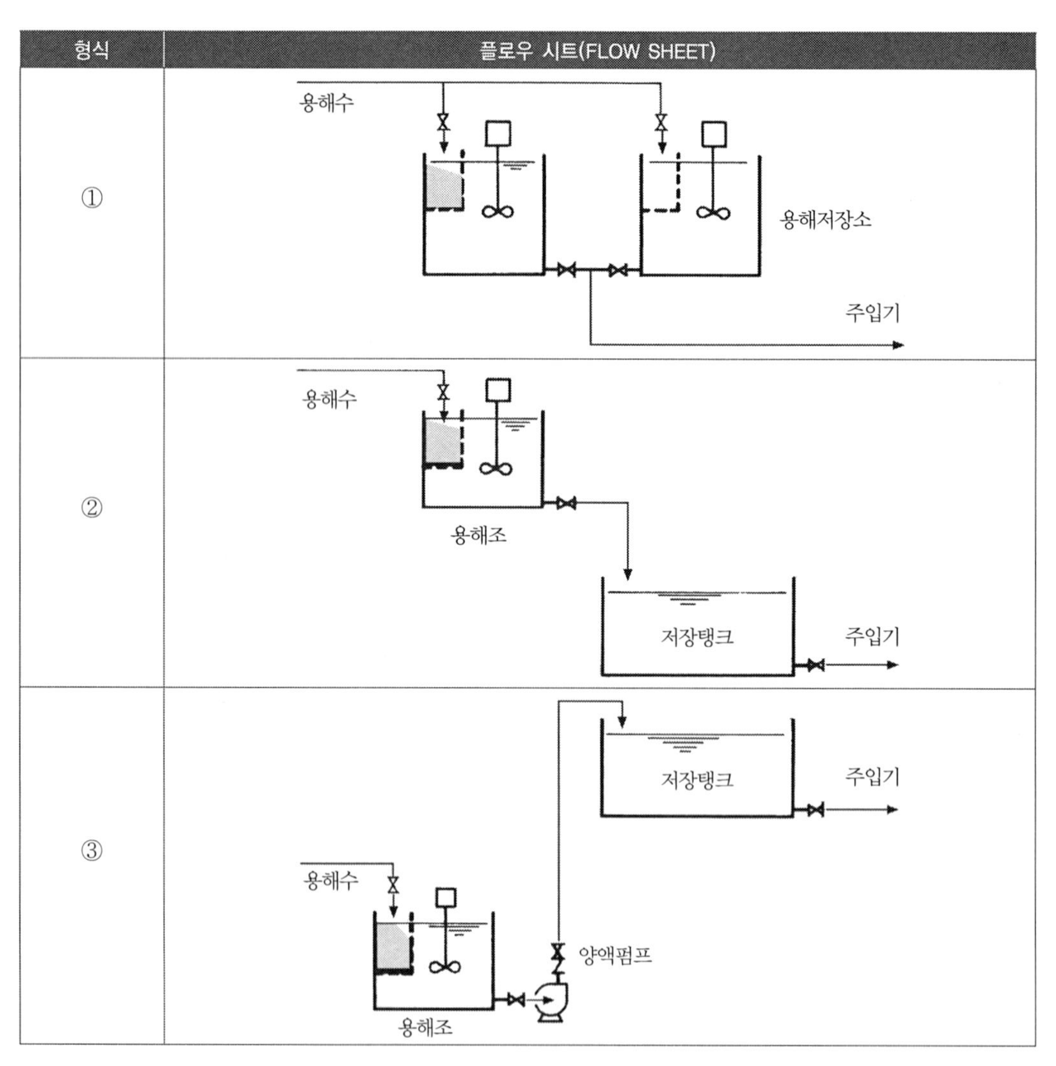

〈그림 4.2.3〉 고형약품의 배치식 용해와 저장

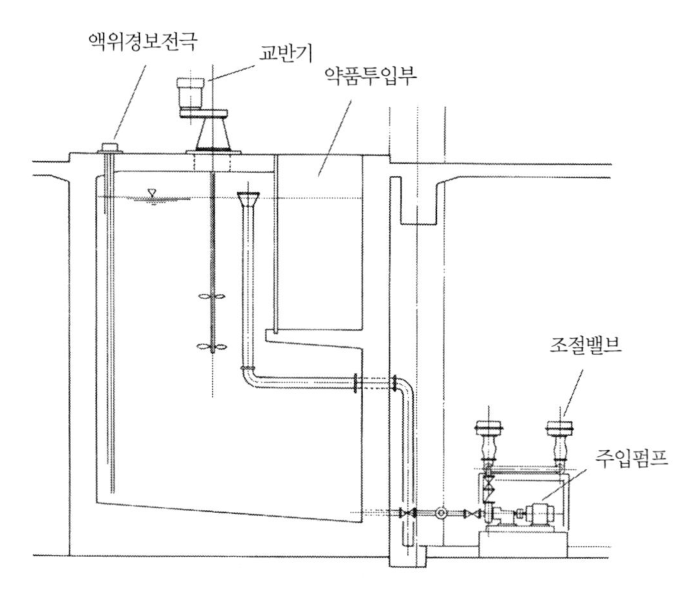

〈그림 4.2.4〉 배치식 용해·저장탱크 및 주입기

약품 용해농도는 5~10%를 기준으로 하고 용해탱크 1조의 크기는 하루 평균 주입 양의 24시간 분 또는 12시간 분 등 작업 시간을 고려하여 결정한다.

용해를 촉진하는 교반에는 펌프에 의한 순환류를 사용하는 수도 있지만 회전식의 교반기를 사용하는 것이 가장 쉬운 방법이다. 교반동력은 용해탱크의 크기에 따라 결정하며 제5장 〈표 5.1.2〉을 참고하여 선정한다. 고속회전하는 교반기에서는 액체가 없는 상태에서 운전하면 샤프트의 비틀림이나 굽힘이 생기므로 공회전방지를 위한 전기적 인터록을 취하여 놓는다.

배치식의 용해조작에서는 약품량은 투입하는 약품 포대의 수로, 용해수량은 용해탱크를 되로 계량하기 때문에 농도를 일정하게 유지하는 것이 용이하다.

연속용해방식에서는 이러한 계량을 할 수 없기 때문에 농도를 일정하게 유지하도록 강구하거나 적당한 농도의 용액을 만들어 농도를 측정하여 계산에 의해 주입량을 설정한다.

〈그림 4.2.5〉는 공업 계기를 사용한 연속용해방식의 한 예이다. 적당한 시간 간격으로 용해탱크에서 만들어 용액을 저장탱크에 옮기고 여기서 액체의 밀도를 측정함으로써 농도 C를 얻고, 계산기에서 $q_s = Qr_s/C$를 계산하여 주입기 설정 신호로 하고 있다(q_s : 약품주입량 설정값, Q : 원수유량, r_s : 약품주입률).

연속용해방식은 한편으로 보면 스마트하다. 그러나 약품의 투입량은 배치식과 다르지 않고,

노력면에서는 어느 방식에서도 마찬가지이다. 대용량의 주입설비가 되지 않으면 장점은 나오지 않는다.

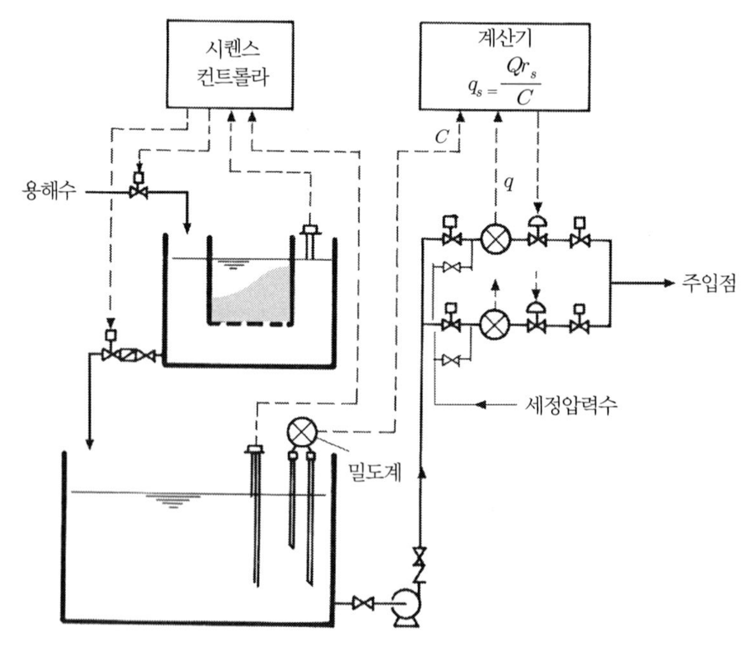

〈그림 4.2.5〉 고형황산알루미늄 연속용해·저장설비 플로우 시트

(4) 고형약품의 건식계량기

습식계량방식에서 용해작업 후는 액체 약품주입장치와 거의 똑같다. 여기에서는 고형약품용의 건식계량기에 대해 말한다.

약품주입기에 필요한 속성은 양의 측정과 조절을 할 수 있는 것이다. 고형약품의 건식주입기가 좋은 점이 없는 것은 이 요구의 어떤 것도 고형물을 취급할 때 기술적으로 어렵기 때문이다.

특히, 소용량의 주입기에서는 약품의 덩어리가 들어갔는가 아닌가에 따라 주입량이 크게 달라진다. 따라서 고형약품 주입기에는 아주 소용량의 것은 없고, 투입되는 덩어리 크기의 상한이 억제되어 있는 기종도 있다.

〈그림 4.2.6〉은 용적식의 고형 약품계량기로 50mm 이하의 덩어리 약품, 구체적으로는 생석회를 대상으로 한 것이다. 공급스풀(spool)의 회전수와 셔터게이트의 개도의 양 방식으로 양 조절을 할 수 있다.

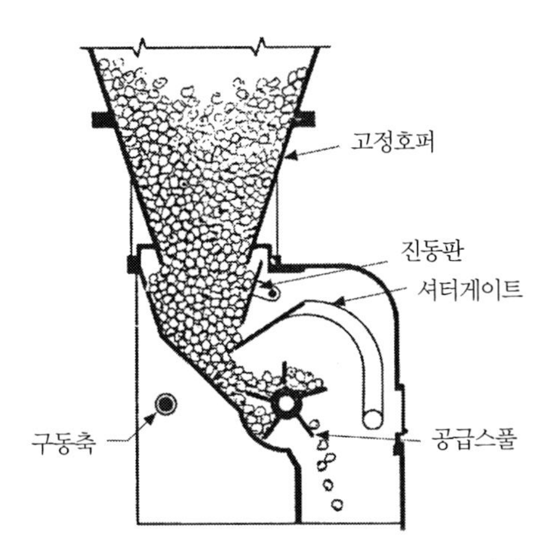

〈그림 4.2.6〉 용적식 고형약품 계량·주입기

〈그림 4.2.7〉은 질량식 계량기의 한 예이다. 벨트 위에 공급된 약품질량을 측정하고 그 질량과 측정질량과를 비교하여 차이가 있으면 공급부의 게이트개도를 조절하여 차이를 없애도록 움직인다. 취급하는 약품의 크기는 20mm 이하이다.

건식계량기를 자동 제어하는 경우에는 앞 절에서 설명한 용량 제어펌프와 같다. 즉, 조절신호에 의한 구동전동기의 회전수를 변화시키든가 게이트개도를 서보모터로 조절한다.

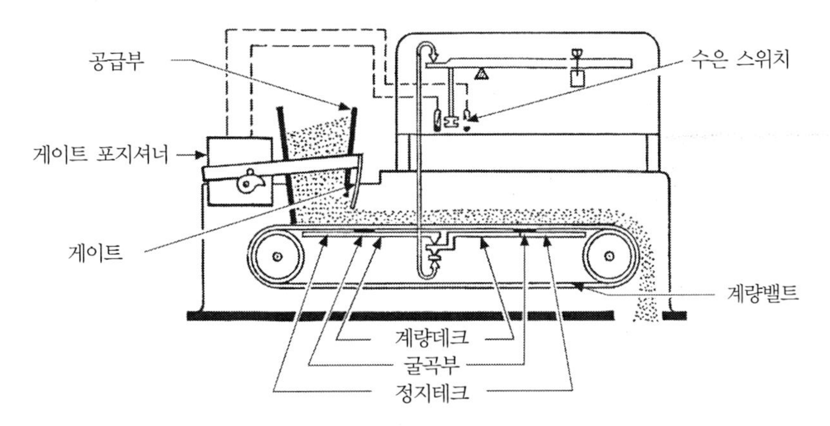

〈그림 4.2.7〉 질량식 고형 약품계량·주입기

(5) 라임스레이커

생석회는 각종 알칼리제 중에서 가장 저렴하다. 생석회에 물을 더하면 다음 식에 의해 소석회가 되니까, 이것을 사용하면 약품비를 절감할 수 있다.

$$CaO + H_2O = Ca(OH)_2 + 273kcal/kg \quad (1)$$

생석회를 소석회로 바꾸는 것을 slaking이라 하고 그 장치를 lime-slaker라고 한다. 라임스레이커는 괴상의 생석회를 계량해서 물과 반응시켜, 소석회 슬러리를 제조하는 장치이며, slurry법과 paste법이 있다.

슬러리식 스레이커는 물과 석회를 질량비로 물 : 생석회=4 : 1 정도로 하는 것으로 체류 시간 30분 이상이 필요하다. 반응을 촉진하기 위해 온수를 사용하고 스레이커는 단열재로 열의 방산을 방지한다.

페이스트식 스레이커에서는 물 : 생석회=2 : 1 정도로 한다. 이와 같은 고농도로 하면 상기 반응식 (1)에 의해 수화열에 따라 온도가 70~100°C이 되고, 반응시간은 5분 정도로 단축할 수 있다. 온수나 단열재의 필요도 없게 된다.

교반기에는 2축 전단식 같은 것을 써서 생석회 덩어리를 부수면서 혼화한다. 물의 첨가량을 교반 축에 걸리는 토로크를 검출하여 조절하고 있는 것도 있다.

생석회에는 불순물이 혼입되어 있는 수가 많으므로 라임스레이커에는 용해할 수 없는 이물질을 제거하는 장치를 설치한다.

(6) 고형약품 주입설비 설계사례

[설계조건]

주입약품 : 고형황산알루미늄

처리수량 : 최대 6,000m^3/d, 평균 5,000m^3/d, 최소 4,000m^3/d

주 입 률 : 최대 60mg/ℓ, 평균 35mg/ℓ, 최소 15mg/ℓ

주입농도 : 10% as $Al_2(SO_4)_3 \cdot 18H_2O$

[주입량]

최대 : 6,000m^3/d × 60mg/ℓ = 360kg/d → 3,600ℓ/일 = 150ℓ/h

평균 : 5,000m^3/d × 35mg/ℓ = 175kg/d → 1,750ℓ/일 = 73ℓ/h

최소 : 4,000m^3/d × 15mg/ℓ = 60kg/d → 600ℓ/일 = 25ℓ/h

[기기류시방]

용해방식 : 배치식

- 1회 100kg을 용해하여 10%액으로 한다.

용해탱크 : 1탱크

- 1,160mmφ × 1,200mmH
- 강판제 내면 고무라이닝
- 교반기 0.4kW

저류탱크 : 1탱크

- 1,550mmφ × 1,200mmH
- 강판제 내면 고무라이닝

양액 펌프 : 2기(1기 예비)

- 50ℓ/분 × 10m × 0.75kW

주입기 : 1기

- 유량 범위 15~150ℓ/h
- 정액위조+면적유량계+수동조절밸브(앞 절의 그림 4.1.7)

결과를 〈그림 4.2.8〉에 나타낸다.

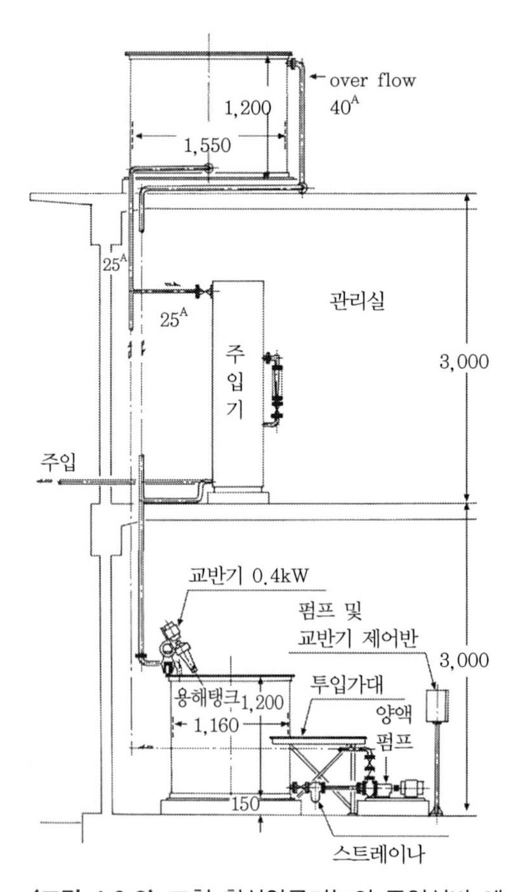

〈그림 4.2.8〉 고형 황산알루미늄의 주입설비 예

4.3 분립체 약품의 주입설비

(1) 분립체 약품주입 계통

대표적인 분립체 약품은 소석회, 소다회 및 활성탄이다. 고분자 응집제에도 가루로 된 것이 있다. 이 외 황산알루미늄이나 황산철도 입자상태로 부수어 사용하고 있는 수도 있다.

분립체 약품의 특징은 고형약품에 비해 유동성이 풍부한 것이다. 이 특징을 이용하여 용적식 계량주입기가 다수 실용화되어 있으며 저장방법도 포대 쌓기 외에 사일로에 충전하는 경우도 많다.

한편, 분체 약품에는 분진발생이라는 다른 약품에는 없는 불리한 점이 있다. 분체약품을 취급하는 작업장에서는 작업환경을 해치지 않도록 분진을 배제하는 조치를 강구하지 않으면 안된다. 분진처리설비를 제외한 분립체 약품주입 계통을 〈그림 4.3.1〉에 나타냈다.

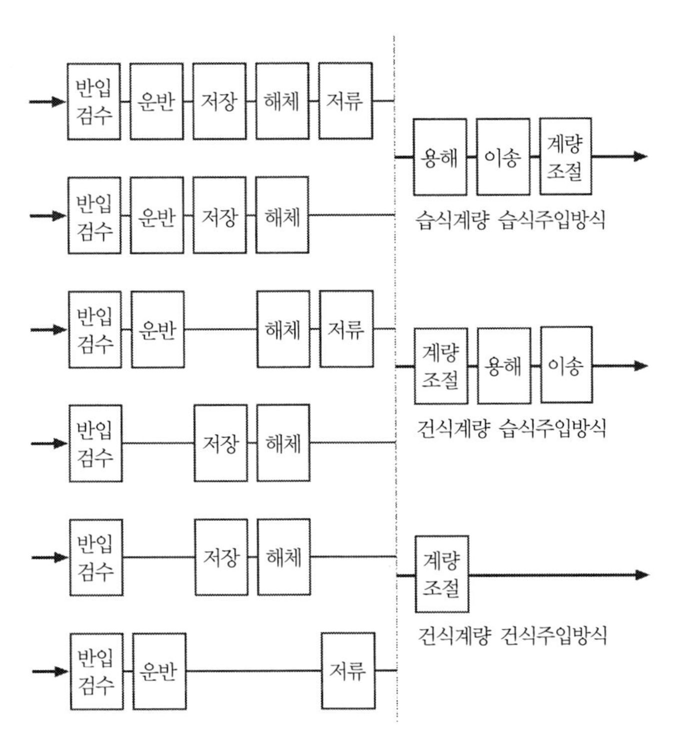

〈그림 4.3.1〉 분립체 약품의 주입계통

(2) 분립체 약품의 반입·검수·운반·저장 설비

분립체 약품의 반입·검수 설비는 고형약품의 경우와 거의 같다. 포대약품에서는 운반기계도 고형약품에서 이용되는 것과 같다. 고형약품에 비해서 유동성이 높기 때문에 트럭이나 탱크로리 차량으로 반입하는 경우 운반에는 각종 컨베이어가 사용된다.

▮분립체의 수송

포대해체 후 또는 트럭이나 탱크로리에서 반입된 분립체 약품의 장내 운송장치로는 프로컨베이어, 스크류 컨베이어, 버켓 컨베이어, 공압 컨베이어 등이 있다. 어떤 경우에도 분립체가 새어나오지 않도록 밀폐구조로 하지 않으면 안 된다.

〈그림 4.3.2〉는 프로 컨베이어와 스크류 컨베이어를 사용한 예이다. 공압 컨베이어에는 흡인식, 압송식 및 양자의 조합식이 있다. 건조활성탄처럼 비산하기 쉬운 분체약품은 탱크로리로 반입해 탱크로리가 가지고 있는 공압 컨베이어 사용하여 반입하는 것도 있다〈그림 4.3.9〉. 컨베이어의 설계에 관해서는 관련서적을 참고하기로 한다.

20~25kg 포대로 반입되는 약품은 해체작업이 필요하다. 소규모 작업장에서는 해체작업은 인력으로 한다. 대량의 약품을 취급하는 작업장에서는 자동해체기를 사용할 수도 있으나 톤백 같은 대용량의 포대를 쓰는 게 효율적이다. 분립체 약품의 저장설비에는 포대 그대로 저장실에 쌓는 방법 외에 〈그림 4.3.2〉 같이 사이로에 넣는 것도 있다. 포대 그대로 저장하는 경우는 고형약품과 같다고 생각하면 좋지만 고형약품 이상으로 습기를 피하는 것에 유의한다. 타포린 포대는 꼭 실내에 저장한다. 후레콘백으로 반입하는 경우에는 그대로 옥외에 저장할 수도 있다.

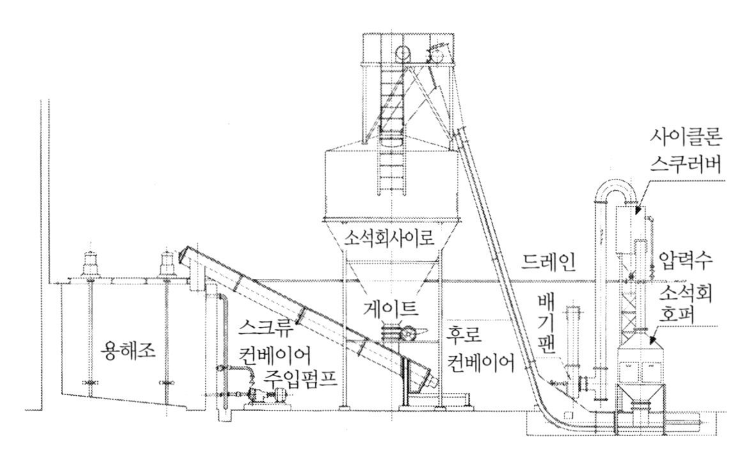

〈그림 4.3.2〉 소석회 반입·용해설비 사례

브리지 현상 방지

사이로나 호퍼 내에서는 조금만 흡습하여도 브리지 현상을 일으켜 배출할 수 없게 되는 수가 있다. 브리지 현상을 방지하기 위해서는 다음과 같은 방법이 있다〈그림 4.3.3〉.

바이브레이타로 진동을 주는 방법은 가장 간편하다(①). 그러나 사용법이 잘못되면 오히려 분체가 다져져 단단해지는 경우가 있다.

공기를 불어넣어 분체를 유동화하는 방법은 브리지 현상을 막는 데는 유효하다(②).

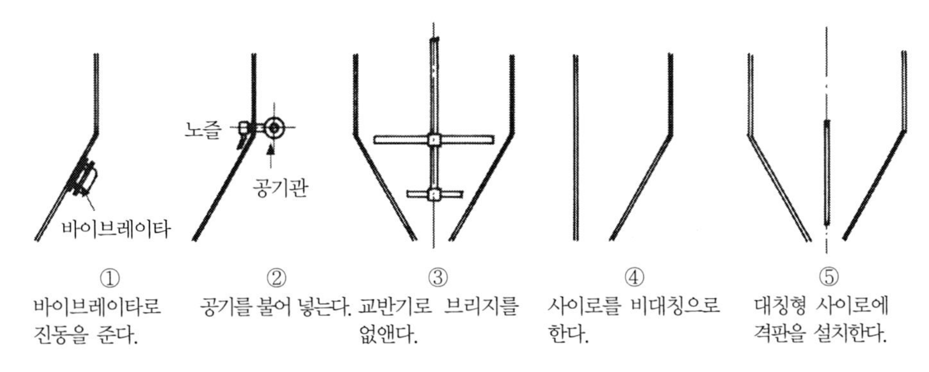

〈그림 4.3.3〉 분체 사이로 내의 브리지 형성 방지방법

그러나 공기를 지나치게 주입하면 분체는 현저하게 유동성을 나타내어 마치 액체 같은 요동을 하고, 작은 구멍에서 분수처럼 내뿜거나 계량조작을 방해하기도 한다. 공기량을 과대하세 하지 않도록 조작하지 않으면 안 된다. 공압식 컨베이어에서 나온 직후의 분체도 같은 거동을 한다.

기계교반장치는 건식계량기의 내부호퍼에 자주 이용되고 있다(③). 사이로나 호퍼를 비대칭으로 만들면 비교적 간단히 유효하게 브리지 현상을 막을 수 있다(④). 외관까지 비대칭으로 하는 것이 어려울 때는 사이로의 중간 종방향에 하나의 격벽을 설치하고 비대칭 사이로를 두 개 합한 격자로 하여도 좋다(⑤).

(3) 분립체 약품주입기

고형약품의 경우와 같이 분립체 약품의 주입방식에도 습식과 건식이 있다. 또한 〈그림 4.3.1〉과 같이 건식에도 건식으로 계량한 뒤 물에 용해하여 이송하는 건식계량·습식주입방식과 건식에서 계량하여 그대로 분체로 주입하는 건식계량·건식주입방식이 있다. 대부분은 전자이다.

▮습식주입

습식주입방식은 고형약품과 거의 같다. 〈그림 4.3.2〉는 소석회 슬러리를 주입하는 배치식 주입설비의 한 예로, 소석회를 일정 농도의 슬러리로 한 후에 액체약품과 같은 계량장치를 통해 주입점까지 이송하고 있다.

▮건식계량기

건식계량·주입기에는 용적식과 질량식이 있고, 시판되고 있는 계량기 대부분은 용적식이다.

용적식은 분체의 용적을 계량해서 주입한다. 분체의 겉보기 밀도에 따라 질량 기준의 주입량이 변하기 때문에 분체의 질이나 외부조건 특히 습도가 변할 때마다 주입기를 캘리브레이션 하지 않으면 안 된다. 질량식은 질량을 계량하고 있으므로 원리적으로는 이런 불편은 없다.

각종 분체 계량·주입의 개념도를 〈그림 4.3.4〉에 나타냈다. 용적식 계량기로는 스크류식, 요동식, 탁자식이 있다. 스크류피더는 호퍼 하부에 스크류를 배치한 것이다.

스크류를 중앙에서 좌우를 역피치로 하여 양쪽에 약품을 떨어뜨리는 모양으로 만든 것과 일방향에만 공급하는 것이 있다.

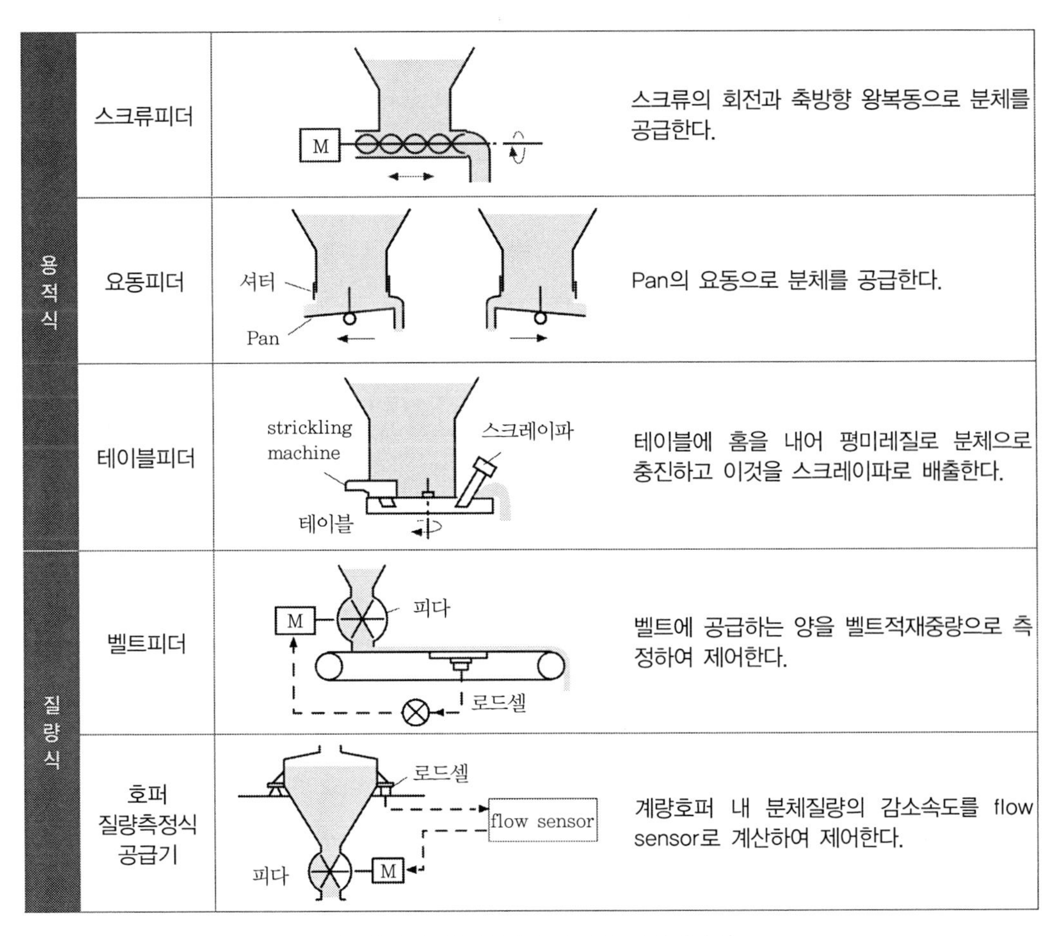

〈그림 4.3.4〉 분립체 약품의 건식계량기

어느 경우도 가루에 의해서 공급구가 폐쇄되는 것을 방지하기 위해 스크류의 회전운동과 동시에 축방향 운동을 더하고 있다. 주입량은 스크류 회전수와 회전시간(스크류를 간헐적으로 움직인다)의 두 가지로 설정할 수 있다.

요동식 피더는 상향 ㄷ자형의 Pan이 좌우로 요동하도록 되어 있다.

분체의 용적을 정하는 '평미레질'은 Pan의 폭 가득히 상하로 움직이는 셔터개도로 행한다.

Pan의 중앙에 판이 고정되어 있고 Pan이 왼쪽으로 움직이면 Pan의 우측에서 분체가 아래로 떨어진다. Pan의 스트로크, Pan의 요동속도(전동기의 회선수) 및 출구셔터 개도의 세 가지 방법으로 주입량이 바뀌게 된다.

테이블 피더는 회전하는 테이블에 동심 원형의 홈이 파여 있고 여기에 분체를 충진하여 평미레질판으로 '평미레질' 후 호퍼 밖으로 스크레이파로 홈에서 분체를 긁어 배출하도록 되어 있다. 주입량은 테이블 회전속도로 바꿀 수 있다. 질량식 건식계량기에는 벨트 피더나 호퍼 질량 측정식이 있다. 벨트 피더는 벨트 컨베이어 위에 분체를 공급하고 컨베이어 아래에 설치한 계량판에 가해지는 압력을 계측하여 주입량이 설정값이 되도록 공급기의 회전수를 제어한다. 주입량은 벨트속도를 변경하는 것으로 조절할 수 있다. 고형약품의 건식주입기도 똑같은 것이다. 호퍼 질량 측정식 피다는 계량호퍼의 질량을 측정해서 그의 감소속도가 설정주입이 되도록 제어하는 것이다. 계량호퍼에의 분체공급은 회분충진이 되므로 계량장치는 2조 설치하여 번갈아 사용하거나, 1조로 하여 컴퓨터프로그램에 의해 적절한 제어를 한다.

(4) 분립체 약품 용해·이송

분립체 약품의 용해장치는 약품의 종류에 따라 약간 다르다. 소석회에서는 용해 조작 같은 특별한 장치는 필요 없지만 완전한 용액으로는 되지 않고 슬러리 상태로 되어 있으므로 침전을 방지하기 위해 용해조나 저장조의 교반기는 항상 운전하게 한다. 또 이송관이 막히기 쉽기 때문에 배관의 굴곡부는 엘보우로 하지 않고 곡률이 큰 벤드로 하고 주요 부분에는 세척수 주입 배관을 설치한다. 분해·조립을 간단히 할 수 있는 배관으로 하면 청소가 용이하게 된다.

소다회 중 경회(가루)는 용해조작이 용이하고, 배관이 폐쇄할 우려도 적다. 중회(입상)은 교반시간이 짧으면 완전히 용해되지 않고, 용해 탱크의 바닥에 침적하여 굳은 판상태로 된다. 일단 이렇게 되면 좀처럼 용해할 수 없게 된다.

고분자 응집제 용해조작에서는 격렬한 교반을 피한다. 고분자제 특징의 하나인 긴 사슬이 끊어지면 응집효과가 떨어진다. 또 계분(멍울)이 되지 않도록 연구한다.

분말활성탄에는 30~50%의 수분을 더한 것과 물을 타지 않은 것이 있다. 전자의 용해는 비교적 용이하다. 후자에서는 단순히 활성탄을 물에 투입하면 활성탄이 수면에 떠버려 용해를 방해한다. 다음에 기술하는 덩어리 방지 방법과 똑같이 한다.

▮계분(멍울) 방지법

가루상태의 고분자 응집제나 알긴산소다는 일시에 수중에 투입하여 계분(멍울, fish eye)을 만든다. 가루가 경단상태로 되어 외부는 젖어 있어도 내부는 가루 그대로 된 것이다. 일단 계분(멍울)이 생기면 거의 용해 불능상태로 된다. 계분(멍울)이 만들어지지 않기 위해서는 가루의 투입방법에 연구가 필요하다. 가루를 물에 조금씩 첨가하는 것은 물론 용해탱크에 직접 넣는 것도 하지 않는다.

〈그림 4.3.5〉는 분체를 깔때기의 테두리 가까이에 조금씩 낙하하고 물을 깔때기의 테두리의 접선방향으로 막상태로 흘려 가루가 물살을 타고 신속하세 이동하도록 하고 있다.

이외의 방법으로 격심한 교반에 의한 소용돌이를 만들어 그 소용돌이에 가루를 끌어들이거나, 물을 노즐에서 공중에 분무하고 거기에 분체를 낙하하여 분사수에 동반하게 하는 방도도 있다.

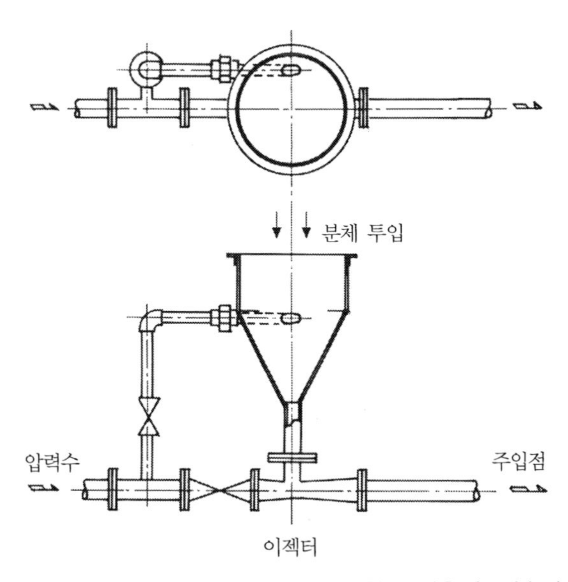

〈그림 4.3.5〉 계분(멍울) 방지를 목적으로 한 분체용해·이송장치 사례

▮용해 후 이송

액의 깊이가 충분한 큰 용해탱크에서 주입점까지의 이송에는 통상의 펌프가 보통으로 사용된다. 소석회슬러리 등 고농도의 현탁액을 이송하는 펌프는 날개폭을 크게 한다.

건식계량기를 사용한 경우에는 분체를 일단 물에 용해하여 이송하는 것이 많다. 이 경우 용해탱크는 용량과 액의 깊이가 작아지게 되고 여기에서 흡입하여 이송하는 펌프는 용해탱크의 액위검출전극 등으로 제어하면 기동·정지 간격이 짧아지게 되어 전동기가 과열하게 된다. 용해탱크에서 이송하는 방법을 〈그림 4.3.6〉에 표시하였다.

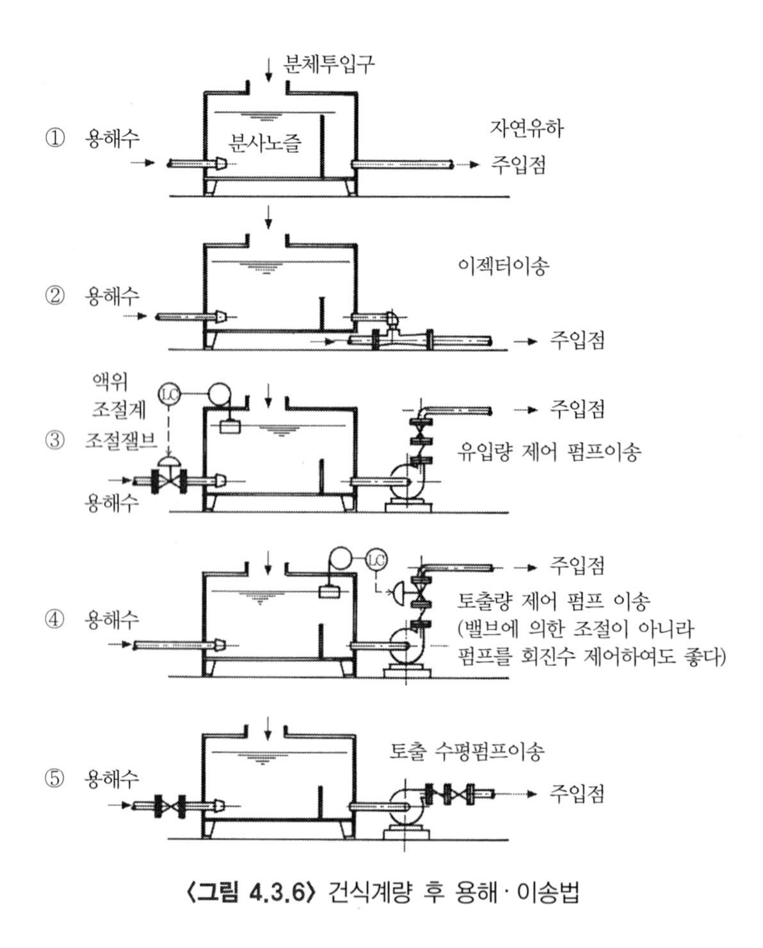

〈그림 4.3.6〉 건식계량 후 용해·이송법

자연유하의 경우에 문제는 일어나지 않는다. 용해탱크의 액위가 저하하지 않도록 출구에 위어를 설치하는 것만으로 좋다(①). 액-액 이젝터를 사용하는 경우에는 흡입수위의 저하는 이젝터의 장애는 안 되기 때문에 큰 용량을 가진 이젝터로 하고 자연유하의 경우와 똑같도록 한다(②). 이젝터의 구동 수량은 이송량의 몇 배가 되기 때문에 펌프 이송에 비해 수량이 증가하고 주입농도가 낮아진다. 〈그림 4.3.5〉처럼 하여도 좋다.

펌프는 공회전할 수 없기에 용해 탱크의 수위를 일정 수준 이상으로 유지하지 않으면 안 된다. 액위를 일정하게 할 뿐이라면 볼 탭을 사용하면 간단히 할 수 있다(③). 그러나 이 방법에서는 용해수 입구 압력이 낮아지는 일이 일어나므로 노즐에서의 분사수에 약품을 용해 또는 현탁시키는 것이 힘들게 된다. 교반기를 따로 두지 않으면 안 된다.

이송펌프 토출량을 바꾸어 액위를 제어하면 상기의 불편은 해소할 수 있다(④). 특별한 제어기구를 두지 않아도 액위를 제어하는 방법이 있다. 토출구를 수평 방향으로 한 펌프(토출수평펌프라 한다)를 사용하는 방법이다(⑤).

펌프의 용량을 유입 수량보다 약간 크게 하여 둔다. 펌프를 운전하면 용해 탱크의 액위가 떨어져 마침내는 펌프 흡입구에서 공기가 빨려 들어가게 된다. 그렇게 되면 펌프는 양액할 수 없게 되나 펌프의 케이싱에서 공기를 배제하면 다시 양액할 수 있게 된다. 그 사이에 액위는 상승하고 있다. 이렇게 용해 탱크의 액위는 상하하면서 결과적으로 유입 수량과 토출 수량이 평형하게 된다. 토출구가 위로 향한 통상의 펌프에서는 케이싱 상부에 공기가 머물러 재양액을 할 수 없으나 토출 수평펌프라면 공기가 케이싱에서 배출되어 계속적으로 양액을 계속할 수 있다.

▌건식계량방식의 시간지연

습식주입방식에서는 배관 내가 만관으로 흐르고 있는 한, 주입기에서 유량을 설정하면 곧바로 주입점의 유량이 설정값이 된다. 그러나 건식계량방식에서는 주입기에서 주입량을 설정하고 나서 주입점에서 주입량이 설정치가 되기까지 시간이 걸린다. 하나는 용해 후 관로를 흘러가는 시간 또 하나는 용해탱크 내의 체류에 의한 1차지연이다. 주입기부터 주입점까지 관로연장이 긴 계통에서 자동 제어할 때는 이 시간 지연을 고려해두지 않으면 안 된다.

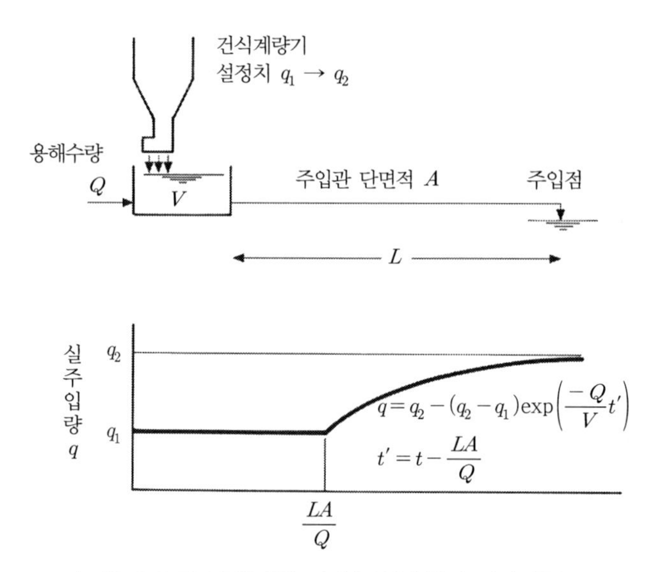

〈그림 4.3.7〉 건식계량 · 습식주입방식의 시간지연

(5) 제진장치

소석회나 활성탄을 취급하는 장소에서는 분진 대책이 필요하다. 집진장치로는 사이클론, 습식사이클론, 벤츄리 스크러버, 백필터가 있다

〈그림 4.3.2〉의 설비에서는 습식 사이클론을, 〈그림 4.3.9〉의 설비에서는 백필터를 사용하고 있다.

확실히 제진할 수 있고 분체 그대로 회수할 수 있는 것은 백필터이다. 백필터는 나일론, 폴리에스텔, 폴리프로필렌, 유리섬유 등의 여과포를 통해서 분체를 제거하는 것이다. 여과포에 억류된 분진의 일차부착층은 집진 효과를 높게 하나 잉여의 분진은 여과저항을 증대시키므로 간헐적으로 털어 제거한다. 이 기구로 털어 제거하는 방식으로는 펄스제트식, 역세식 및 진동식이 있다. 〈그림 4.3.8〉은 펄스제트식 백필터이다.

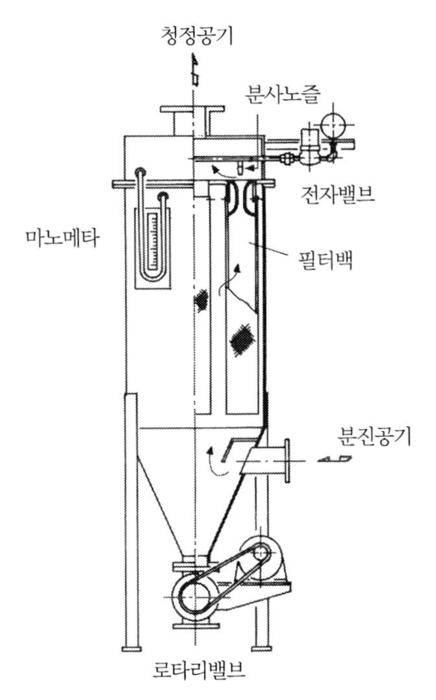

〈그림 4.3.8〉 펄스제트식 백필터

(6) 분체약품 주입설비의 실례

분말활성탄은 분진의 비산을 방지하기 위해 30~50%의 수분을 첨가하여 운반 · 저장하는 것이 많다. 그러나 물을 첨가한 만큼 양이 늘어나게 되고 또 도전성이 높아지기 때문에 강을 부식한다는 결점을 가지고 있다.

건조활성탄(이른바 드라이 숯)을 사용하면 ① 부식을 경감할 수 있다.

② 저장 탱크용량을 작게 할 수 있다. ③ 계량이 용이하게 되는 등의 이점이 생긴다.

건조탄을 사용할 때의 기술적 요건은 ① 분진을 막기 위해 시스템을 밀폐 구조로 한다.

② 장치 내에서 분진 폭발을 일으키지 않도록 한다. ③ 물에 현탁시킬 때 수면에 뜨거나 덩어리를 만들지 않도록 하는 것이다.

〈그림 4.3.9〉는 건조분말탄 주입 장치의 예이다.

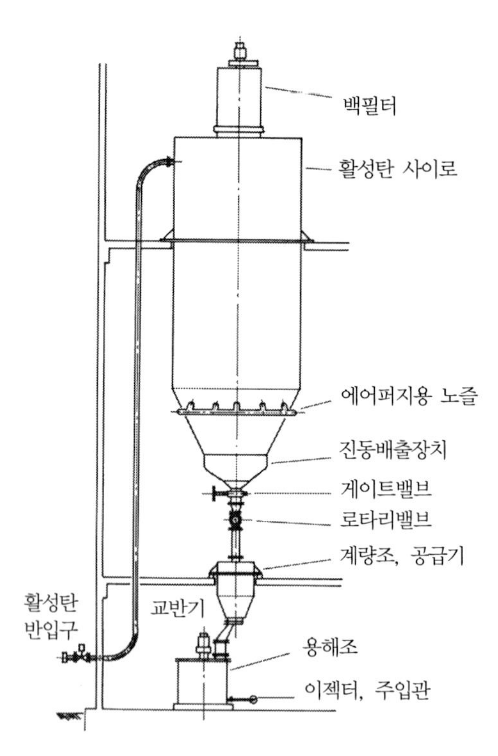

〈그림 4.3.9〉 건조분말탄 반입·저장·주입설비

활성탄은 탱크로리로 반입하여 공압 컨베이어에서 저장탱크에 반입되고 있다. 배기는 저장탱크 상부에 설치된 백필터를 통하여 활성탄을 분리하고 제진한다.

이 예에서는 저장탱크 내의 브리지 현상을 방지하기 위해 에어퍼지와 진동기를 사용하고 있다. 저장탱크의 하부에는 저장탱크와 분체공급기구를 차단하는 수동게이트 밸브, 분체를 공급하는 로타리밸브 및 정량공급기가 접속되어 있다.

공급량은 계량조의 중량을 로드셀로 계량하고 이것에 의해 공급장치(테이블피더)의 회전수를 바꾸어 제어하고 있다.

계량된 분체활성탄은 용해조에서 슬러리로 하여 이젝터에 의해 주입점까지 압송한다. 용해조에의 분체낙하부에 교반기로 소용돌이 흐름을 만들어 활성탄을 수중에 혼합시키고 있다.

분진폭발에 대해서는 휘발분이 적고 발화점이 낮은 수증기 부활탄을 사용하는 것으로 대응하고 있다.

4.4 액화가스 주입설비

(1) 고압가스

수처리에 사용되거나 사용 가능성이 있는 기체약품에는 염소, 이산화탄소, 암모니아, 아황산가스, 산소 및 수소가 있다. 염소는 현장에서 전기분해하여 발생할 수 있고, 이산화탄소는 탄산칼슘을 태워서 만드는 것이 있다.

또 오존도 기체이지만 이것도 현장에서 발생시키는 것도 있다. 이들 약제에 대해서는 다른 절에서 설명하기로 하고 여기서는 가스로서 구매하는 약제 특히 염소를 주로 설명한다.

기체약품은 압력용기에 충진해서 거래되고 아래 수량 이상의 저장능력을 가진 경우에는 고압가스보안법의 규제를 받는다. 염소, 이산화탄소, 산소 및 암모니아는 압력을 가해 액화시켜 운반한다. 고압가스보안법에는 '액화가스'라 부르고 이 중 염소나 암모니아는 '독성고압가스'로 지정되어 있다.

수처리에 관계하는 고압가스를 법규에 따라 분류하면 〈표 4.4.1〉과 같다.

〈표 4.4.1〉 고압가스 분류

고압가스보안법	고압가스보안 시행령		일반 고압가스 보안규칙	용기보안규칙
	수처리에 사용하는 고압가스	저장수량		용기색상
상용온도에서 1MPa 이상의 압축가스	압축수소	300m^3	가연성가스	적
상용온도에서 0.2MPa 이상의 액화가스	액화염소	1,000kg	독성가스	황
	액화산소	3,000kg		흑
	액화암모니아	3,000kg	독성가스	백
	아황산가스		독성가스	쥐색
	이산화탄소	300m^3	불활성가스	녹

(2) 액화가스의 주입계통

액화가스약제의 주입계통은 〈그림 4.4.1〉과 같다.

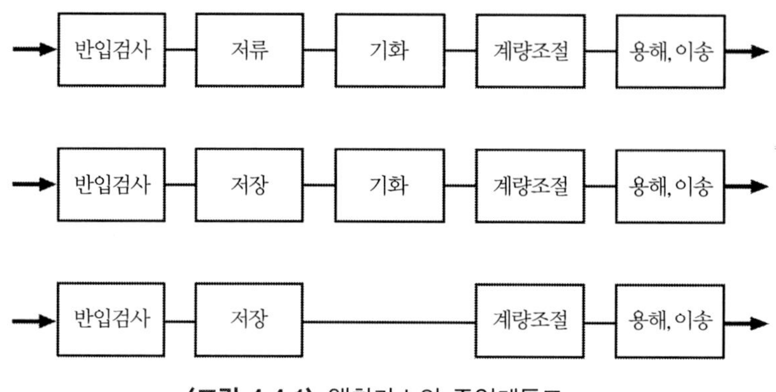

〈그림 4.4.1〉 액화가스의 주입계통도

염소가스는 고압가스안전시행령에서는 독성가스, 독극물취체법에서는 독극물로 지정되어 있고, 외부로 액체가 새면 중대한 신체사고를 초래한다. 이에 대응하기 위해 상기 주입계통도에 나타난 것 외에 배가스 재해설비가 필요하다.

이상 염소주입시설의 설계에 대하여 상기 주입계통에 따라 추가 설명한다.

(3) 반입·저장 설비

액화염소는 압력용기에 충진한 상태로 구입한다. 사용량이 비교적 적은 경우에는 압력용기 그대로 반입하여 빈용기와 교체한다. 또 반입량이 많은 경우에는 탱크로리차나 화물차로 반입하여 고정식 저장조에 옮겨 저장한다.

염소사용량에 따라 용기의 개략 구분을 〈표 4.4.2〉에 따르고 염소를 반입하여 주입할 때까지의 흐름을 〈그림 4.4.2〉에 표시하였다.

〈표 4.4.2〉 염소사용량에 따른 용기의 구분

1일 사용량[kg/d]	저장용기
~ 200	50kg 용기
100 ~ 4,000	1t 용기
3,000 ~	고정식 저장탱크

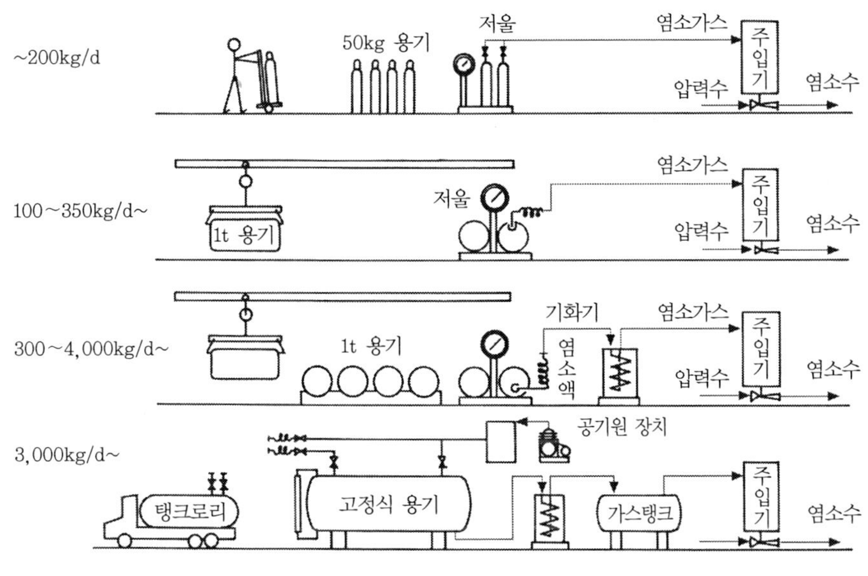

〈그림 4.4.2〉 염소의 반입, 저장, 가스화, 주입의 흐름

염소저장의 일반원칙

염소저장실 및 저장방법에 대하여 일반원칙을 열거하면 다음과 같다.

① 저장실은 방화구조로써 통풍이 좋고 건조 상태에 있을 것. 염소는 수분을 흡수하면 부식성이 심해진다. 경미한 누설액이 있는 경우 실내가 건조하면 용기의 부식에 따른 누설개소가 확대되지는 않는다.

② 저장실 바닥에는 염소체류조를 설치한다. 용기가 파손되어 액화염소가 대량으로 누설할 경우에도 용기주위의 벽을 만들어 방액을 하면 누설 염소의 표면적이 작게 되어 증발량을 억제할 수가 있다.

③ 용기는 열원으로부터 멀리해야 한다. 온도가 상승하면 용기는 내압력이 높아져서 파괴할 우려가 있다. 기화량을 확보하기 위해 염소저장실을 난방하는 경우에도 너무 온도가 높아지는 것을 피해야 한다. 또 일단 기화한 염소가 재액화하지 않도록 저장실, 기화기실, 주입기실의 순으로 온도를 높게 한다.

④ 용기에 직사광선을 피해야 한다. 용기설치장소는 실내를 원칙으로 한다. 어쩔 수 없이 옥외에 설치한 경우에도 꼭 직사광선을 피하는 방책을 강구해야 한다. 실내 저장으로 하더라도 창문을 통하여 햇빛이 용기에 직접 닿지 않도록 한다.

⑤ 용기는 들어온 순서대로 사용하도록 배치하고 충진용기나 빈용기를 별도로 보관한다.

⑥ 용기는 점검이 편리하도록 배치한다.

⑦ 용기는 엘리베이터, 통로, 환기장치 근처에 두지 않는다. 염소가 누설될 때 외부에 분산되어 피해가 확대되지 않도록 하기 위함이다. 저장실의 문은 이중으로 하는 것이 바람직하다.

⑧ 용기 주위에는 소화설비나 작업에 필요한 것 이외에는 두지 않는다. 특히 가연물, 탄화수소, 그리스 기타 압력용기 등을 가까이 두지 않는다.

⑨ 누설염소가스 흡수설비를 설치한다.

표준용기 저장

염소반입은 표준용기에 의한 것과 고정식 용기에 의한 것이 있다. 표준용기는 염소제작자가 설계·제작한다. 이것 이상의 큰 염소용기는 고압가스보안법을 기초로 해서 개별 설계·제작한다.

표준용기로 반입하는 경우는 용기중량과 수량으로 반입, 검수하고 그대로 저장한다. 국내에서는 50kg 용기(50kg 실린더 또는 봄베라고 한다)와 1,000kg 용기(1t 컨테이너)가 표준이다. 검수목적과 용기 중 잔량을 알기 위해 저울을 설치한다. 용기를 이동하기 위해 50kg 용기는 손수레를, 1t 용기는 체인블록과 리프팅 빔(Lifting Beam)을 설치한다. 50kg 용기는 세워두는 것이 원칙이므로 전도방지를 위해 가대나 지그가 필요하다. 1t 용기에서는 콘크리트 등으로 움직임을 방지하는 받침을 만들어 놓는다. 2단으로 쌓아두지 않는다.

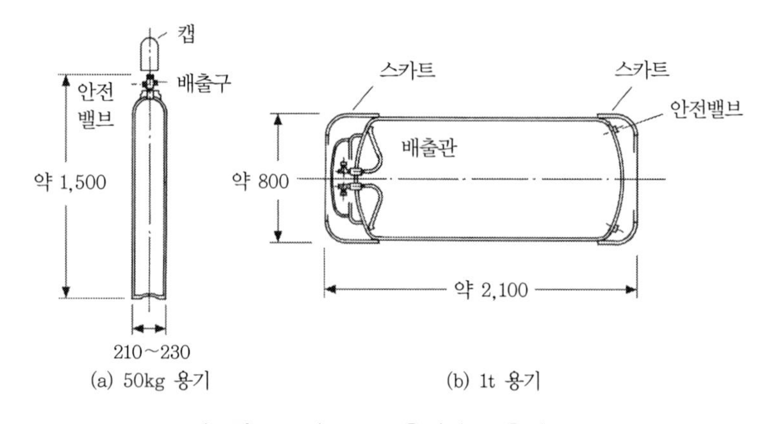

〈그림 4.4.3〉 50kg 용기와 1t 용기

▌고정식 저장조의 반입, 저장

대량 소비하는 사업소에서는 화물차나 탱크로리로 반입하고 고정식 저장조에 이송하여 저장한다. 이 경우 탱크로리차의 탱크에 공기압을 가하여 액체가스를 밀어내기 위해 공기압축기, 이 압축공기 중의 수분을 제거하기 위한 제습장치(염소나 이산화탄소가 수분을 함유하면 금속에 대한 부식성이 크게 된다.), 저장을 위한 고압대형 저장조, 밸브배관류 등으로 구성되는 대규모 반입설비가 필요하게 된다. 용기는 복수로 설치하며 시스템에 필요한 구조는 다음과 같다.

① 탱크로리의 탱크에 공기 압력을 불어넣어 염소를 밀어내어 저장조까지 배관으로 유도한다.
② 저장조에서 액화염소를 끄집어낸다(기화기로 이송).
③ 저장조 내의 염소를 별도의 저장조로 이송교체한다(저장조의 보수나 파손시를 위해).
④ 저장조 내에 이상 압력이 발생될 때 안전밸브를 작동시켜 배기를 배가스처리장치로 이송한다.
⑤ 상기 ①, ③의 조작에 필요한 고압급기장치와 공기 건조장치

저장조에 의한 반입·저장 시스템의 계통도는 〈그림 4.4.4〉에 나타낸다.

염소반입설비의 주요 설비는 급기장치와 저장조이다. 급기장치는 저장조에 탱크로리에서 또는 별도의 저장조에서 염소를 이송할 때 사용한다.

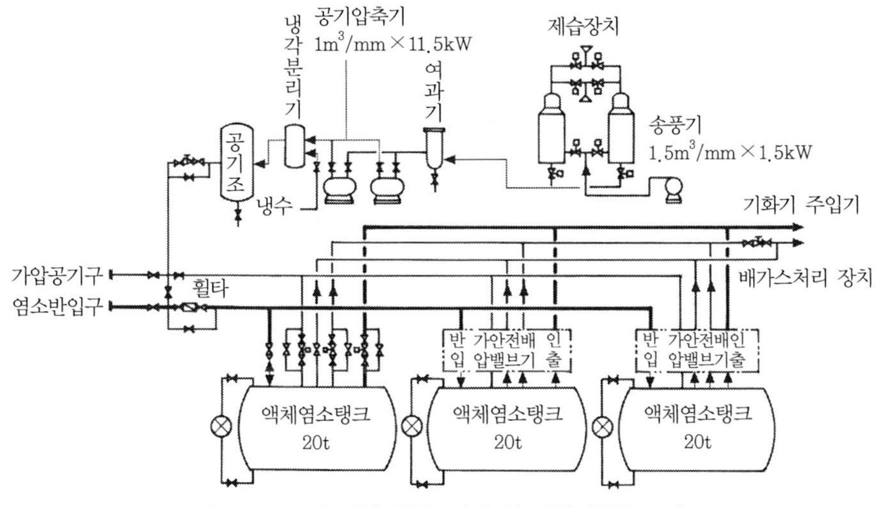

〈그림 4.4.4〉 염소반입·저장 시스템(저장량 60t)

공기압축기, 공기체류조 및 제습장치로 구성된다. 공기압축기는 액화염소의 압력 1.5MPa 이상의 토출압을 갖고, 공기체류조의 압력으로 제어한다.

전동기용량이 꽤 크기 때문에 전동기를 on-off 운전하는 방식이 아니고 unloader 방식으로 한다.

제습장치는 실리카겔 등의 제습제를 충전한 탑 2개로 되어 하나는 제습으로 사용하고 다른 하나는 재생한다. 재생은 열을 가하여 한다.

염소저장조는 고압가스보안법을 기준으로 설계한다. 염소저장조의 법정용적과 내압시험압력은 용기보안규칙의 다음과 같이 결정하고 있다.

$$\begin{aligned} &\text{법정용적}[m^3] = \text{염소저장량}[t] \times 0.8 \\ &\text{내압시험압력} : 2.5\text{MPa} \end{aligned} \qquad (1)$$

저장조는 압력용기의 설계식(제5장)에 따라 설계한다. 또 고압가스 내진설계 기준에 결정되어 있는 계산 식에 따라 저장조 몸체에서 생기는 압력과 새들의 강도 등을 확실히 해둔다. 저장조의 검사, 신고 등에 대해서도 규정이 있다.

(4) 기화기(Evaporator)와 염소가스 탱크

▮ 기화기

액화가스는 우선 가온하여 기화하고 기체상태로 유량을 측정·제어한다. 액화염소를 기화하는 것은 액화염소의 증발잠열에 해당하는 열량을 가한다.

소요 기화량이 적은 경우에는 염소용기의 벽면을 통해 외기에서 공급되는 열에 의해 기화하는 것만으로 족하다. 한 개의 용기에서 유출할 수 있는 가스량은 〈그림 4.4.5〉에 표시한 바와 같이 실온에 따라 다르다.

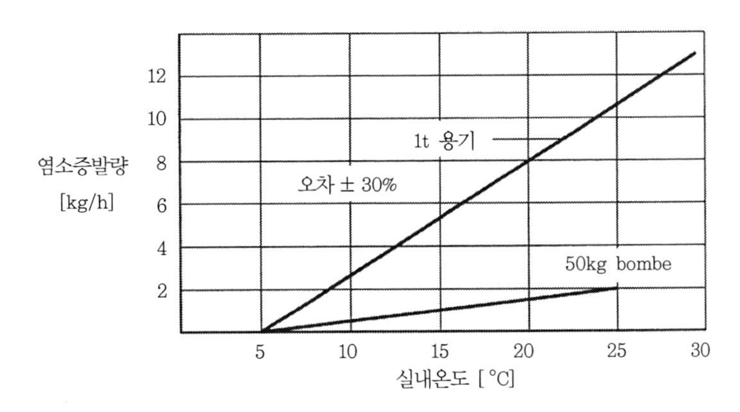

〈그림 4.4.5〉 염소용기에서 유출되는 개략 염소가스량

개략 50kg 용기에 소 1kg/h, 1t 용기에서 6~8kg/h 정도이다. 용기를 복수병렬로 해서 가스를 뽑아내면 용기의 수에 비례해서 증발량이 증가한다.

용기를 병렬로 해도 증발량이 부족할 때는 기화기를 설치한다. 대략 20kg/h 이상에서는 기화기가 필요하다.

기화기는 전열이나 증기를 열원으로 물을 가온하여 온수조 내에 잠겨있는 나선형관 또는 기화통으로 유입하는 액체염소에 열량은 공급한다.

기화통형 기화기는 비교적 소량의 염소기화에 사용된다. 자기 제어성에서는 기화량 변동에 대한 안정성이 높다. 예를 들면 정상상태에서 운전되고 있는 기화기에 대하여 가스사용량이 급격히 증가 한 것이라면, 기화통 내의 압력저하에 따라서 통 내의 액화염소 액위가 상승한다.

액위가 상승하면 액체염소의 수열면적이 증가하기 때문에 기화량이 증가한다. 이렇게 해서 가스사용량과 기화량이 같아지도록 자연적으로 기화통 내의 액위가 조절된다.

나선형 기화기는 이런 자기 제어성이 원통형 기화기보다 적기 때문에 기화기의 다음에 염소가스 탱크를 설치하여 수요량의 변동을 완충한다. 〈그림 4.4.6〉은 기화통에 나선형관을 설치한 기화기이다.

기화기의 온수온도는 40°C 정도가 되도록 제어한다. 전열가온식은 서머스타트 또는 온도계의 접점을 사용하여 히터(Heater)를 가동한다.

히터는 소용량의 것은 1개, 대용량의 것은 3개 정도 사용한다. 증기가온식은 전자밸브 또는 공기작동밸브를 사용하여 증기를 공급, 차단하여 온도를 제어한다.

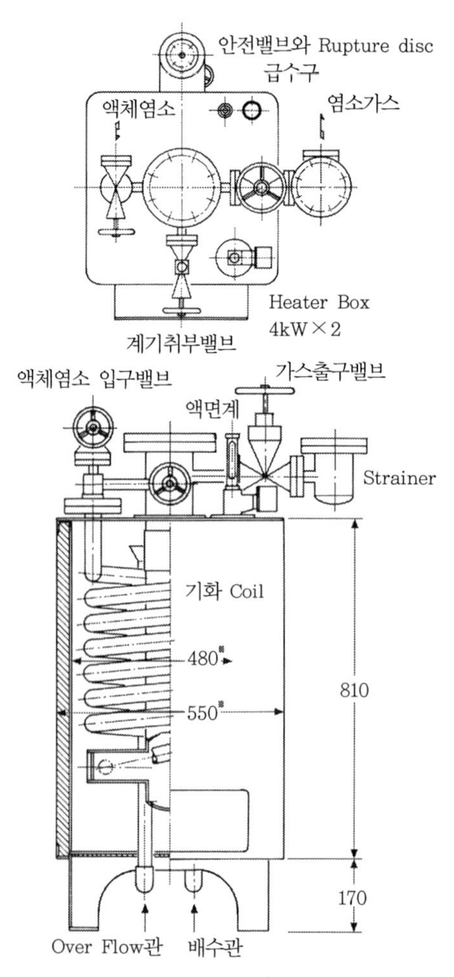

〈그림 4.4.6〉 기화통+Spiral tube형 기화기

기화기에는 각종 안전장치를 설치한다. 온수 온도가 과도하게 상승할 때(50°C 초과하는 경우) 및 기화가스압력이 과대하게 될 때(1MPa를 초과하는 경우)는 가열전원을 차단하고 경보를 발령한다.

가온수 수위가 규정 이하로 저하할 경우에도 경보를 발령한다. 또 안전밸브를 설치하고 과잉 압력이 되는 것을 방지하고 안전을 도모한다.

▌염소가스 탱크

사용가스량이 감소하면 기화기의 가스압력이 높아진다. 거꾸로 사용가스량이 증가하면 가스압력이 저하하기 때문에 기화기에서 염소가 액체의 상태로 나오기가 쉽다. 기화기를 보호하고 주입기에 액체염소가 들어가지 않도록 하기 위해 염소가스 체류조를 설치한다. 염소가스 체류조는 대용량의 기화기, 특히 나선관형 기화기를 사용한 경우에 필요하게 된다.

이런 염소가스 체류조의 기능을 만족하기 위해 염소가스 탱크의 용량은 최대 사용가스량의 4~5분간 용량으로 배분하고 있다. 탱크의 구조계산은 고정식저장조에 준한다.

(5) 염소주입기

역사적으로는 압력식 염소주입기가 사용되어왔다. 수중에 염소가스를 불어넣어 염소수로서 주입점까지 배관을 통하여 이송해 왔다. 압력식은 구조가 간단하여 고압 수원이 없어도 사용이 가능한 장점이 있지만 염소가 누설하면 위험이 큰 것, 계량정밀도가 낮은 점, 장치가 부식되기 쉬운 점 등의 결점이 있기 때문에 사용하지 않았다.

진공식은 주입기 내를 대기압 이하로 유지하여 유량을 측정하고 제어한다. 만일 누설이 생기는 경우에도 대기가 주입기 내에 들어가서 염소가스가 외부로 누출하지 않는 점, 압력이 낮아 비교적 강도가 낮은 합성수지와 같은 내식재료를 사용할 수 있는 점, 압력식에 비해 동일 질량의 가스가 차지하는 체적이 크기 때문에 계량정밀도가 높다는 점 등의 특징이 있다.

최초 시장을 석권한 진공식 염소주입기는 Bell Jar식으로 불리는 것으로 종모양의 유리용기를 뉘어 놓고 그 안에 대기압 이하(진공)를 유지하여 염소가스를 뿜어내는 것으로 유리용기를 물로 밀봉(Seal)한 것이기 때문에 습식진공식이라고 부른다.

염소는 수분을 함유하면 부식성이 높게 되기 때문에 습식에서는 부품의 수명이 짧게 된다. 그래서 1970년대에 들어서면서 습식주입기는 사용되지 않았다. 현재 사용되고 있는 염소주입기는 거의 모두가 건식진공식이다.

건식진공식 염소주입기의 기본적인 구조는 〈그림 4.4.7〉에 표시한다.

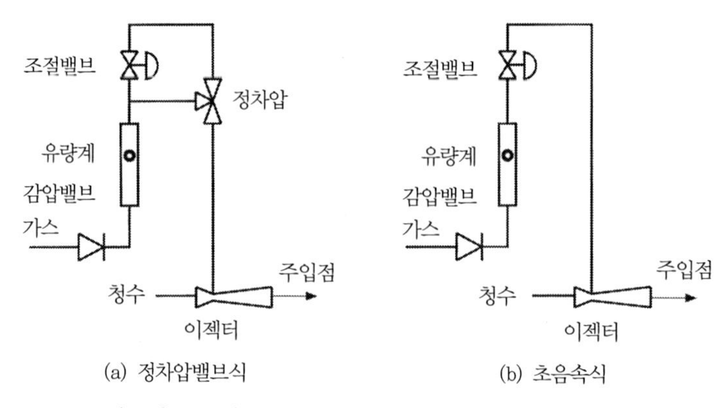

(a) 정차압밸브식　　(b) 초음속식

〈그림 4.4.7〉 건식진공식 염소주입기의 기본구조

(a)의 방식에는 진공을 사용하는 구조로서 청수를 구동액으로 하는 이젝터(인젝터라고도 한다), 가스압력을 일정하게 하는 감압밸브나 정차압밸브로 구성되어 있다. 정차압밸브는 조절밸브 전후의 차압을 일정하게 하는 밸브로써 조절밸브의 개도(단면적)에 비례한 가스량이 흐르도록 하고 주입량이 정확해진다.

이젝터는 진공을 만드는 동시에 염소가스를 물에 용해시켜 주입점까지 이송시키고 있다.

(b)의 방식은 초음속형이라고 하며 조절밸브출구의 압력을 임계 진공압 이하의 부압으로 하면 가스는 초음속으로 흐르고 하류 측의 압력이 상류 측에 전해지지 않게 된다. 따라서 이젝터의 흡입압력에 변동이 있어도 계량부의 압력은 변화가 없다. 이렇게 하면 주입기의 구조가 간단해진다.

▌주입기의 안전장치

염소는 수분을 함유하면 격렬하게 부식성을 나타내어 인체에 위험한 가스가 되기 때문에 염소주입기는 다음과 같이 각종 안전장치가 부속되어 있다.

① 정압 방지 : 감압밸브가 고장 났을 때, 기기 내부가 대기압 이상이 되지 않도록 한다.
② 물 역류 방지 : 이젝터 이후의 배관폐색 등에 의해 압력수가 주입기 내에 침입하는 것을 방지하고, 침입한 물은 배출된다.
③ 과진공 방지 : 기기 내의 진공도가 너무 올라서 기기가 파손되는 것을 방지한다.
④ 유량계의 파손 등으로 기기내의 진공이 소멸했을 때, 가스의 유입을 정지한다.

대표적인 건식진공식 염소주입기를 〈그림 4.4.8〉에 나타낸다. 이 주입기에는 상기의 안전장치가 마련되어 있다.

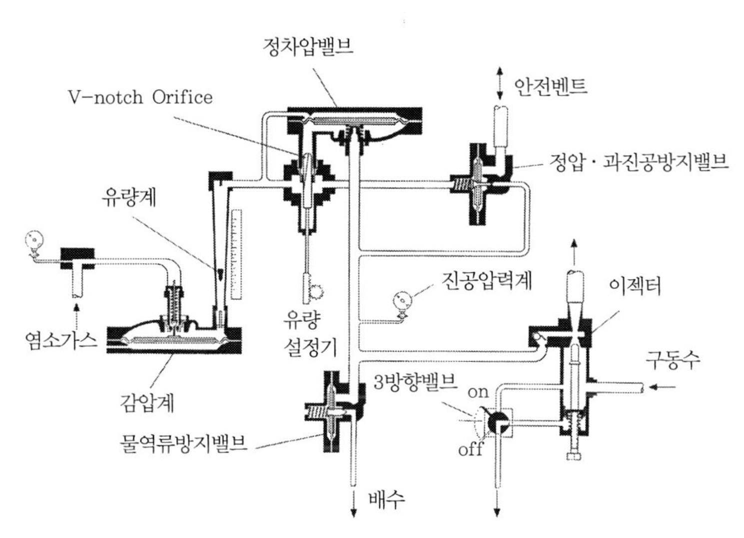

〈그림 4.4.8〉 정차압밸브식 염소주입기(walles & tianan 회사)

▌주입기의 레인지어빌리티(Range ability)

염소주입기의 레인지 어빌리티(최대 주입량과 최소 주입량과의 비)는 10 : 1~20 : 1이고, 보증정밀도는 ±4% 정도이다. 많은 계기와 마찬가지로 주입기의 정밀도는 최대 주입량을 기준으로 보증되고 있으니까, 소유량일 때의 정도는 매우 낮다. 이런 점에서 염소주입기에 큰 레인지 어빌리티를 요구하는 것은 현명하지 않다. 10 : 1 정도로 충분하다.

▌이젝터의 수량과 수압

진공식 주입기를 움직이기 위해서는 이젝터가 중요한 역할을 한다. 이젝터를 구동하는 압력수의 압력은 이젝터-배압으로 거의 결정되며 구동 수량은 최대 염소주입량에 관계한다. 대략 0.1~0.3%의 염소농도가 될 만한 수량이다. 자세히는 제5장의 〈표 5.4.2〉 및 〈표 5.4.3〉을 참고한다.

(6) 염소배가스 재해설비

▮ 흡수제와 방호장비

염소가 누출됐을 때, 염소의 확산을 막고 무해하게 방출하지 않으면 안 된다. 염소가스의 흡수제로는 소석회, 가성소다를 쓰고 있다.

소규모시설에서는 소석회 살포기계를 준비하여 염소가스가 누출한 방에 소석회를 인력으로 살포한다. 방독면 등을 적절한 장소에 적당한 수량을 준비한다.

중 · 대규모 시설에서는 배풍기, 닥트(Duct), 흡수탑으로 구성된 염소가스 흡수장치를 설치하고 방독면 등도 상비한다.

▮ 염소가스 흡수장치

〈그림 4.4.9〉와 같이 염소가 누설될 우려가 있는 방에는 흡입닥트를 설치하여 배가스를 흡입하고 재해시설에 보내도록 한다. 염소가스는 공기보다 밀도가 높아서 가스 수집덕트의 개구는 바닥에 가까운 낮은 위치에 설치한다. 덕트의 재질은 염화비닐이나 염화비닐라이닝한 강판으로 한다. 덕트 내 풍속은 10m/s 이하로 설계한다. 배풍기에는 염화비닐제의 다익송풍기나 터보팬을 사용한다.

염소가스흡수탑에는 〈그림 4.4.10〉과 같은 라시히링이나 테라레트(상품명)를 충진재로 한 충진탑이 많이 쓰이고 있다. 〈표 4.4.3〉 및 〈표 4.4.4〉에 충진탑을 제조하고 있는 회사기기 규격을 나타낸다.

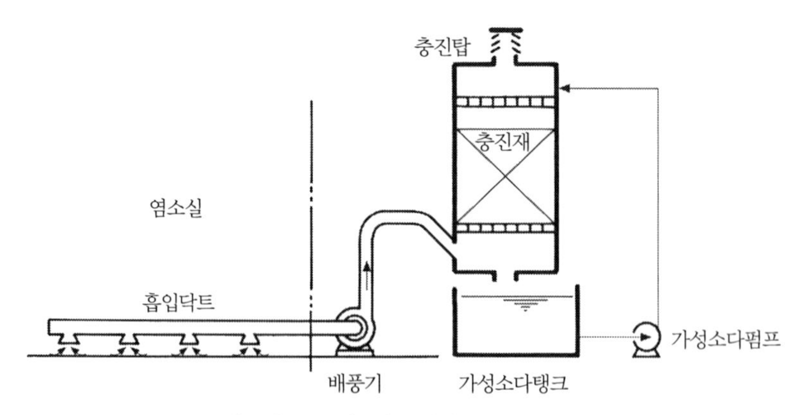

〈그림 4.4.9〉 염소배가스 제해설비

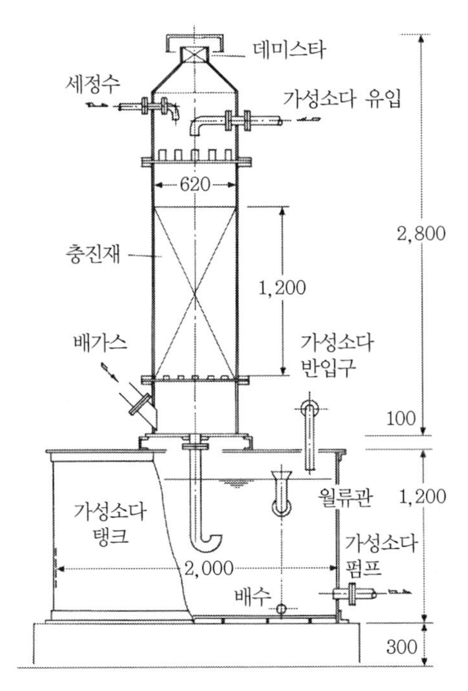

〈그림 4.4.10〉 염소배가스 흡수용 충진탑

〈표 4.4.3〉 염소배가스 흡수장치 기기규격(에바라 제작소)

처리 능력	350kg/h	800kg/h	1000kg/h
입구 염소농도	20%	20%	20%
출구 염소농도	10ppm	10ppm	10ppm
충진탑 직경[mm]	620	900	1,000
충진층 높이[mm]	1,200	1,400	1,400
충진물(테라레트)	14,000개	35,000개	43,000개
가성소다 필요량	690kg	1,590kg	1,980kg
가성소다 농도	15%	15%	15%
가성소다 저장량	4.0m^3	9.1m^3	11.4m^3
배풍기 규격	10m^3/min × 100mmAq × 1.5kW	23m^3/min × 100mmAq × 2.2kW	30m^3/min × 100mmAq × 2.2kW
가성소다 펌프	0.15m^3/min × 7m × 1.5kW	0.35m^3/min × 7m × 2.2kW	0.45m^3/min × 7m × 2.2kW
가성소다 저장탱크	2.0m(W) × 2.0m(L) × 1.2m(He)	2.3m(W) × 3.5m(L) × 1.52m(He)	2.3m(W) × 3.5m(L) × 1.52m(He)

〈표 4.4.4〉 염소가스 흡수장치 기기규격(磯村豊水(株))

처리 능력	360kg/h	630kg/h	1,000kg/h
입구 염소농도 출구 염소농도	36% 10ppm	63~31% 10ppm	100~50% 10ppm
충진탑 직경[mm] 충진물(테라레트)	930 2단 충진	1050 2단 충진	1500 2단 충진
가성소다 농도 가성소다 저장량	15% $8.1m^3$	15% $8.1\sim16.2m^3$	15% $8.1\sim16.2m^3$
배풍기 규격	터보팬 $25m^3/min \times 2.2kW$	터보팬 $38\ m^3/min \times 3.7kW$	터보팬 $66m^3/min \times 5.5kW$
가성소다 펌프	$0.234m^3/min \times 1.5kW$	$0.45\ m^3/min \times 2.2kW$	$0.6m^3/min \times 3.7kW$
총높이[mm]	7,000	7,500	7,500
대상설비	1t 용기 2~3본 저장	1t 용기 다수 저장	1t 용기 다수

(7) 염소 이외의 액화가스 주입시설

▌이산화탄소(액화탄산가스)

이산화탄소(탄산가스)는 화학연화나 석회응집 등 pH를 높게 처리한 물의 후처리로 pH를 낮추는 목적으로 사용한다(recarbonation). 또한 소석회를 첨가하는 pH조절 처리에서 이산화탄소를 동시에 첨가하여 수산기 OH^-를 중탄산기 HCO_3^-가 되는 조작에도 사용한다.

액화탄산가스 주입설비는 염소주입설비와 거의 같다. 탄산가스는 염소에 비하면, 금속에 대한 부식성이 낮고, 인체에 대한 독성도 낮다. 법규상 불활성가스로 분류되어 취급은 염소보다 간단하다.

용기 및 기화기는 염소의 것과 마찬가지이다. 주입기도 염소용이 유용된다. 단지 염소의 분자량은 71, 탄산가스의 분자량은 44이기 때문에 유량계의 눈금은 다르게 된다. 저장조의 법정 용적의 산정은 다음 식과 같이 정해져 있다.

$$\text{법정용적}[m^3] = \text{이산화탄소 저장량}[t] \times 1.34$$

독성이 낮기 때문에 배가스의 흡수탑은 필요 없다. 그러나 탄산가스의 대량 누출에 따라 공기 중 산소농도가 낮아지면 산소결핍에 의한 인체사고 가능성이 있기 때문에 실내의 산소농도 검지·경보장치를 설치해야 한다.

▮암모니아

암모니아는 클로라민을 생성할 때 염소와 함께 주입한다 액화암모니아 주입설비는 염소주입설비와 거의 같다. 주입기도 염소에서 사용하는 것과 같다. 독성가스이기 때문에 염소의 경우와 마찬가지로 재해시설이 필요하다.

(8) 염소주입설비의 설계 예

▮염소주입설비

[설계조건]

처리수량 : 최대 60,000m^3/d, 평균 50,000m^3/d. 최소 40,000m^3/d

주입률 : 최대 6.0mg/ℓ, 평균 4.0mg/ℓ, 최소 2.0mg/ℓ

[주입량]

최대 주입량 = 60,000m^3/d × 6.0mg/ℓ = 360kg/d = 15kg/h

평균 주입량 = 50,000m^3/d × 4.0mg/ℓ = 200kg/d = 8.33kg/h

최소 주입량 = 40,000m^3/d × 2.0mg/ℓ = 80kg/d = 3.33kg/h

[반입·저장설비]

염소저장량은 평균 주입량의 10일분으로 한다.

용기 : 1t 용기 × 2대

저울 : 1t 용기 2대 걸이, 절환식 × 1

수동체인블록 및 레일 × 1식

염소가스헤더 × 1식

[기화기]

보통은 용기1대로부터의 기화량으로 충분히 공급할 수 있다. 저온 시에 최대 주입량이 요구될 때에는 용기를 2개 병렬로 사용한다. 따라서 기화기는 불필요하다.

[염소주입기]

진공식 염소주입기 : 15kg/h × 2기(1기 예비)

최대 주입량/최소 주입량 = 15/3.33 = 4.5/1이므로 1대의 주입기로 전체 범위를 커버할 수 있다.

이젝터 : 배압을 3mAq로 한다. 표 5.4.2에서

구경 40mm, 소요 압력 31m, 유량 110ℓ/min

염소배가스 흡수충진탑

[설계 조건]

처리 능력 : 350kg/h

입구 염소 가스 농도 : 20Vol% ($y_1 = 0.2$)

출구 염소 가스 농도 : 10ppm ($y_2 = 10 \times 10^{-6}$)

액 가스비(체적비) : $G/L = 10/0.15$

흡수액 : 15% 가성소다 : [밀도 $\rho_L = 1165\text{kg/m}^3$, 점도 $\mu_L = 2.78\text{cP}$ (20°C)]

[송풍기 용량]

$$\text{염소가스 체적} = \frac{350\text{kg/h} \times 22.4 \times 293}{70.9 \times 273} = 119\text{m}^3/\text{h}$$

$$\text{공기혼합가스 체적} = \frac{119}{0.2} = 539 \rightarrow 600\text{m}^3/\text{h}$$

[계산에 필요한 물성치]

$$\text{혼합가스밀도 } \rho_1 = \frac{70.9 \times 0.2 + 29 \times 0.8}{22.4 \times 293/273} = 1.55\text{kg/m}^3$$

출구가스밀도 $\rho_2 = \dfrac{29}{22.4 \times 293/273} = 1.2\text{kg/m}^3$

탑내가스평균밀도 $\rho_G = \dfrac{1.55 + 1.2}{2} = 1.38\text{kg/m}^3$

혼합가스유량 $G = 600\text{m}^3/\text{h} \times 1.38\text{kg/m}^3 = 828\text{kg/h}$

가성소다유량 $L = 9\text{m}^3/\text{h} \times 1165\text{kg/m}^3 = 10485\text{kg/h}$

1"테라레트 표면적 $a_t = 200\text{m}^2/\text{m}^3$(메이커 카탈로그에서)

상기 제품의 건조시 공간율 $\epsilon_d = 0.86$(메이커 카탈로그에서)

[충진탑 내경의 결정]

$$\frac{L}{G}\left(\frac{\rho_G}{\rho_L}\right)^{0.5} = \frac{10,485}{828}\left(\frac{1.38}{1165}\right)^{0.5} = 0.434$$

테라레트 회사에 의한 테라레트 충진의 플로딩(Flooding) 선도에서

$$\frac{{G_F}^2 a_t \psi {\mu_L}^{0.2}}{\rho_G \rho_L g} = 0.043$$

$$\therefore G_F = \left(\frac{0.043 \times \rho_G \rho_L g}{a_t \psi \mu L^{0.2}}\right)^{0.5} = \left(\frac{0.043 \times 1.38 \times 1165 \times 9.8}{200 \times 1000/1165 \times 2.78^{0.2}}\right)^{0.5}$$

$$= 1.79\text{kg/s/m}^2$$

$$\therefore \text{ 플로딩 속도 } u_F = \frac{1.79\text{kg/s/m}^2}{1.38\text{kg/s/m}^2} = 1.3\text{m/s}$$

탑 내 평균 가스유속을 플로딩 속도의 50%로 한다.

$$\text{탑경 } D = \left(\frac{600\text{m}^3/\text{h} \times 4}{1.3\text{m/s} \times 0.5 \times 3600\text{s/h} \times \pi}\right)^{0.5} = 0.57\text{m} \rightarrow 0.62\text{m}$$

[충진탑 높이의 결정]

- 이동단위수 N_{OG}

$$N_{OG}=\int \frac{dy}{y-y^*}=|\ln(y-y^*)|_{y2}^{y1}=2.3\log\frac{2\times 10^5}{10}=9.9$$

y^* : 염소가스 몰분율 → 화학반응 흡수의 경우는 0

- 가스 기준 총괄 이동 단위높이 H_{OG}

탑내 가스 유속 $u=\frac{600\text{m}^3/\text{h}\times 4}{(0.62\text{m})^2\times\pi}=1{,}988\text{m/h}$

가스평균속도 $G_{av}=\frac{1{,}988\text{m/h}\times 1.38\text{kg/m}^3}{37.3\text{kg/kg-mol}}=73.6\text{kg-mol/m}^2\text{/h}$

$K_{Ga}p_{Gav}=705\text{kg-mol/h/m}^3$ (실험치)

$H_{OG}=\frac{G_{av}}{K_{Ga}p_{Gav}}=\frac{73.6}{705}=0.104$

충진높이 $Z=N_{OG}\cdot H_{OG}=9.9\times 0.104=1.04\text{m}\rightarrow 1.2\text{m}$

이상의 계산에 기초하여 설계한 충진탑을 〈그림 4.4.10〉에 나타내었다.

4.5 현장 조제약품의 주입설비

단일약품이 아니고 2종류 이상의 약품을 조합하여 새로운 약품을 주입현장에서 만드는 경우가 있다. 약품의 성질이 불안정하기 때문에 운반이 어렵고 장기간 저장할 수 없는 경우에 현장에서 조제하지 않으면 안 되는 이유이다. 이산화염소, 클로라민 및 활성규산(활성실리카)이 이런 약제이다.

염화구리도 현장에서 구리조각을 충진한 탑에 염소수를 통과시켜 조제하는 수가 있다. 상수도 원수 중 조류의 처리에 사용하기 때문이다. 염화구리은 불안정하지 않지만 상수도에서는 염소를 사용하고 있고 염화구리의 필요 기간이 여름철에 한정되어 있고 미반응 염소가 남아 있어도 조류를 없애는 약제로 지장이 없기 때문에 이러한 방법이 채택된다.

본 절에서는 클로라민, 이산화염소 및 활성규산 주입설비에 대해서 설명한다.

(1) 클로라민 주입설비

▮클로라민법의 목적

클로라민법은 정수의 장거리송수에서 잔류염소가 말단까지 유지하도록 염소 소비반응을 늦추기 위한 목적으로 개발된 것이다. 이후 염소냄새의 경감과 함께 트리할로메탄 생성억제를 위해 수도의 소독제로써 클로라민법이 검토되게 되었다.

▮클로라민의 취기와 살균력

모노클로라민 NH_2Cl은 무취이나 디클로라민 $NHCl_2$는 취기가 있다. 따라서 클로라민 주입장치의 설계·운전에서는 디클로라민이 생기지 않도록 한다. 그러나 양클로라민의 농도를 연속측정 할 수 있는 공업계기가 개발되지 않았기 때문에 피드백 제어를 할 수 없다. 디클로라민의 생성이 최소가 되는 조건을 설정하여 조제하여야 한다.

클로라민의 생성에는 pH의 영향을 받는데, 7.5 이상의 고 pH에서 모노클로라민이, 저 pH에서는 디클로라민이 탁월하게 생성된다. 따라서 클로라민은 pH를 높게 하여 조제하고 pH가 높은 곳에 주입하는 것이 좋다.

클로라민은 살균력이나 산화력이 약하기 때문에 살균이 불충분하기 쉽다. 이것에 대응하기 위하여 우선 염소를 불연속점까지 주입하고 그 다음에 암모니아를 첨가하여 클로라민으로 하는 방법이다. 다만 이 방법은 수돗물의 염소냄새에 대응할 수 있어도 트리할로메탄이 생성된다. 염소가 아니고 오존으로 살균한 다음에 클로라민을 첨가하는 방법이 좋다.

생성방법

클로라민은 염소와 암모니아의 반응으로 생성한다. 염소원으로 염소가스 Cl_2 또는 차아염소산소다 NaClO를, 암모니아원으로써 암모니아가스 NH_3나 규산암모늄 $(NH_4)_2SO_4$, 요소 $(NH_2)_2CO$ 등을 사용한다. 지금까지 실용화된 약품의 조합은 다음과 같다.

- 가스-가스　염소와 암모니아가스
- 가스-액　염소와 황산암모늄 등
- 액-액　차아염소산소다와 황산암모늄 등

초기에는 염소와 암모니아의 가스-가스약제의 반응으로 클로라민을 조제했다. 그러나 가스 상태는 취급이 번거롭고, 염소를 사용하면 pH가 떨어져 디클로라민이 생성되기 쉽기 때문에 지금까지는 염소원, 암모니아원 함께 액체로 하는 수가 많다.

〈표 4.5.1〉 클로라민 1kg 만드는 데 필요한 염소제와 암모니아제의 양

염소제[kg]			암모니아제[kg]		
염소	Cl_2	1.38	암모니아	NH_3	0.33
			황산암모늄	$(NH_4)_2SO_4$	1.28
차아염소산소다	NaClO	1.45	요소	$(NH_2)_2CO$	0.58

(주) 차아염소산소다가 염소환산 농도로 표시되어 있을 때는 염소량을 환산농도에서 제하고 계산한다.

차아염소산소다와 황산암모늄을 사용한 클로라민 조제장치를 〈그림 4.5.1〉에 표시한다. 이 그림에는 클로라민을 배치방식으로 조제하고 있다. 즉, 차아염소산소다(NaClO액)와 황산암모늄[$(NH_4)_2SO_4$액]을 각각 정량펌프로 반응기에 보내 클로라민을 만들어 저장탱크에 저장한다. 저장탱크가 고수위가 되면 정량펌프를 정지한다. 2대의 펌프는 1대의 전동기로 구동하든가 연

동하고 있으면 양 약액은 항상 같은 비율로 반응기에 이송된다. 클로라민 저장탱크가 저수위에 도달하면 다시 차아염소산소다 펌프와 황산암모늄 펌프를 가동시켜 클로라민을 만든다.

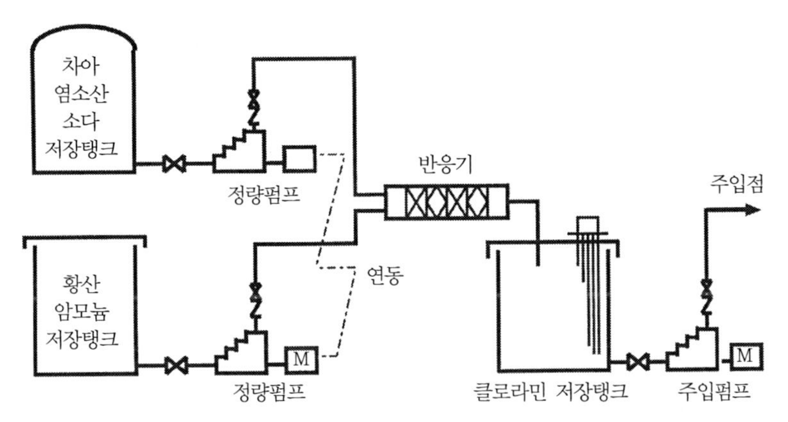

〈그림 4.5.1〉 배치식 클로라민 조제-주입장치(액-액 방식)

클로라민 주입펌프 이하는 보통 액체약품 주입계통과 같다.

연속방식으로 하는 경우에는 위 그림에서와 같이 반응기에서 나온 액을 직접주입점까지 이송한다. 클로라민 저장탱크와 주입펌프는 생략할 수 있다.

(2) 이산화염소 주입설비

▌주입목적과 주입률의 상한

이산화염소는 트리할로메탄을 생성하지 않고, 산화력이 염소보다 강하고, 특히 고 pH 영역에서 산화력이 크기 때문에 음료수처리의 산화제나 살균제로서 사용되기 시작했다. 그러나 이산화염소에는 독성이 있어 정수처리에서 이산화염소 주입률은 2.0mg/ℓ 이하, 아염소산이온은 0.2mg/ℓ 이하로 하고 있다. 또 음료수의 감시항목으로써 이산화염소농도, 아염소산이온의 농도와 더불어 0.6mg/ℓ 이하가 바람직한 것으로 되어 있지만, 자연계에서는 이산화염소는 존재하지 않기 때문에 이것도 이산화염소의 주입률을 규정한 것도 생각해볼 필요가 있다.

【이산화염소 조제약제】

이산화염소의 조제에는 〈표 4.5.2〉에 표시한 각종 방법이 있다. 이산화염소를 염소 대신 사용하는 큰 이유는 트리할로메탄을 생성하지 않기 때문이고 생성한 이산화염소에 염소가 포함되지 않도록 하는 것이 바람직하다.

표에는 이 정보도 기술하였다.

〈표 4.5.2〉 이산화염소 조제를 위한 약품 조합

약품조합		수율(收率)	유리염소	비고
염소산 소다 주체	$NaClO_3$ + HCl	>85%	나옴	
	$NaClO_3$ + Cl_2	>95%	남음	Cl_2는 NaClO로 해도 좋다.
	$NaClO_3$ + NaClO + HCl		남음	
	$NaClO_3$ + NaCl + H_2SO_4		나옴	
	$NaClO_3$ + H_2O_2 + H_2SO_4		나오지 않음	
아염소산 소다 주체	$NaClO_2$ + Cl_2	>95%	남음	Cl_2는 NaClO로 해도 좋다.
	$NaClO_2$ + HCl		나오지 않음	염산은 35%
	$NaClO_2$ + Cl_2 + HCl		남음	pH3.5~4로 한다. 염산15%
	$NaClO_2$ 전해		나오지 않음	

이산화염소를 만드는 데 필요한 약품의 이론량은 〈표 4.5.3〉에 나타내었다.

〈표 4.5.3〉 이산화염소 1kg을 만드는 데 필요로 하는 약품량

약품조합		약품량(kg)
염소산 소다 주체	$NaClO_3$ + HCl	$NaClO_3$: 0.79, HCl : 0.54
	$NaClO_3$ + Cl_2	$NaClO_3$: 1.05, Cl_2 : 0.53
	$NaClO_3$ + NaClO + HCl	$NaClO_3$: 0.79, NaClO : 1.10, HCl : 0.54
	$NaClO_3$ + NaCl + H_2SO_4	$NaClO_3$: 1.58, NaCl : 0.87, H_2SO_4 : 1.45
	$NaClO_3$ + H_2O_2 + H_2SO_4	$NaClO_3$: 1.58, H_2O_2 : 0.13, H_2SO_4 : 0.73
아염소산 소다 주체	$NaClO_2$ + Cl_2	$NaClO_2$: 1.34, Cl_2 : 0.53
	$NaClO_2$ + HCl	$NaClO_2$: 1.68, HCl : 0.54
	$NaClO_2$ + NaClO + HCl	$NaClO_2$: 0.67, NaClO : 1.66, HCl : 0.54
	$NaClO_2$ 전해	$NaClO_2$: 1.34

(주) 약제는 모두 농도 100%로 계산한다.

염산농도 HCl은 15~35%, 아염소산소다농도 $NaClO_2$는 25% 용액에서 고체상의 것도 있다. 차아염소산소다 NaClO는 12% 농도를 사용하고 있다. 발생 이산화염소농도는 수백에서 수천 mg/ℓ이다.

▌이산화염소 조제장치의 실제

이산화염소 조제장치의 처리계통을 〈그림 4.5.2〉에 표시하였다. 이 그림은 아염소산소다와 염산을 연속적으로 반응시키는 액-액 방식이다. $NaClO_2$와 HCl의 혼합비율은 이산화염소의 주입량에 관계없이 일정하므로 양약액펌프를 1대의 전동기로 구동하든가 연동해서 이것을 회전수 제어하도록 해두면 장치가 간단해진다. 이 경우 양액의 혼합비율은 정량펌프의 스트로크로 조정해둔다.

이산화염소는 휘발성이 높기 때문에 저장탱크를 설치하는 경우에는 밀폐용기로 하고 가스 빼기, 환기장치를 설치한다. 또 이산화염소는 플라스틱에 흡착되어 용기 중에 이산화염소가 없어진 후에도 용기벽에 흡착된 이산화염소가 가스로 되어 휘발한다. 이렇기 때문에 플라스틱 빈용기 뚜껑을 열어 놓거나 폐기하는 경우에는 잘 수세 후 환원제로 세정한다.

주입관은 에어록이 생기기 쉬우므로 가능한 한 상향배관으로 하고 요철부에는 가스 빼기 밸브를 설치한다. 누설 이산화염소의 제해설비로서 아황산소다와 같은 환원제나 가성소다 등을 뿌릴 수 있도록 하고 방독면 등의 방호구를 상비한다.

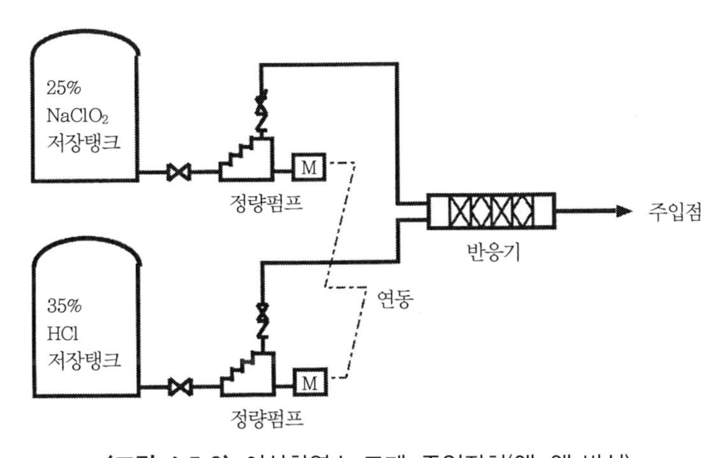

〈그림 4.5.2〉 이산화염소 조제·주입장치(액-액 방식)

(3) 활성규산 주입설비

활성규산은 미국의 Baylis가 발명한 것으로 일본에는 1960년대부터 1970년대에 걸쳐서 저수온 원수의 탁도 제거의 응집 보조제로서 사용되었다. 그 이후 폴리염화알루미늄의 출현에 따라 응집 보조제의 필요성이 적어졌고 활성규산은 거의 사용되어지지 않았다. 여기서는 기술 역사의 한편으로서 활성규산의 주입설비 설계방법을 기록해둔다.

▮ 활성화제와 숙성시간

활성규산은 활성실리카라고도 한다. 규산소다(물유리, $Na_2O \cdot nSiO_2 \cdot \chi H_2O$)에 산을 첨가하여 만든다. 그 이후 일정시간 양생하여 겔화되기 전에 주입한다. 첨가하는 산을 활성화제라고 하고 염소 Cl_2, 황산 H_2SO_4, 황산알미늄 $Al_2(SO_4)_3$, 탄산가스 CO_2 등이 사용된다. 이 가운데 다루기 쉬운 것은 황산이다.

규산소다와 각종 활성화제와의 반응은 다음과 같다. 반응식 중 SiO_2인 것이 활성규산이고, 활성화제는 규산소다 중의 Na_2O를 중화시키기 위한 기능이다.

$$H_2SO_4 + Na_2O \cdot nSiO_2 = Na_2SO_4 + H_2O + nSiO_2$$

$$(NH_4)_2SO_4 + Na_2O \cdot nSiO_2 = Na_2SO_4 + 2NH_3 + H_2O + nSiO_2$$

$$Al_2(SO_4)_3 + 3Na_2O \cdot nSiO_2 = 3Na_2SO_4 + Al_2O_3 + 3nSiO_2$$

$$2NaHSO_4 + Na_2O \cdot nSiO_2 = 2Na_2SO_4 + H_2O + nSiO_2$$

$$2NaHCO_3 + Na_2O \cdot nSiO_2 = 2Na_2CO_3 + H_2O + nSiO_2$$

$$Cl_2 + Na_2O \cdot nSiO_2 = NaCl + NaOCl + nSiO_2 \quad ^{*1}$$

$$2Cl_2 + Na_2O \cdot nSiO_2 + H_2O = 2NaCl + 2HOCl + nSiO_2$$

$$3Cl_2 + 2Na_2O \cdot nSiO_2 = 3NaCl + NaOCl + HOCl + 2nSiO_2$$

$$CO_2 + Na_2O \cdot nSiO_2 = Na_2CO_3 + nSiO_2 \quad ^{*2}$$

$$2CO_2 + Na_2O \cdot nSiO_2 + H_2O = 2NaHCO_3 + nSiO_2$$

〈표 4.5.4〉에 상기 반응식으로부터 계산한 활성화에 요구되는 활성화제의 양을 표시하였다.

활성규산의 조제에는 숙성시간이 중요한 요소가 된다. 숙성시간이 너무 길거나 활성화제를 과잉첨가하게 되면 활성규산은 겔화되어 굳어진다. 겔화되면 장치나 배관 내에서 폐색되고 청소하기가 쉽지 않다.

〈표 4.5.4〉 규산소다 활성화제의 종류와 첨가량

활성화제	규산소다 1kg에 대한 활성제량[kg]			활성규산 1kg에 대한 활성제량[kg]			활성규산 농도[%]		숙성시간 [h]
	JIS 1호	JIS 2호	JIS 3호	JIS 1호	JIS 2호	JIS 3호	숙성 시	저장 시	
H_2SO_4	0.269	0.221	0.142	0.747	0.650	0.507	1~1.5	0.5~1	3/4~2
$(NH_4)_2SO_4$	0.362	0.298	0.192	1.005	0.976	0.685	1.75	1.3	1~2
$Al_2(SO_4)_3 \cdot 18H_2O$	0.609	0.501	0.322	1.69	1.48	1.15	1.5	1.0	1~2
$NaHSO_4$	0.658	0.542	0.348	1.83	1.60	1.24	1.5	1.0	1~2
$NaHCO_3$	0.461	0.380	0.244	1.28	1.12	0.871	1.5	1.0	1~2
Cl_2 *1	0.195	0.160	0.103	0.542	0.470	0.368	1~1.5	0.5~1	1/5~1/4
CO_2 *2	0.121	0.095	0.064	0.336	0.279	0.121	1.5		1.5

(주) 1. 활성제 농도는 100%로 한다.
2. *1, *2는 반응식에 나타난 것과 대응한다.

그러나 응집효과는 겔화 직전이 가장 좋고 경험적으로 알맞은 혼합비, 숙성농도 및 숙성시간에 있다. 이것을 〈표 4.5.4〉에 나타낸다.

규산소다(규산나트륨)는 물유리(수초자)라고 한다. 규격에는 JIS 1호~4호품이 있고 정수처리에는 JIS 3호품(n≒3)을 사용한다.

반입·검수장치

규산소다나 각종 산은 액체이고 염소나 탄산가스는 기체이다. 각각의 수입·검수장치는 이미 기술했다. 단, 규산소다는 점도가 높기 때문에 (20°C에서 250cP, 5°C에서 700cP) 펌프는 플런저펌프, 기어펌프 또는 모노펌프로 한다. 배관설계에서도 점도의 영향을 고려한다.

규산소다는 알카리성이기 때문에 접액부의 재질은 철이나 강이 좋다. 포금(청동, Gun Metal)이나 놋쇠(황동)는 피해야 한다. 밸브·배관류도 같다. 활성화제는 산이어서 금속을 부식시키므로 염화비닐과 같은 내식재료를 사용한다. 단, 진한 황산은 강이나 철을 부식시키지 않으므로 습기를 피하고 펌프나 밸브·배관류에는 강이나 주철을 사용하는 것이 경제적이다.

반응·저장 설비

활성규산 조제방법에는 연속식과 배치식이 있다. 연속식이 장치가 작고 가격이 저렴하지만 조작의 실패에 따른 겔화사고를 일으키기 쉽다. 배치식은 일정농도의 활성규산을 조제하는 것이 용이하다. 배치식 활성규산 조제장치의 처리계통을 〈그림 4.5.3〉에 표시한다.

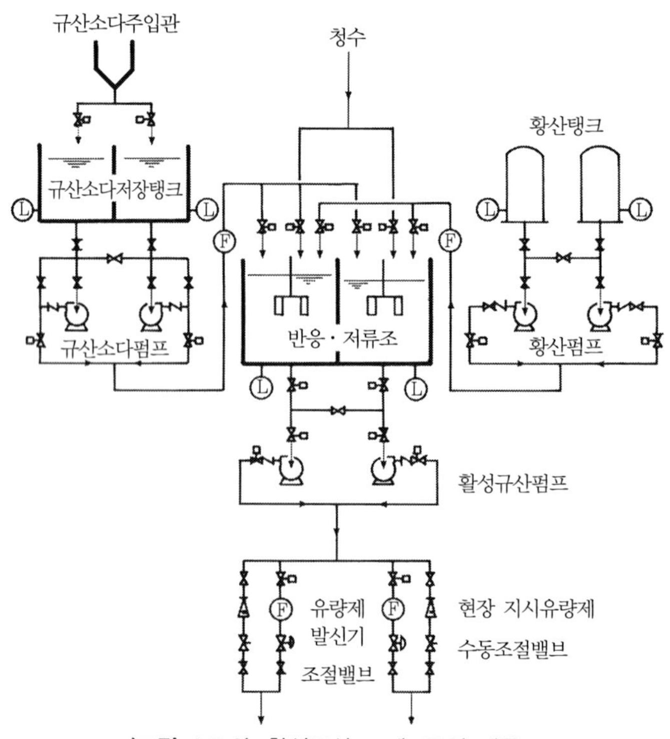

〈그림 4.5.3〉 활성규산 조제·주입 계통도

조제는 다음과 같은 순서로 행한다.

① 반응탱크(저장탱크와 겸용)에 소정량 물을 넣는다(양은 수위에 따라 계측).
② 교반을 시작한다.
③ 규산소다를 숙성 농도가 되도록 넣는다(적산유량계로 계측).
④ 황산을 소정량 넣는다(적산유량계로 계측).

⑤ 소정의 숙성시간 후 물을 첨가하여 저장농도가 되게 한다.

⑥ 주입을 시작한다.

⑦ 교반은 저장탱크가 빌 때까지 계속한다.

⑧ 다른 한 탱크의 조제설비를 위의 순서대로 시행하여 조제를 한다.

주입장치

활성규산은 액체이므로 이미 언급한 액체약품 주입장치와 같다. 활성규산은 극심한 부식성을 나타내지는 않지만 활성화제가 산이기 때문에 펌프나 밸브, 배관류는 스테인리스강이나 염화비닐을 사용한다. 탱크류도 염화비닐이나 염화비닐로 라이닝하는 것이 좋다.

설계 예

다음과 같은 조건에서 활성규산의 조제·주입장치를 설계한다.

[설계조건]

대상 처리수량 : max. 100,000m^3/d, nor.80,000m^3/d, min. 60,000m^3/d

활성규산 주입률 : max. 4mg/ℓ, nor. 3mg/ℓ, min. 2mg/ℓ

규산소다 규격 : JIS 3호품 (ρ = 1,400kg/m^3)

활성화제 : 98% 진한 황산 (ρ = 1,840kg/m^3)

숙성농도 : 1.5%

주입농도 : 1%

[주입량]

최대 주입량 = 100,000m^3/d × 4g/m^3 = 400kg/d

→ 40m^3/d (1.0%) = 1.7m^3/h = 28ℓ/min

평균 주입량 = 80,000m^3/d × 3g/m^3 = 240kg/d → 24m^3/d(1.0%)

최소 주입량 = 60,000m^3/d × 2g/m^3 = 120kg/d

→ 12m^3/d (1.0%) = 0.5m^3/h = 8ℓ/min

[약품량]

$$황산량\ max = 400kg/d \times \frac{0.507}{0.98} = 207kg/d \rightarrow 112\ell/일$$

$$황산량\ nor = 240kg/d \times \frac{0.507}{0.98} = 124kg/d \rightarrow 67\ell/일$$

$$규산소다량\ max = \frac{207\,kg/일}{0.142} = 1,458kg/d \rightarrow 1,041\ell/일$$

$$규산소다량\ nor = \frac{124\,kg/일}{0.142} = 873kg/d \rightarrow 624\ell/일$$

[기기, 탱크류 규격]

황산저장탱크(평균 주입량의 10일분 저장)

강판제 775ϕ ×1,200He×2조

규산소다 저장탱크(평균 주입량의 10일분 저장)

강판제 1,940ϕ ×1,200He×2조

반응, 저장탱크(1조에 최대 주입량의 1/2일분 저장)

철근콘크리트제, 내면 PVC시트라이닝

4,000×2,000×2,500He×2조

교반기 1조당 2기

1.5kW 수직교반기×4기

황산펌프 : 최대 주입량의 1/2일분을 5분에 이송한다.

캔드모터펌프(접액부는 주철, 강, 스테인리스강)

12ℓ/min×10m×0.4kW×2기(1기 예비)

규산소다펌프 : 최대 주입량의 1/2일분을 5분에 이송한다.

기어펌프(접액부는 주철, 강)

110ℓ/min×500kPa×2.2kW×2기(1기 예비)

활성규산주입펌프

벌루트펌프(접액부는 PVC 또는 스테인리스강)

28ℓ/min×10m×0.4kW×2기(1기 예비)

유량계

15ϕ 전자유량계(황산용, 적산계)

40ϕ 전자유량계(규산소다용, 적산계)

20ϕ 전자유량계(활성규산용, 지시기록조절계) : 관내 유속 max 1.49m/s

로타메타(현장조절, 지시용)

조절밸브 : 20ϕ 싱글포트형

이 설계 예의 처리계통을 〈그림 4.5.3〉에 나타낸다.

4.6 현장 발생 약품주입설비

수처리 현장에서 만드는 약품에는 오존, 전해염소 및 이산화탄소가 있다. 오존과 전해염소는 전기력을 이용하여 만들고, 이산화탄소는 정유 등의 연료를 연소하던지 탄산칼슘을 가열하여 얻는다.

(1) 오존주입설비

▮ 오존주입설비의 요소

오존주입설비는 〈그림 4.6.1〉과 같은 구성이 되고 구성요소 각각의 설계와 선정법에 대하여 설명한다.

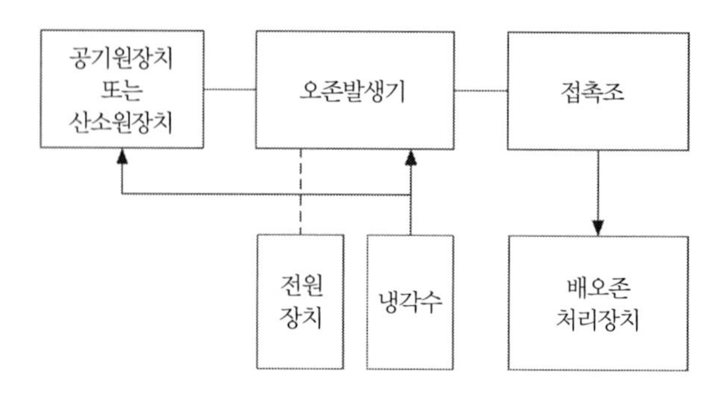

〈그림 4.6.1〉 오존주입설비의 구성요소

▮ 오존발생기

오존을 발생하는 방법에는 광화학법, 전해법, 무성방전법 등이 알려져 있다. 최근 널리 사용되고 있는 무성방전법은 한 쌍의 전극 사이에 유전체를 삽입하여 이 전극 간에 교류의 고전압을 가하고 이 방전공간에 공기 또는 산소를 통과시켜 오존을 생성한다.

오존생성반응은 다음과 같다.

$$3O_2 \rightleftarrows 2O_3 - 68.2\text{kcal}(286\text{kJ}) \qquad (1)$$

이 식에서 이론 오존발생량은 1.2kg/kWh가 된다. 그러나 무성방전에 따른 오존생성효율은 공기원료에서 기껏해야 5% 정도, 산소원료에서 12% 정도이기 때문에 이것의 10～20배의 전력이 필요하게 된다.

무성방전식 오존발생기는 튜블러형, 유리라이닝형, 플레이트형이 있다〈그림 4.6.2〉 그 외 방식도 시도되고 있지만 실적은 적다. 튜블러형은 원통용기의 가운데 파이렉스 그라스제의 튜브를 몇 본씩 수납한 구조로 스테인리스강제 접지전극을 갖고 접지전극 측을 냉각하는 방식이다.

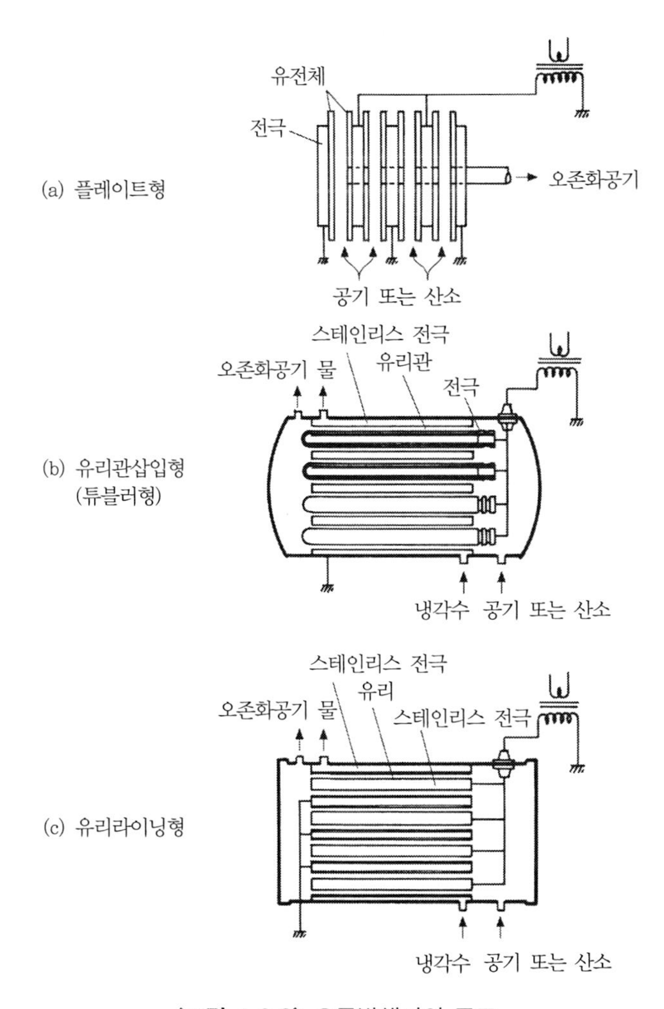

〈그림 4.6.2〉 오존발생기의 구조

유리 라이닝형은 접지전극의 스테인리스강을 유전체인 유리로 라이닝하고, 고압전극을 스테인리스강으로 하고 있다. 방전간격 지수를 정밀하게 하는 것이 가능하므로 유전체와 고압전극 쌍방을 직접 냉각할 수 있기 때문에 냉각효과가 높다.

플레이트형은 평판의 전극과 유전체를 겹겹이 겹친 구조로 되어 있다.

◎ 오존생성 인자

오존의 생성은 공기의 건조도, 공기유속, 공기압, 전극전압, 냉각수온도, 오존농도, 주파수 등에 영향을 받는다.

공기의 건조도는 발생 효율뿐 아니라 유전체 수명에도 영향을 미친다. 발생기 내 압력이 높으면 공기원료에서는 오존 전화율(轉化率)이 떨어지지만 산소원료에서는 영향이 반감된다. 전극의 냉각은 발생효율과 유전체의 수명에 영향이 있다.

모든 조건을 최적하게 할 경우 코로나방전에 의한 오존발생량은 다음과 같다.

$$w = \frac{Kf\epsilon V^2}{D} \tag{2}$$

$$V \propto ps \tag{3}$$

여기서, w : 최적조건하의 전극단위면적, 단위시간당 오존발생량, V : 방전간극에 따른 전압, f : 주파수, ϵ : 유전율, D : 유전체 두께, p : 방전간극에 따른 기체압력, s : 방전간극, K : 정수

상기 식에서 전압 V가 높을수록 발생량이 증가한다. 그러므로 14kV 고전압으로 발생오존 농도를 높이는 제작자도 있다. 그러나 아마 고전압에 이르면 유전체와 전극의 표면이 손상되기 때문에 많은 발생기는 10kV 이하의 전압으로 하고 있다.

주파수 f도 높은 편이 오존 발생량을 증가시키지만 너무 높으면 역시 유전체가 손상되기 때문에 상용주파수에서 1,000Hz 정도까지의 주파수가 사용되고 있다. 유전체의 장착법과 전극 냉각법을 연구하여 10kHz의 높은 주파수를 사용하고 있는 예도 있다.

유전체에는 높은 유전율(ϵ)을 갖는 얇은(D가 작은) 재료가 이상적이다. 파이렉스글라스나

세라믹이 사용되고 있다. 시장에 나와 있는 오존발생기의 제원을 〈표 4.6.1〉에 나타낸다.

〈표 4.6.1〉 오존발생기의 전력량과 발생오존농도

제조자	원료	방전전력 [kWh/kg]	소비전력 [kWh/kg]	발생농도	
				[%]	[g/Nm^3]
미츠비시전기(주)	공기	16	29	1.5~3.1	20~40
	산소			3.1~11.6	120~150
(주)도시바	공기	14.4	19		
후지전기(주)	공기	13.2	19~21	1.5~3.1	20~40
	산소		8.2~9.2		120
트레일리가스	공기		17.5~18.4	1.4~1.5	
에르스탓트	공기		7.7		
크로린 엔지니어즈사	공기	13~15	15~21	2.0~3.5	26~46
	산소	8.5~9.5	10~14	4.0~8.0	58~120
아세아브라운보베리사	공기	14~20	20~24	2.0~3.5	26~46
	산소	7.5~13		4.0~7.5	58~110

공기공급장치

〈그림 4.6.3〉은 원료공기 중 수분량과 오존발생량의 관계를 나타내고 있다. 이와 같이 오존발생효율은 공기 중 수분량의 영향을 받고 수분량이 많으면 오존발생량이 크게 떨어진다. 그뿐만 아니라 N_2O_5나 N_2O가 발생하여 이것들이 질산이 되면 기기의 부식이 진행된다.

그림에 표시한 바와 같이 원료공기의 노점온도(수분이 이슬로 되는 온도)가 -50°C 이하가 되면 오존발생효율은 최대에 가까워지기 때문에 오존 발생기에 공급하는 공기의 수분량은 노점온도가 -50°C 이하가 되도록 제습한다.

공기공급장치는 〈그림 4.6.4〉와 같이 공기압축기, 공기냉각장치 및 제습장치이다.

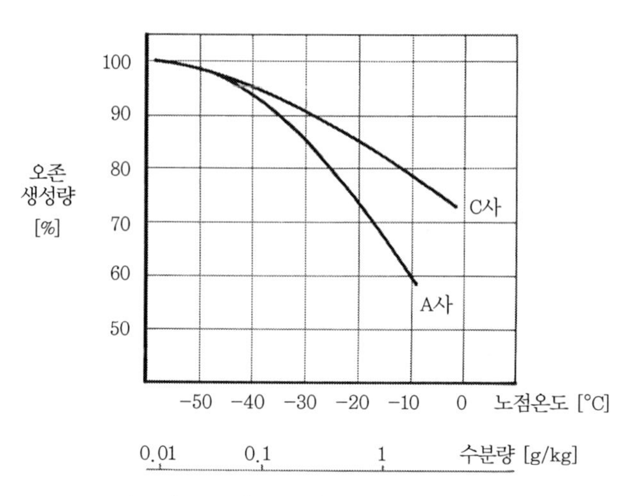

〈그림 4.6.3〉 노점온도와 오존발생량

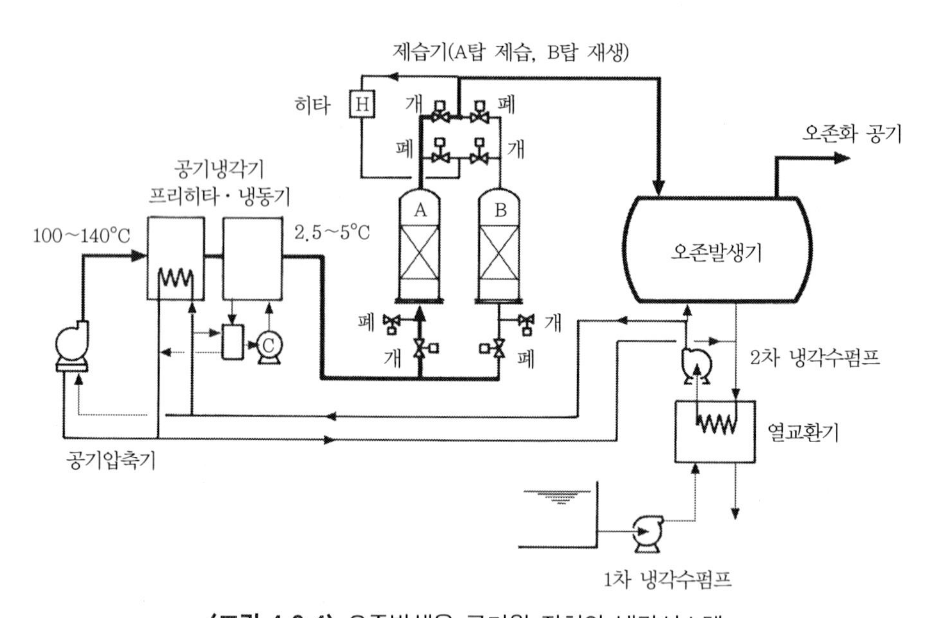

〈그림 4.6.4〉 오존발생용 공기원 장치와 냉각시스템

◎ 공기압축기

공기압축기는 소용량에는 소위 베비콤, 중용량에는 스크류 압축기, 대용량에는 루츠블로어 등을 사용한다. 어느 것이나 무급유형으로 한다. 압축기 용량, 압력 및 전동기 출력은 이하의 각 식으로 계산한다.

$$Q = \frac{rF}{c} \tag{4}$$

$$H = h + h_d + h_p \tag{5}$$

$$P = \frac{Q'H'\kappa}{6.12\eta} \tag{6}$$

$$H' = p \times \frac{\gamma}{\gamma - 1} \left\{ \left(\frac{p_d}{p} \right)^{(\gamma - 1)/\gamma} - 1 \right\} \tag{7}$$

여기서, Q : 압축기용량 [Nm^3/h], r : 주입오존농도[mg/ℓ], F : 처리수량[m^3/h], c : 발생오존농도[g/Nm^3], H : 압축기토출압[mAq], h : 접촉조 내 산기장치수심[m], h_d : 산기장치 압력손실[mAq], h_p : 밸브, 배관류 압력손실[mAq], P : 전동기출력[kW], Q' : 흡입상태의 공기량[m^3/min], H' : 블로워 평균 유효절대압력[mAq], p : 흡입절대압력[mAq], p_d : 토출절대압력(H+대기압)[mAq], γ : 공기의 정압비열과 정적비열의 비(=1.4), η : 송풍기 효율[-](0.6~0.8), κ : 전동기의 여유[-](1.1~1.2)

블로워의 토출압력은 75~100kPa(≒7.5~10mAq) 정도가 된다. 베비콤이나 스크류 압축기는 원리적으로 토출압력이 필요압력보다 훨씬 높기 때문에 공기탱크와 감압밸브를 설치한다.

◎ 공기냉각기

온도가 높아지면 식 (1)의 평형이 좌측으로 이동하여 오존이 분해되고 수율이 저하한다. 또 전술한 바와 같이 오존발생기의 효율이 떨어지기 때문에 가한 에너지의 90% 이상은 열로 된다. 이점에서 유전체와 전극의 냉각이 필수이다.

냉각방법에는 수냉식과 공냉식이 있고 어느 것이나 금속전극의 외측을 냉각한다. 공냉식은 양질의 냉각수를 얻을 수 없을 때 사용되고, 여름철에는 불리하다. 수처리에 사용하는 경우에는 오로지 수냉식이다. 오존발생기에서 발생하는 열을 제거하기 위해 냉각수의 이론량은 다음 식에 따라 계산한다.

$$Q = \frac{0.71W}{\eta\gamma\Delta T} \tag{8}$$

여기서, Q : 냉각수량 [m^3/h], W : 발생오존량[kg/h], η : 오존발생효율[-], ΔT : 냉각수 입구온도와 출구온도 차[°C], γ : 냉각효율[-]

0.71의 수치는 다음의 계산에서 나온다.

$$\frac{68.2[\text{kcal}] \times 1{,}000[\text{g/kg}]}{96[\text{g}] \times 1[\text{kcal/(kg°C)}] \times 1{,}000[\text{kg/m}^3]} = 0.71[\text{m}^3\text{°C/kg}]$$

냉각수의 공급은 청수를 일시적으로 흐르는 경우와 냉각수 제조장치(Chiller)로 만든 냉수를 순환하는 간접냉각방식이 있다. 〈그림 4.6.4〉는 후자의 경우로 냉수는 이온교환수를 사용하여 순환하고 있다. 이 순환냉각수(이차냉각수)는 열교환기를 통해 수도수 등으로 냉각한다. 그림에 표시한 바와 같이 이차냉각수는 블로워나 공기 냉각에도 사용하고 있다.

압축기에서 나온 공기의 온도는 100~140°C가 되므로 이것을 냉각하는 것만으로 상당한 수분이 응결되고 제거할 수 있다. 베비콤과 같이 압력이 500~700kPa로 높은 경우에는 수냉식의 냉각장치가 좋다.

루츠블로워를 사용한 경우에는 냉동기를 사용하여 냉각기 출구에서 2.5~5°C가 되도록 냉각한다. 블로워 자체도 냉각한다.

◎ 제습장치

공기제습장치는 노점온도가 -50°C 이하가 되도록 설계한다. 소형장치는 비가열재생형, 대형장치로는 가열재생형을 사용하고 있다. 어느 것이나 제습탑은 2탑으로 하고 1탑이 제습공정에 있으면 다른 탑은 재생공정에 있다. 재생에는 제습공정에서 나온 건조공기를 사용하고 있다. 이 공기를 가열하느냐 아니냐가 제습장치의 형식 차이가 된다. 가열식의 경우는 재생공정 후에 냉각 공정이 들어간다. 제습장치를 나온 공기온도는 20°C 정도이다.

◎ 냉각수 시스템

대형시설은 〈그림 4.6.4〉와 같이 오존발생기, 블로워 등은 열교환기에서 간접냉각한 이온교환수를 순환하여 냉각한다. 일차냉각수에는 정수를 일시적으로 사용하고 소용량 시설은 청수로 직접 냉각한다.

산소공급장치

오존원료로 산소를 사용하는 경우에는 순산소를 구입하든가 공기에서 산소를 분리시켜 산소부화(富化) 공기로 사용한다.

액화산소를 구입하는 경우에는 액화산소 저장탱크와 기화기가 필요하다.

산소부화공기를 만드는 경우는 〈그림 4.6.5〉와 같이 합성제올라이트와 같은 흡착제를 사용하여 질소를 흡착시켜 산소농도가 높은 기체를 빼낸다. 흡착제를 재생할 때에는 탑내를 감압한다. 부압이 되면 흡착된 질소가 가스화하여 분리배출된다. 산소농도 90% 이상의 가스를 제조할 수 있고 소요동력은 0.33kWh/kg-O_2 정도가 된다.

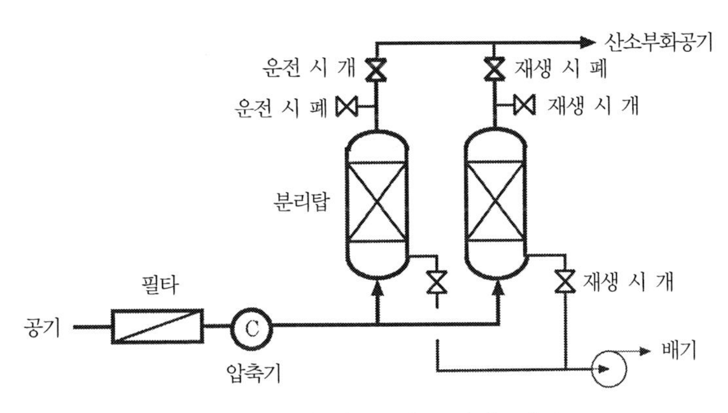

〈그림 4.6.5〉 산소부화 공기제조장치

접촉조

순오존의 물에 대한 용해도는 0.57g/ℓ(20°C)이고 산소의 약 10배이지만 오존화공기 중의 오존농도는 수 % 정도로 희박하기 때문에 오존의 물에의 흡수를 지배하는 농도차 추진력이 작다.

효율 좋고 낮은 가격으로 오존을 수중에 흡수, 용해시키는 기구를 선정하는 일이 설계의 요점이 된다.

오존의 물에 대한 용해현상은 기본적으로 통상의 에어레이션과 같고 이중 격막이론이 적용된다. 즉, 다음 식이 성립된다.

$$S = K_L A (C_\infty - C) \tag{9}$$

$$C_\infty = \frac{p}{H} C_g \tag{10}$$

여기서, S : 오존 이동속도, K_L : 총괄물질이동계수, A : 기액접촉면적, C_∞ : 조작압력에서 평형하게 있는 오존농도, C : 액중 오존농도, C_g : 가스농도, p : 가스압력, H : 헨리 정수

K_L의 값에는 접촉장치의 종류와 주입방법, 기액비, 부하율, 기포직경, 기포상승속도, 레이놀드수 등의 접촉조건, 수온 및 pH 등의 수질조건이 영향을 미치고 있다.

위 식에서 오존이동속도를 크게 하기 위해서는 수중의 오존기포를 작게(A를 크게)하면 효과가 있다. 기포의 전표면적 A [m^2]은 6V/D(V는 기포의 전체적[m^3], D는 기포 직경[m])으로 표시하므로 기액접촉면적은 기포경에 역비례하여 크게 된다. 기포가 작으면 액 중의 기포 상승속도가 작게 되고 액중 체류시간이 길어지는 효과도 있다. 그러나 기포경을 작게 하는 것은 동력을 필요로 하기 때문에 3mm 정도가 적당하다고 본다. 이때의 기포상승속도는 0.2~0.3m/s 정도가 된다.

식 (9), (10)에서 가스 농도나 압력을 높게 하는 것이 기체의 용해에 효과가 있다. 그러나 가스농도나 압력을 높게 하면 가스이동속도는 높아지지만 오존발생효율이 저하하기 때문에 적당한 농도와 압력을 선정한다.

실용화되고 있는 오존접촉장치는 분무탑, 충진탑, 플레이트탑, 표면폭기, 스테이틱믹서, 산기조, U-튜브 등이 있다. 대표적인 접촉장치를 〈그림 4.6.6〉에 표시한다.

산기식 접촉조는 가장 넓게 사용되고 있고 병류식과 향류식이 있다. 액의 입구에서 저농도 오존과 접촉하기 때문에 향류식이 흡수효율이 높다.

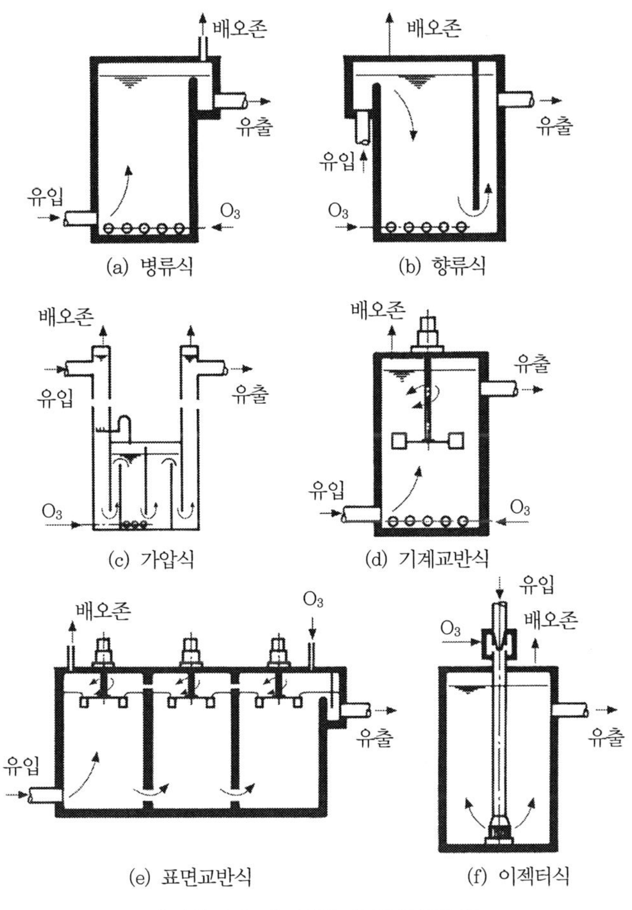

〈그림 4.6.6〉 각종 오존접촉장치

수심을 크게 하면 흡수효율은 높아지지만 압력이 높아지기 때문에 동력비는 크게 되고 오존 발생효율이 저하된다. 5~7m가 적절하다.

정수처리에 적용할 경우 체류시간은 10~20분이고 흡수효율은 80~90%를 얻을 수 있다.

대표적인 산기식 오존접촉조의 예를 〈그림 4.6.7〉에 나타낸다. 일반적으로 접촉조는 오존과 기포가 접촉하는 접촉부 및 오존이 처리대상물과 반응하는 체류부로 구성된다. 〈그림 4.6.7〉에서는 앞의 2실이 접촉부이고 후의 1실이 체류부이다.

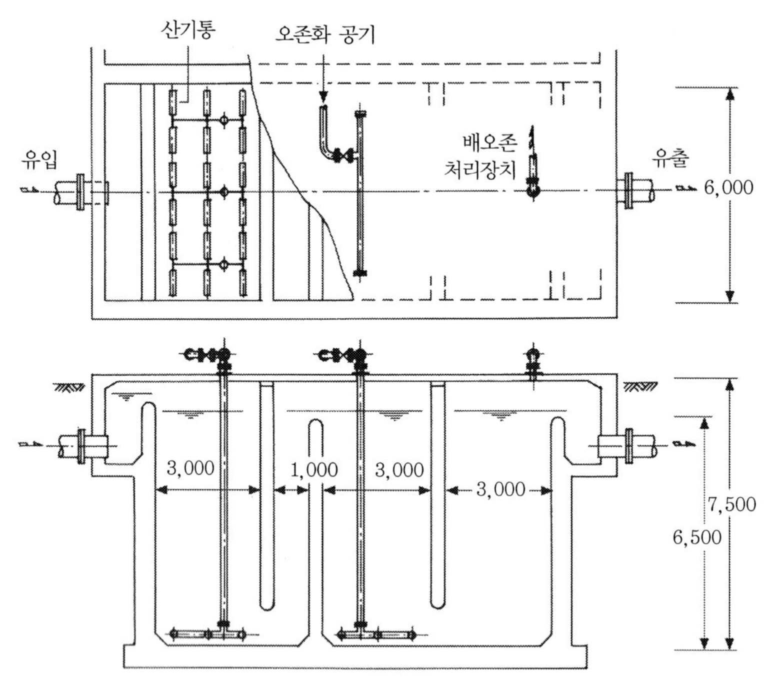

〈그림 4.6.7〉 산기식 오존접촉조(처리 수량 32,500m^3/d)

U-튜브 접촉장치는 〈그림 4.6.8〉과 같이 수심 20~25m의 수직 원통형조(관으로 하는 것도 있음) 내에 내관을 삽입한 이중관으로 되어 있다. 유입수는 내관에서 하류단으로 1.6~1.8m/s 유속으로 흐르고 외조(관)로 나와 상향류가 되고, 유출거에서 유출된다. 오존화 공기는 내관 내에 삽입한 오존주입관에서 물에 끌어들인다. 외조(관) 수심이 크기 때문에 C_∞ 값이 커질 뿐 아니라 기포와 물과의 접촉시간이 길게 되고, 내외관 중의 흐름이 압출 흐름이 되기 때문에 체류시간을 짧게 할 수 있다. 이 접촉장치는 내관이 접촉부, 외측이 체류부가 된다.

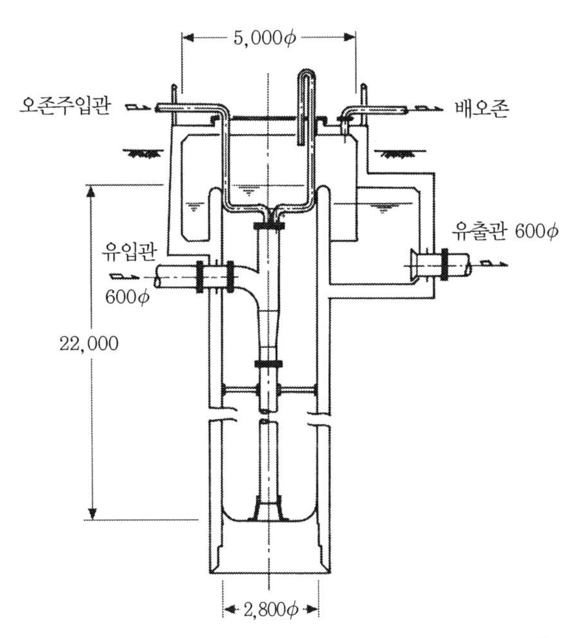

〈그림 4.6.8〉 U-튜브 오존 접촉조(처리수량 50,000m^3/d)

▮ 배오존처리 장치

오존은 사람이나 가축에 대하여 독성이 있다. 오존처리장치에서 발생하는 배오존은 독성한계 이하로 희석시켜 배출하거나 분해해서 무해로 한다.

취기를 감지하기 시작하는 오존농도는 0.01ppm 정도이다. 일본환경위생학회에서는 노동환경의 대기 중 오존허용농도를 0.1ppm(1일 8시간, 주 40시간 정도의 노동에 종사하는 경우)이고 환경기준은 광화학 옥시던트는 0.06ppm 이하(1시간 값)로 되어 있다. 배오존처리장치는 처리오존농도를 0.06mg/ℓ 이하가 되도록 설계·관리하면 안전하다.

배오존 농도와 배풍기 용량은 다음 식과 같다.

배오존 농도 = 발생오존농도 × (1-흡수효율) (11)

배풍기 용량 = 오존용 블로워의 최대 용량 (12)

접촉조에서 오존흡수효율은 80~95%이다. 배오존의 설계는 안전 측을 보아서 80%로 한다. 즉, 발생오존농도의 20% 농도의 배가스가 나오는 것으로 하여 장치를 설계한다.

접촉조에서 나온 풍량은 배오존 외에 물의 증발분을 더해야 하지만 처리수중에 녹아 있는 공기도 있기 때문에 상쇄하여 배오존 처리장치의 풍량은 오존 발생용 블로워 용량과 같게 한다. 오존발생용 블로워의 운전 대수나 운전풍량은 일정하지 않기 때문에 배오존 배풍기는 가변속으로 하고 접촉조 내 압력은 적절한 값이 되도록 제어한다.

오존분해의 각종 처리법을 이하에 표시한다.

◎ 활성탄분해법

활성탄은 오존을 흡착, 분해하는 힘이 크다. 활성탄층을 통과만 시키는 것으로 장치는 간단하다. 최종적으로는 다음 식과 같이 활성탄은 이산화탄소로 되어 날아가 버리므로 소모분을 보급할 필요가 있다.

$$2O_3 + 3C \rightarrow 3CO_2$$

오존을 다량 흡착한 활성탄에 건조 오존을 통과하면 반응열로 온도가 상승하고 폭발할 위험이 있다. 폭발방지를 위해 활성탄에 망간이나 제올라이트를 담체에 부착시키거나 알카리용액을 통하게 하고 있다. 수처리에 사용하는 경우에는 배오존은 수중을 통과하여 젖어있으므로 폭발의 위험은 적다.

◎ 촉매분해법

촉매를 사용한 오존을 분해하는 방법으로 접촉분해법이라고도 한다. 실용화되어 있는 촉매는 망간산화물이다. 촉매는 수분이 부착하면 수명이 단축되기 때문에 우선 미스트 세퍼레이터에서 수분을 제거하고 반응속도를 높이기 위해 유입가스 또는 촉매층을 40~60°C 정도로 가열하고 있다. 촉매층의 용적부하는 $3,000h^{-1}$(체류시간 1.2초) 정도로 하고 있다.

◎ 가열분해법

배오존은 버너에서 310~350°C로 연소시키면 2~10초 정도의 체류시간으로 분해할 수 있다. 고농도 오존에 대하여도 확실한 방법이나 장치가 복잡하고 운전비용이 많아진다.

◎ 약액세정법

오존을 분해하든지 환원작용을 갖던지 어느 것이던 작용을 하는 약제로 처리하는 방법이다. 전자의 예로서 가성소다, 후자로서는 아황산소다 등의 환원제 또는 적당한 폐수라도 좋다. 세정장치로는 충진탑이나 계단탑이 적용된다. 약액세정법은 오존과 동시에 질소산화물도 제거할 수 있다는 특징이 있지만 사용 후의 폐수처리에 문제가 있다.

◎ 재이용법

후단에서 주입한 오존의 배오존을 펌프나 이젝타를 사용하여 전단의 프로세스에 되돌려서 주입하는 방법이다. 오존을 유효이용 할 수 있어 경제적인 것처럼 보이나 배오존은 수분을 함유하여 부식성이 높기 때문에 기기가 고가가 되어 경제적으로는 되지 않는다.

▌전원공급장치

오존발생기의 전원으로서 수 kV~10kV의 교류전압이 필요하다. 소형장치에서는 50~60Hz의 상용전원으로 변압기로 승압하여 사용한다. 오존발생량은 승압변압기의 일차 측 전압을 유도전압조정기 등에서 제어한다.

오존은 주파수가 높으면 발생량이 증가하므로 대용량 장치에서는 600~2,000Hz 정도의 고주파로 하고 있다. 이 경우에는 인버터(정확히는 컨버터/인버터)를 사용하고 있다.

인버터는 〈그림 4.6.9〉와 같이 구성되어 있다. 컨버터에서 교류를 직류로 전환한 후 인버터에서 주파수를 높여 직-교변환과 동시에 오존 발생기에 공급하는 전력을 제어하고 있다. 전력을 제어하는 방식에는 PAM(전압조정), PWM(펄스폭 조정), PDM(펄스 밀도조정) 등이 있고 PDM 방식이 많이 사용되고 있다. 인버터 후에 승압변압기를 설치하여 소정의 전압으로 한다.

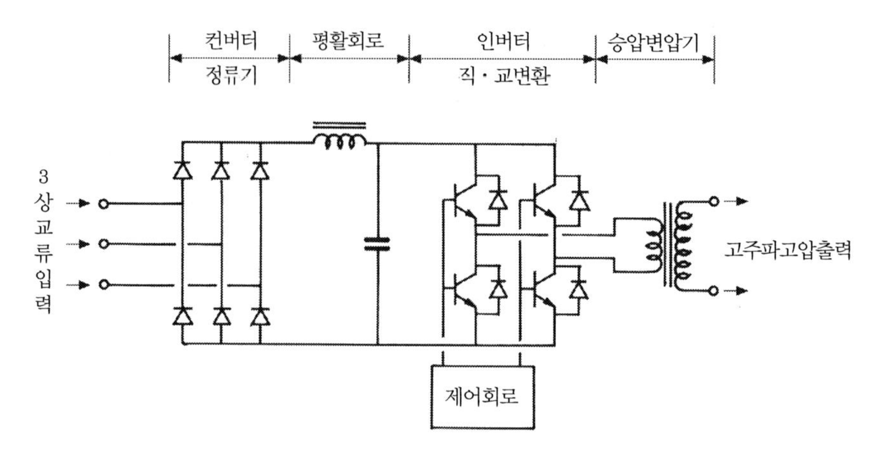

〈그림 4.6.9〉 오존발생기의 인버터 전원

인버터 장치는 고주파를 발생시킨다. 다른 전력 제어기기 등에 영향이 미치지 않도록 고주파가 나오기 어려운 회로로 하거나 능동필터(발생원에서 고주파를 골라내어 위상을 180° 늦춤 전원으로 되돌리는 방법)를 마련하는 등의 대책을 강구한다.

오존발생기는 오존발생량 1kg/h당 13~17kW의 전력이 필요하고 그밖에도 다음에 표시한 바와 같이 보조기계류에 이것의 50~60% 정도의 전력을 필요로 한다.

① 원료용 공기공급장치 : 공기압축기, 냉동기, 제습장치
② 냉각수 제조장치 : 수냉각장치, 일차 냉각수펌프, 이차 냉각수 순환펌프
③ 배오존 처리장치 : 배오존 히터(촉매가온용), 배풍기
④ 제어용 장치 : 계장용 공기공급장치 및 제습기, 밸브류
⑤ 역률개선장치

오존발생기는 큰 커패시턴스(축전기, capacitance)로 역률은 0.45~0.5이다. 전동기 등의 인덕턴스(유도계수, inductance)를 갖는 기기가 적은 경우는 지상(遲相)인덕턴스를 접속하여 역률개선을 도모한다.

▌주입량 제어

과잉주입되어 잉여오존이 나오지 않도록 필요한 만큼의 오존량을 발생시켜 플랜트 측의 변동에 대응하여 오존 발생량을 제어한다. 오존주입량 제어의 기본형은 다음과 같다.

◎ 유량비례 제어

유량에 비례한 오존량을 주입하는 방식이다. 단순히 실용적인 방법이지만 유입수의 수질이 변화하는 경우에는 주입 부족이나 과잉이 되는 수도 있다.

◎ 배오존농도 일정 제어

접촉지에서 배출되는 배오존농도를 설정하여 이것을 일정하게 유지하는 방식이다. 기체상태의 오존농도를 지표로 하기 때문에 측정상의 문제는 적지만 배오존농도와 처리성과의 상관관계가 강한가 아닌가가 문제가 된다.

◎ 용존오존 일정 제어

접촉지 출구의 수중 오존농도를 설정하여 이것을 일정값으로 유지하는 방식이다. 수중의 처리대상물질의 제거성과 상관이 높은 측정값에 따른 제어이고, 과잉주입을 막는다. 샘플링 배관 중에서 오존이 분해하기 때문에 정확한 농도 측정이 어려운 점 등 측정상의 문제가 있다.

◎ 캐스케이드 제어

앞서 기술한 '배오존농도 일정 제어' 또는 '용존오존 일정 제어'에 유량신호를 캐스케이드하는 제어이다.

▌발생량 제어법

앞서 기술한 주입량이 되도록 오존 발생기를 제어하는 방법에는 다음과 같은 것이 있다.

◎ 오존농도 제어(오존화 공기량 일정)

원료공기량이나 산소량을 일정하게 하고 오존발생장치의 인가전압 또는 공급전력량을 제어하는 방법이다. 필연적으로 주입량에 따라 오존농도가 변하게 된다. 제어범위는 5~100%로 할 수 있다.

◎ 오존화 공기량 제어(오존농도 일정)

오존량을 발생장치에의 공급전력을 변하게 제어하고 동시에 오존농도가 일정해지도록 원료 공기량도 제어하는 방식이다. 시스템이 복잡해지고 제어 범위는 50~100%로 좁아진다.

▮ 안전에 대한 제어

① 실내 오존농도가 규정치를 상회하는 등의 이상 시 발생기의 전원을 차단한다.
② 배가스 오존처리 장치에 이상이 생길 시에는 오존발생기의 전원을 차단한다.
③ 실내 오존농도가 설정한도를 초과할 때는 환기하거나 공기청정기를 운전한다.

▮ 오존농도계

오존농도측정기에는 기체용과 액체용이 있다. 전자는 발생오존농도의 감시와 제어 및 배오존가스 농도의 감시나 실내오존농도의 모니터에, 후자는 처리수의 용존오존농도의 감시와 제어에 사용되고 있다.

오존농도 측정방법에는 자외선흡수법, 화학발광법, 흡광광도법, 홀로그래피(holography)법 등이 있으나 공업계기로서는 기상, 액상 어느 용도의 것에도 자외선 흡수방식이 많이 사용되고 있다.

▮ 오존내식재료

오존에 대하여 내식성이 있는 재료에 대해서는 제5장에 설명하겠지만 개략적으로 다음과 같은 재료를 사용한다.

건조오존화 공기 : STS304
습윤오존화 공기 : STS316, PVC, 자기, 파이렉스유리(pyrex glass)
오존화 수 : STS316, 몰타르(접촉조)
패킹류 : 테프론

오존이나 산소계통의 배관은 연마 찌꺼기, 용접 찌꺼기, 유류 등이 남지 않도록 압력시험 전에 세척한다.

물세척 후에 알카리액이나 구연산으로 세척하고 순수로 헹구고 청정한 건조공기 또는 질소를 통과시켜 수분을 제거한다.

용접부분은 부식되기 쉽기 때문에 특히 잘 세척한다.

오존주입 장치 설계 예

[설계 조건]

용도 : 상수도 고도정수용

처리수량 : 130,000m^3/d (32,500m^3/d × 4계열)

최대 주입률 : 4mg/ℓ

오존농도 : 20g/Nm^3

원료 : 공기

접촉조 : 향류접촉방식, 체류시간은 접촉부 10분, 체류부 5분으로 한다.

이하 1계열분을 나타낸다. 예비기는 전체에 대하여 1계통을 설치한다.

[블로워 용량]

오존주입량 = 32,500m^3/d × 4mg/ℓ = 130kg/d = 5.42kg/h → 5.5kg/h

공급공기량 = 5.5kg/h ÷ 20g/Nm^3 = 275Nm^3/h = 4.6Nm^3/min

블로워압력 :

산기장치수심	= 6.5m
배관등 마찰손실	= 1.5mAq (계산생략)
산기장치 마찰손실	= 0.5mAq
제습장치 압력손실	= 1.0m
합계	= 9.5mAq (=93.1kPa)

블로워시방 : 제습기 재생분의 공기량 2.3m^3/min을 가산한다.

7.0Nm^3/min × 100kPa × 30kW × 1기

[공기냉각장치]

공기공급장치에서 나온 공기는 약 140°C가 되기 때문에 이것을 냉동기로 5°C까지 냉각한다.

냉동기용 콤프레샤 5.5kW

[냉각수 생성장치]

공기공급장치 및 오존발생기의 냉각장치는 열교환기를 사용하는 간접냉각방식으로 한다. 즉, 플레이트식열교환기, 열교환기 2차측 냉각수 순환펌프 및 1차 냉각수펌프로 구성한다.

냉각수량 = 오존발생기 $22m^3/h$ + 공기냉각기 $6m^3/h$ + 블로워 $1m^3/h$

= $29m^3/h \rightarrow 30m^3/h$

2차측 냉각수 순환펌프 : $30m^3/h \times 3.7kW$

2차측 냉각수 펌프 : $33m^3/h \times 5.5kW$

[제습장치]

형식 : 가열재생형 제습장치×1기

용량 : 입구공기량 $344m^3/h$

출구공기량 $275m^3/h$

재생히터 : 7.5kW

[오존발생기]

형식 : 유리라이닝전극, 무성방전식(無聲放電式)

용량 : 5.5kg/h×100kW×1기

냉각수량 : $22m^3/h$

방전전압 : 8kV

주파수 : 800Hz

[접촉조와 체류조] 〈그림 4.6.7〉

접촉조는 10분, 체류조는 5분의 체류시간으로 한다.

필요 용량 = 32,500 × 15/1,440 = 339m^3

(3m + 3m + 3m) × 6m(폭) × 6.5m(깊이) = 351m^3

산기관 : 75mmϕ × 500mmL의 자기제(磁器製) 산기통을 가지모양으로 배치한다.

[배오존 처리장치] 1기

주입오존량의 20%가 미반응하여 배출되는 것으로 하고 처리방식은 망간촉매 방식으로 한다.

배오존농도 = 20g/Nm^3 × 0.2 = 4g/Nm^3

배오존유량 = 275Nm^3/h

미스트 세퍼레이터 : 와이어 메쉬형

가열히터 : 유입가스를 40°C로 가열한다. 시스히터(sheath heater) 11kW

배풍기 : 가변속 터보블로워 275Nm^3/h × 2.2kW

[제어방식]

오존주입량 제어 : 원수유량 비례주입

오존발생기 제어 : 농도 제어방식(공기량 일정)

인버터방식에 따른 PDM 제어. 오존주입량이 소정의 값이 되도록 제어한다.

긴급정지 : 오존누설검지기 상한값에서 오존발생기 공급전원 off

오존농도계의 측정점과 측정범위

발생오존 농도 : 0 ~ 25g/Nm^3

배오존 농도 : 0 ~ 10g/Nm^3

용존오존 농도 : 0 ~ 10mg/ℓ

배기오존농도 : 0 ~ 1ppm

오존누설검지기 : 0 ~ 1ppm

공기제습장치

타이머에 따른 (제습/재생) 변환 운전

공급공기 습도 상한경보

[배관]

배관재료는 다음과 같다.

접촉조 유입관 : 덕타일주철관

접촉조 출구관 : STS316

오존화공기(건조)관 : STS304

오존화공기(습윤)관 : STS316

배오존관(조 관통부) : STS316

배오존관(처리장치까지) : HIVP

배오존관 처리장치 출구관 : STS304

(2) 전해염소 주입설비

▌생성방법의 개요

염소는 독성이 높고 가스상태로 되기 때문에 누설하면 위험이 광범위하게 미친다. 염소를 대체하여 차아염소산소다로 하면 가스 누설에 대한 위험성이 없어지나 유효 염소농도가 적어져 유효염소분이 시간과 함께 감소하고 있기 때문에 저류하는 데 어려운 점이 있다.

식염의 전기분해에 의해 염소 또는 차아염소산소다를 현장에서 생성시키면 위험성이 적어지고 원료의 저장에도 제한이 없게 된다.

전해염소제조 방법에는 격막법과 무격막법이 있고 원료로서 해수를 사용하는 방법과 염수를 사용하는 방법이 있다.

해수시스템에는 무격막법이 사용된다.

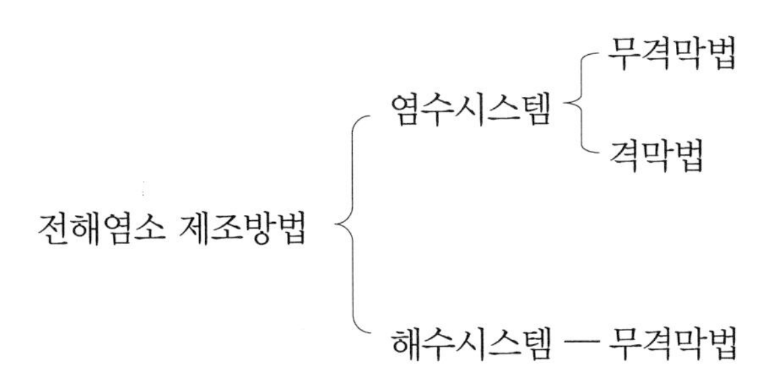

식염수를 전기분해하면 양극 및 음극에서 다음과 같은 반응이 일어나 양극에서 염소가, 음극에서 가성소다가 생성된다.

양극 $2Cl^{-} - 2e^{-} \rightarrow Cl_2$

음극 $2Na^{+} + 2H_2O + 2e^{-} \rightarrow 2NaOH + H_2$

무격막법은 양극에서 생기는 염소와 음극에서 생기는 가성소다가 전해조 안에서 반응하여 다음과 같이 차아염소산소다가 생성된다.

$Cl_2 + 2NaOH \rightarrow NaClO + NaCl$

격막법은 양극과 음극 사이에 격막을 배치한 것이다. 이 경우 양극에서 생성된 염소가스를 직접 사용하기도 하지만 보통은 염소가스와 가성소다를 별개의 반응조나 전해조 내에서 혼합하여 차아염소산소다로 사용하고 있다.

해수전해 시스템 / 무격막법

해수전해 시스템은 주로 발전소 등의 해수 취수시설의 생물부착방지에 적용되고 있다. 또 하수슬러지의 감용화에 적용하는 시험도 있다.[1)]

생성 차아염소산소다 농도는 0.3~1.25g/ℓ(염소환산)이고, 생성량 1kg(염소환산)당 해수 0.8~1.3m^3, 전력 4~8kWh가 필요하다.

해수전해에서는 해수 중의 마그네슘이온이 음극에서 생성한 NaOH와 반응하여 $Mg(OH)_2$의 침전을 일으키고 이것이 전해조나 전극판에 부착하면 유로의 폐색이나 전압의 상승을 일으킨다. 이를 방지하기 위해서는 ① 극간유속을 올린다. ② 음극판 표면을 특수 처리한다. ③ 정기적으로 플래싱한다. ④ 극성 변환을 하는 등의 방법이 있다.

염수전해 시스템 / 무격막법

무격막법에 따른 염수전해 시스템은 생성 차아염소산소다 농도가 7~9g/ℓ(염소환산)이다. 25~26%의 포화식염수를 만들어 이것을 3% 정도로 희석하여 전해조로 보낸다. 차아염소산소다 1kg(염소환산)을 생성하는 데 필요한 원료염은 3.5kg이고 5.5kWh(교류전원)의 전력과 염용해수 125ℓ, 냉각수 200~300ℓ가 필요하다. 3%의 식염중 약 1%가 차아염소산소다로 변하고 나머지 2%는 식염 그대로 남는다.

플로우 시트상은 다음에 기술하는 격막법과 같고, 전해조에 도입하는 염농도만 다르다.

염수전해 시스템 / 격막법

무격막법에서는 염수농도를 높이면 전력량이 급증하여 생성 차아염소산소다 농도를 높일 수 없다. 격막법에서는 염수농도를 높여도 전력원 단위는 거의 변하지 않기 때문에 고농도염수를 사용하여 발생 차아염소산소다를 40~60g/ℓ의 고농도로 할 수 있다.

발생 차아염소산소다(염소환산) 1kg당 식염 2kg, 용해수 24ℓ, 냉각수 480ℓ 및 3.5~4kWh의 전해 전력이 필요하다.

격막식 전해 염소 발생장치의 플로우 시트를 〈그림 4.6.10〉에 나타낸다.

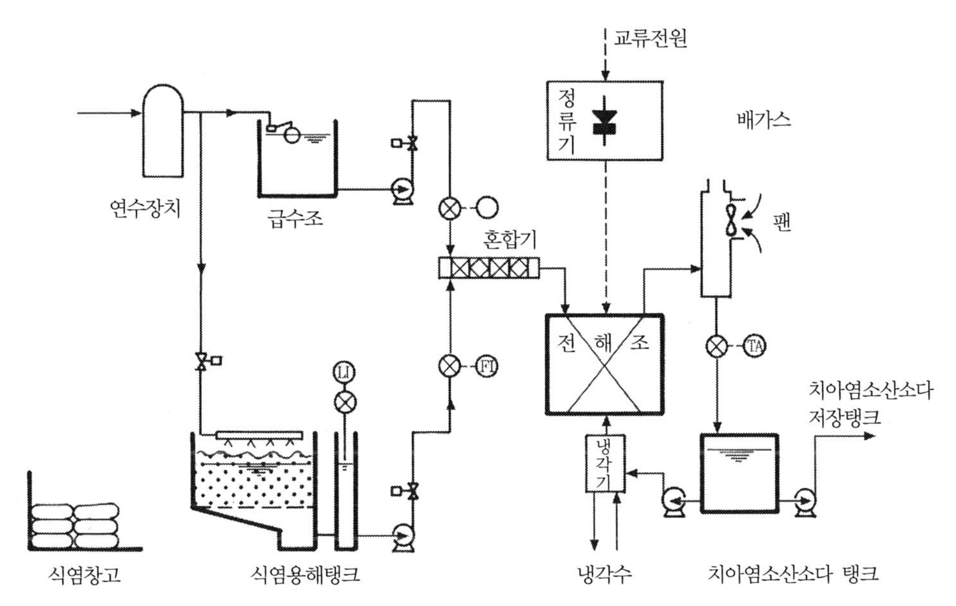

〈그림 4.6.10〉 전해차아염소산소다 생성장치

전해장치

전해조의 대부분은 필터프레스형이다. 극간거리를 가능한 좁게 해 전기저항을 작게 하는 조치이다. 또 농도분극을 작게 해서 전류효율을 높이기 위해 전극 간 액체유속은 0.6m/s 이상으로 하고 있다.

차아염소산소다 생성량

전해조에서 차아염소산소다의 발생량은 다음 식과 같다.

$$W = \frac{74.5 \times I\eta}{2 \times 96{,}500} \tag{13}$$

여기서 W : 차아염소산소다 생성량(염소환산)[kg/s], I : 전류[A], η : 전류효율[-]

이 식에서 전류효율은 0.9로 하면, 차아염소산소다 1kg을 만드는 데 0.8Ah의 전력이 필요하다.

◎ 전극

전극은 전해조의 제작자마다 여러 가지가 사용되고 있다. 카본전극으로 한 것, 티탄에 루테늄(ruthenium)으로 도금한 것, 양극을 백금도금한 티탄, 음극을 스테인리스강판으로 한 것 등이 있다. 전극은 점차 열화하고 수명이 되면 교체한다.

◎ 냉각수

전해조는 1,000A를 초과하는 전류가 흐르고 줄(Joul)열이 발생한다. 이열을 배제하기 위해 전해조에는 냉각수 배관이 필요하다.

◎ 세정수

전해조는 정기적으로 세정한다. 또 해수 시스템에서는 운전정지 시에 전해조 내의 해수를 청수로 치환한다.

▌부속장치

◎ 연수장치

전극에 대한 칼슘이나 마그네슘에 침착을 방지하기 위해 염수경도는 10mg/ℓ 이하로 하고 경도가 이것을 초과하는 경우에는 공급수계통에 연화장치를 설치한다.

◎ 포화염수조

25~26% 정도의 포화 식염수로 한다. 염수 출구에는 전해조 보호를 위해 간격 0.8~1.0mm의 스트레이너를 설치한다.

◎ 전원장치

교류전원을 정류기에서 직류로 한다. 저전압, 고전류의 직류전원장치로 된다.

◎ 수소 배기팬

전해조에서는 수소가 발생한다.

수소는 공기와 어떤 비율로 혼합하면 폭발을 일으키므로 팬으로 대량의 공기와 혼합하여 대기 중으로 확산배기한다.

수소발생량 M[Nm^3/s]와 다음 식과 같다.

$$M = \frac{32 \times W}{\eta} \tag{14}$$

대기 중으로 방출하는 수소농도는 2% 이하, 가능하면 1% 이하로 한다. 그래서 환기팬은 상기 식에서 계산된 값의 50~100배 용량으로 한다. 안전을 위해 전해조를 휴지하고 있을 때에도 팬은 가동시켜두고 팬 전원은 무정전방식으로 한다.

◎ 차아염소산소다 저장탱크

생성된 차아염소산소다는 시간이 지나면 유효염소량이 감소한다. 무격막법에서는 감소속도가 커서 20시간 정도에서 유효염소농도가 반감되기 때문에 저류시간은 수시간 이하로 한다. 격막법에서는 생성 차아염소산소다의 유효 염소농도 저감이 작아지지만 여름철에는 감소가 빨라지므로 저류시간은 1일 정도, 최대 5일간으로 해야 한다.

▮ 원료염

원료염 중의 불순물, 그중에서도 브롬이온은 전해되어 브롬산이온으로 되고 피처리수 중으로 이행한다. 전해 차아염소산소다를 정수처리에 적용하는 경우에는 이러한 불순물 농도가 가능한 적은 원료를 선정한다.[2)]

(3) 이산화탄소 발생장치(Recarbonator)

▮ 연소법

리카보네이터의 하나는 프로판, 부탄, 천연가스 또는 등유 등의 액체연료를 연소하여 탄산가스를 발생시키는 것이다.

등유는 85% 이상의 탄소분을 포함하고, 천연가스는 채굴장소에 따라 발열량도 조성도 꽤 크게 변한다.

이산화탄소 주입량 W[kg/d]와 연료소요량 F[ℓ/일]는 다음 식과 같다.

$$W = \Delta P \times Q \times 0.44 / \eta \quad (15)$$

$$F = W \times 0.65 \text{(프로판)} \quad (16)$$

$$F = W \times 563 \text{(천연가스, 37kJ/ℓ)} \quad (17)$$

여기서, ΔP : 초기 P알칼리도-처리후 P알칼리도[mg/ℓ], Q : 처리수량[m^3/d], η : CO_2 흡수 효율[-](0.45 정도)

연소로에서 발생한 탄산가스는 블로워로 수중에 확산한다. 탄산가스는 물에 용해하면 강을 부식시키기 때문에 산기장치는 PVC제로 한다.

깊이를 적당히 두고 접촉시간은 5분 정도로 한다. 교반장치가 있으면 2분도 좋다. 연료를 직접 수중에서 연소하는 방법도 있다.

탄산칼슘 가열법

경수 연화처리에서 슬러지로 생성한 탄산칼슘을 열로서 탄산가스를 얻는 방법이다.

$$CaCO_3 \rightarrow CaO + CO_2$$

탄산칼슘에서 산화칼슘을 소성(燒成)하는 데 필요한 이론열량은 3.15MJ/kg-CaO이다. 공업적으로 산화칼슘을 만들 때에는 4.20~5.46MJ/kg의 열량을 가하여 1200°C의 온도로서 수 시간 걸려서 만들고 있지만 수처리에 적용하는 경우에는 이정도의 고온은 필요없다. 부생성물의 산화칼슘 CaO은 슬레이킹(slaking)하여 소석회 $Ca(OH)_2$로 재이용할 수 있다.

참고문헌

1) 安達 晋, 汚泥の減容化システム, 造水技術, Vol.23, No.4, pp.57~61(1997).

2) 苧阪晴男, 贄川由実子, 竹田 岳, 次亜塩素酸ナトリウム製造過程における臭素酸イオンの挙動, 水道協会雑誌, Vol.72, No.8, pp.2~7(2003).

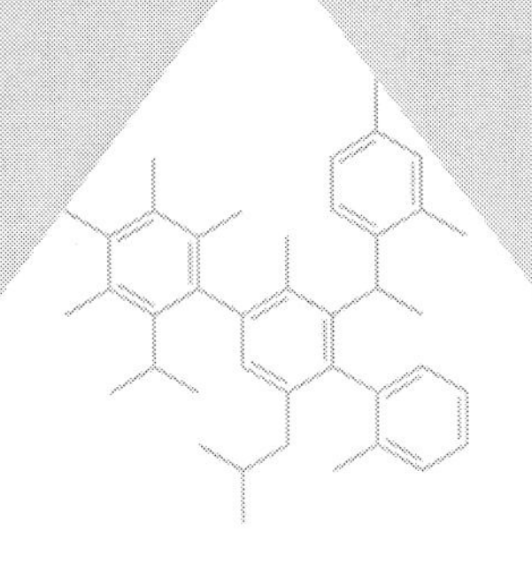

제5장

약품주입설비용 요소

약품주입 시스템은 다수의 부품이 사용된다. 그 하나하나가 성능을 발휘하여 비로써 시스템이 정상으로 운전한다. 신뢰성을 높이고, 내구성 있는 부품을 설계하고 제조하도록 선정하지 않으면 안 된다.
본 장에서는 약품저장탱크, 펌프, 밸브·배관류, 계기류 및 내약품재료에 대해서 설계·제조·선정을 위한 정보를 제공한다.

제5장
약품주입설비용 요소

5.1 약품 저장탱크와 교반기

(1) 개방식 저장탱크

수리적으로 개방형 저장탱크는 철근콘크리트제에서는 사각형이, 강판이나 FRP 등의 얇은 판이면 원통형이 경제적이다. 강판제를 사각형 탱크로 제작할 때는 강판두께를 두껍게 하고 보강재를 붙여 강도를 높게 하나 그래도 비틀림이 발생하기 쉽다. 얇은 판 사각형 용기는 되도록 피한다.

원통형 탱크의 판 두께는 다음 식에서 계산한다.

$$t = \frac{DH\rho g}{2\sigma} \times \alpha \tag{1}$$

여기서, t : 판두께(m), D : 탱크직경(m), H : 액체깊이(m), ρ : 액체밀도(kg/m^3), g : 중력가속도(9.8m/s^2), σ : 재료인장강도(N/m^2, Pa), α : 안전율[−]

재료가 SS-400이면 σ = 400MPa(4×10^8Pa), 안전율 α은 3 이상으로 한다. 극히 작은 탱크를 제외하고, 최소 강판두께는 4.5mm로 한다. 바닥판이나 상부덮개는 평판을 사용하는 경우와 경판을 사용하는 경우가 있다. 개방형(무압) 약품탱크는 평판으로 하는 것이 경제적이다. 그 경우, 저판의 하측에 리브를 격자상으로 넣고, 하단을 콘크리트 기초판 위에 밀착하여 설치하는 구조로 한다〈그림 4.1.5〉. 접시형 또는 반타원형 경판을 사용하면 액체압력에 의한 비틀림을 작게 할 수 있고, 독립형 탱크로 할 수 있다〈그림 4.1.2〉.

탱크 측벽에 부착하는 노즐은 유입관, 유출관, 드레인관, 월류관 외 액면계 부착 노즐이 있다. 소구경 노즐에는 보강 리브를 설치하고, 공사나 보수작업 시에 파괴되지 않도록 보강을 유지한다.

이 밖에 액면계 발신기 부착 위치나 맨홀을 설치한다. 교반기 같은 중량물의 적재하중을 받는 개소는 보강부재를 설치한다. 사다리는 탱크 외부만 하고 탱크 내부에는 설치하지 않는다. 부식성 액체를 저류하는 약품탱크 내에 사다리를 설치하는 것은 위험하다.

(2) 압력저장탱크

압력용기는 법규제를 받는다. 0.2MPa 이상의 압력을 갖는 압력용기는 제2종 압력용기로서 노동안전법이, 액체염소 저장탱크와 같은 액화가스용기는 고압가스보안법이 적용되어 설계에서 제작, 내압시험에 이르는 절차가 결정되어 있다.

〈표 5.1.1〉에 압력용기의 판두께 계산 식을 나타냈으나, 추가로 지진 시 강도에 대해서 기초에의 취부를 포함한 세부 규정이 있다.

고압용기의 탱크양단에 경판을 사용한다. 경판에는 반타원형, 접시형 및 반구형이 있다. 반타원형은 2:1 타원(장경/단경=2), 접시형은 10% 접시형(r/R=0.1)이 많다. 〈표 5.1.1〉는 각종경판과 원통 판두께 계산 식을 제시한다.

〈표 5.1.1〉 압력용기의 판두께 계산식

구분	원통형	반타원 경판	접시형 경판	반구형 경판	비고
형상					
고압가스 용기	$\frac{pD}{2\sigma x\eta - p}+C$	$\frac{pD\gamma}{4\sigma x\eta - p}+C$	$\frac{pDw}{2\sigma x\eta - 2p}+C$	$\frac{pD}{4\sigma x\eta - p}+C$	$x=\frac{1}{4}$
제2종 압력용기	$\frac{pD}{2\sigma x\eta - 1.2p}+C$	$\frac{pD}{4\sigma x\eta - 0.4p}+C$	$\frac{pDw}{2\sigma x\eta - 0.2p}+C$	$\frac{pD}{4\sigma x\eta - 0.4p}+C$	$x=\frac{1}{3}$
공 통		$\gamma=\frac{1}{3}\left[2+\left(\frac{D}{2H}\right)^2\right]$	$w=\frac{1}{4}\left(3+\sqrt[2]{\frac{R}{r}}\right)$		
용적 계산식	$\frac{\pi}{4}D^2\times$길이	$\frac{\pi}{6}D^3k$	$D=R,\ r/D=0.1$ 일 때 $0.09896D^3$	$\frac{\pi}{12}D^3$	

(주) p : 압력[kPa], D : 내경[m], σ : 인장응력[kPa], x : 안전율의 역수, η : 용접효율, t : 판두께(m), C : 부식두께(m)

(3) 약품저장탱크의 재질

약품저장탱크는 강판, 스테인리스강판, 합성수지, FRP 또는 철근콘크리트로 만들어지고, 부식성 약품을 저류하면 강판제나 철근콘크리트제의 용기 내면을 내약품성의 재료로 라이닝을 한다.

강판의 라이닝 재료로는 경질고무, 유리, 에폭시, 염화비닐 등 있다. 유리라이닝하기 위해서는 탱크 전체를 양생로 속에 넣지 않으면 안 되므로, 크기에 한도가 있다. 경질고무도 마찬가지이나 탱크 내면의 라이닝이면 탱크 자체를 양생조로 사용한다. 에폭시 라이닝에서는 시공 후 경화하는 액상 에폭시수지를 도포한 후 천을 치고 다시 한 번 에폭시수지를 도장한다. 이것을 2-3층 되풀이한다. 작은 도장잔재(pin hole)가 있으면 여기서 약액이 스며들어가서 라이닝이 벗겨 떨어져서 탱크 본체가 부식하기 때문에 라이닝 시공 후 검사를 철저히 한다.

철근콘크리트조에서는 강판제 탱크의 라이닝과 같은 방법으로, 액상 에폭시수지로 라이닝하거나 염화비닐판을 부치거나(seat lining) 하고 있다.

액체염소나 가스상 염소에는 고장력강을, 진한 황산의 저장탱크에는 보통강을 사용하고, 모두 라이닝은 하지 않는다.

(4) 교반기

교반장치는 약품의 용해나 혼합하는 데 사용한다. 펌프에 의해 수류교반, 공기에 의해 기포교반하는 수도 있으나, 이것은 적용하는 경우가 한정되고, 통상 사용되는 것은 전동기 구동의 회전식 기계 교반기이다.

회전식 교반기는 약품탱크 상부에서 수직으로 축을 내리고 이것에 교반날개를 부착한 것, 탱크 상부 측벽에 클램프를 고정하고 축을 약간 경사지게 한 것, 탱크 측벽에 프랜지를 돌출시켜 부착하는 방법이 있다

원형탱크에 교반기를 설치하는 경우 탱크 중앙에서 현가하면 같은 회전을 일으켜 유효한 교반을 할 수 없으므로 탱크 직경 1/4 이상 편심에 부착한다. 탱크 중심 부근에 현가해야만 하는 경우에는 탱크에 적당한 수의 방해판을 설치한다.

교반날개에는 3날개의 프로펠라형 외, 도(櫂)형, 터빈형이 있고, 1축에 날개를 1개 내지 2개를 붙인다.

축이 길어지는 경우에는 탱크 하부에 진동 방지의 축베어링을 설치한다.

기준으로는 축을 현수하는 감속기 등의 상하 베어링 간격이 3배 이상으로 긴 경우에는 하부에 축베어링을 고려한다.

교반동력

교반동력은 다음 식에 따라 계산한다. 교반동력이 주어진 경우에는 이 식으로 교반날개 치수나 회전수가 결정된다.

$$P = N_P \rho n^3 D^5 \qquad (2)$$

이때, P : 교반동력[kg · m²/s³, W], Np : 동력수[−], ρ : 액체밀도[kg/m³], n : 회전수[rps], D : 날개직경[m]

소요동력은 위 식에서 얻은 수치를 감속기 효율로 나누고 그 위에 전동기 용량에 10% 정도의 여유를 본다. 동력수 Np는 레이놀즈수와 관련된 수로 터빈날개나 평날개에서는 7 정도이다.

도형날개에서는 물(ρ = 1,000kg/m^3, μ = 1cP)를 대상하여 다음 식으로 계산한다.

$$P_m = \frac{D L V^3}{0.847} \tag{3}$$

여기서, P_m : 전동기출력[kw], L : 날개길이[m], V : 날개끝단 속도[m/s]

식 (3)에서 $L = D/3$로 하면, 동력수는 $Np = 12$ 정도로 크게 된다.

이는 이 식이 감속기 효율도 포함하여 전동기 용량을 나타낸 것이기 때문이다.

간단히 말하면, 약품용해조에 필요한 교반동력은 거의 약품조의 용량으로 결정된다. 점성계수가 그다지 크지 않은 통상 약액에서는 용해조 1m^{3}당 전동기 용량을 150W 정도로 하여 교반기용량을 정하는 것이 좋다.

이로써 G값은 300s^{-1} 이상이 된다.

〈표 5.1.2〉와 같이 교반기 제작업체의 추정 동력표에서 교반기 용량을 편리하게 선정할 수 있다.

〈표 5.1.2〉 용해조의 크기와 교반기 용량

전동기 출력 [kW]	최대 교반용량(m^3)		전동기 출력 [kW]	최대 교반용량(m^3)	
	100cP 이하	2,500cP 이하		100cP 이하	2,500cP 이하
35W	0.1	0.03	1.5	9.0	3.0
65W	0.42	0.12	2.2	13.5	5.0
0.1	0.62	0.2	3.7	22.0	7.0
0.2	1.1	0.35	5.5	37.5	12.0
0.4	2.2	0.6	7.5	50.0	16.0
0.75	4.5	1.3	11	75.0	25.0

5.2 펌 프

(1) 벌루트펌프

약액의 단순한 이송에는 벌루트펌프를 사용한다. 이젝터의 압력수 공급원 등 소용량·고양정의 펌프에는 캐스케이드펌프(마찰펌프, 웨스코펌프)도 편리하게 사용한다.

펌프의 약액접촉부는 전부 내약품성 재료나 내약품성 라이닝을 한 것으로 하여야 한다. 약액누설 방지를 위해 그랜드(grand)는 미캐니컬실로 한다. 액체농도가 엷어져도 좋은 경우에는 수봉실(water seal)이라도 좋다. 예를 들면, 분체약품 등을 계량한 뒤에 물에 용해하여 액송하는 경우에는 액체가 엷어져도 상관없기 때문에 수봉실로 한다.

확실하게 액체 누설 방지를 위해 캔드모타펌프를 사용한다.

캔드모타펌프는 펌프의 임펠러와 직결한 전동기의 회전자 및 고정자를 내약품성·비자성의 스테인리스강으로 밀폐(canned)하고, 임펠러와 회전자 함께 밀폐케이싱의 액체 속에서 회전시키는 것이다. 액체는 전동기 내를 순환하여 전동기를 냉각하는 역할도 한다.

합성수지에 피복한 자기 카플링을 사용하고, 전동기 로터에 직결한 펌프임펠러를 회전하도록 고안된 펌프도 있다. 이들은 소석회 같은 현탁액의 수송에는 적합하지 않다

▌펌프 용량과 양정

약액펌프의 구경이나 양정의 선정법은 일반 펌프와 같으며, 소요동력은 다음 식으로 계산할 수 있다.

$$P = \frac{0.163\gamma QH}{\eta} \tag{1}$$

여기서, P : 펌프의 수동력[kW], Q : 양수량[m^3/min], H : 양정[m], γ : 액체비중(물을 1로 한다), η : 펌프효율[-]이고, 전동기 출력은 상기 계산값보다 10% 정도 크게 한다.

약품주입펌프는 소용량이기 때문에 펌프효율이 낮다. 작은 것은 10% 정도의 효율이 된다. 또 소용량펌프는 내구성 면에서 문제가 생기기 쉽다.

이와 같은 경우에는 큰 펌프를 사용하여 토출액의 일부를 by-pass하여 흡입측으로 되돌린다. 펌프의 양정은 다년간의 경험에서 '액체의 양액 높이'로 표시한다. 예를 들면 밀도 1,300kg/m^3(γ = 1.3)인 액체를 10m 양액으로 사용하는 경우 펌프양정은 '10m'로 표시하고, '13m'로는 하지 않는다. 오해가 발생될 염려가 있는 경우에는 kPa 또는 MPa 표시도 사용한다.

(2) 회전식 용적펌프

회전수가 일정한 것과 토출량이 일정한 펌프가 있다. 다음에 기술한 용량 제어펌프도 용적식의 일종이다. 여기서 말하기는 기어펌프, 나사펌프, 루츠펌프, 이모펌프 등의 회전펌프가 있다. 이것들은 주로 규산소다액이나 액체 고분자 응집제와 같은 점성이 높은 액체의 이송에 사용한다.

대표적인 회전펌프를 〈그림 5.2.1〉에 표시하였다. 어느 것이나 회전수가 일정하다면, 일정량의 액체를 이송한다. 따라서 토출 측에 밸브를 설치하여 개도를 조절하는 일로 액체량을 변경하는 일은 불가능하다. 송출량을 변동할 필요가 있는 경우에는 펌프의 회전수를 변경하던가 by-pass 밸브를 설치하여 그 개도를 조절하여 흡입측으로 되돌려 유량을 변경할 수 있다. by-pass관을 설치하여 놓으면 오조작으로 토출측 밸브를 폐쇄해버리는 경우에도 배관의 파괴를 방지할 수 있다. by-pass관이 없는 경우에는 토출측 관로에는 될 수 있는 한 밸브를 설치하지 않는다. 어쩔 수 없이 밸브를 설치하는 경우에는 펌프와 밸브 사이에 안전밸브를 설치한다. 안전밸브가 케이싱에 일체적으로 부착된 회전펌프도 있다.

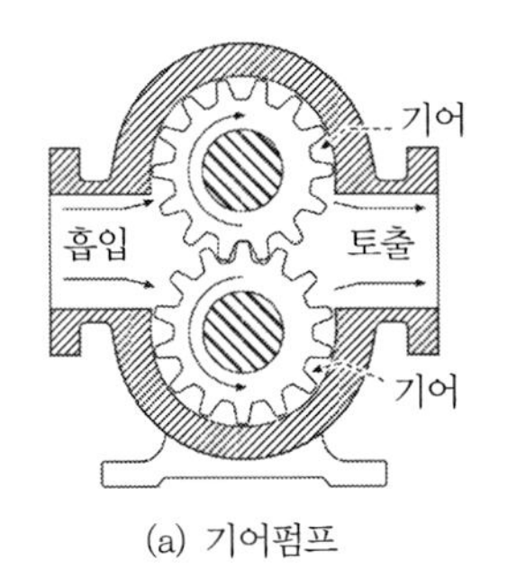

(a) 기어펌프

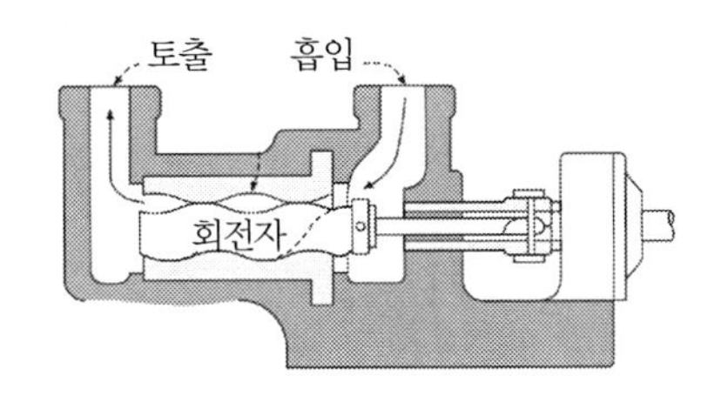

(b) 단일나사펌프

〈그림 5.2.1〉 회전식 용적펌프

(3) 용량 제어펌프(계량펌프)

▌플런저식 용량 제어펌프

〈그림 5.2.2(a)〉처럼 흡입측과 토출측에 구형의 밸브를 설치하여 플런저(piston)가 우측으로 작동하면 흡입측의 밸브가 열려 펌프 내로 액체를 흡입한다. 다음에 플런저가 좌측으로 작동하면 흡입측 밸브가 폐쇄하고 토출측의 밸브가 열려 액체를 송출한다. 송액량은 플런저의 stroke용적과 단위시간당 플런저 왕복동회수의 곱이 된다. 용량 제어펌프 중에서도 가장 정밀도가 좋다.

송액량은 플런저의 stroke(움직임 길이), 왕복동의 속도 및 interval(움직임 간격)의 3가지로 변한다.

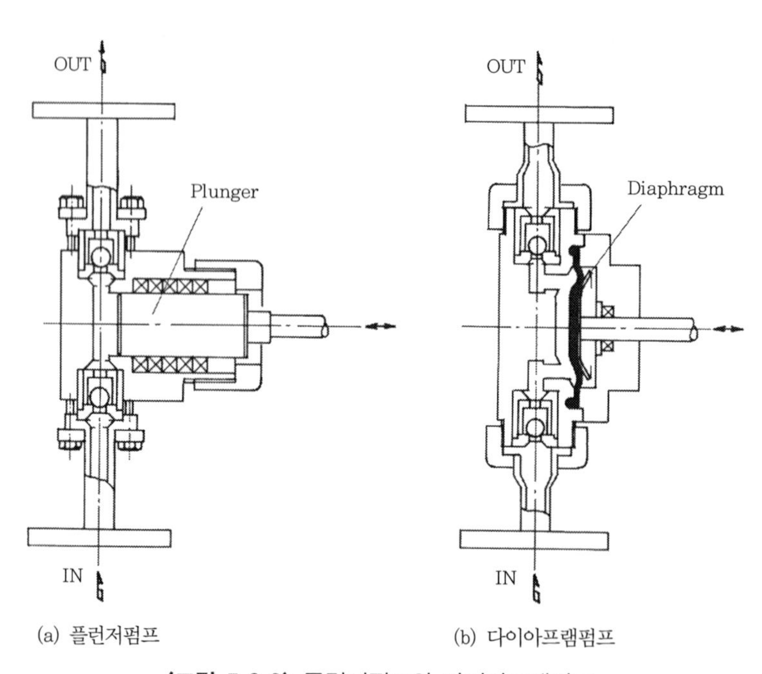

(a) 플런저펌프 (b) 다이아프램펌프

〈그림 5.2.2〉 플런저펌프와 다이아프램펌프

다이아프램펌프

플런저식에서는 플런저와 실린더와의 간극에서 약액이 누설하지 않도록 개스킷으로 씰을 하고 있다. 그러나 개스킷과의 사이에 간격이 생기면 누설 가능성이 있다. 다이아프램펌프는 〈그림 5.2.2(b)〉와 같이 플런저 대신에 고무 등의 다이아프램을 설치하여 이것을 좌우로 움직이는 구조로 되어 있다. 액과 가동부는 다이아프램으로 격리되어 있어 누수가 없다.

송출액체량의 제어 방법은 플런저식과 동일하다.

밸브 없는 피스톤(piston) 식

플런저식이나 다이아프램식 용량 제어펌프에 꼭 필요한 밸브를 제거한 것이다. piston의 일부 절단하여 이것을 회전한다고 하는 고안으로 고장이 많은 밸브를 생략하는 것으로 신뢰성을 높이고 있다. 피스톤과 실린더 간극에서의 액체누설은 정밀가공을 하는 것과 종형으로 용액조 중에 펌프 전체를 가라앉히는 것으로 대응하고 있다. 액체이송원리를 〈그림 5.2.3〉에 표시하였다. 액체이송량은 piston의 왕복동속도와 운전의 interval로 제어한다.

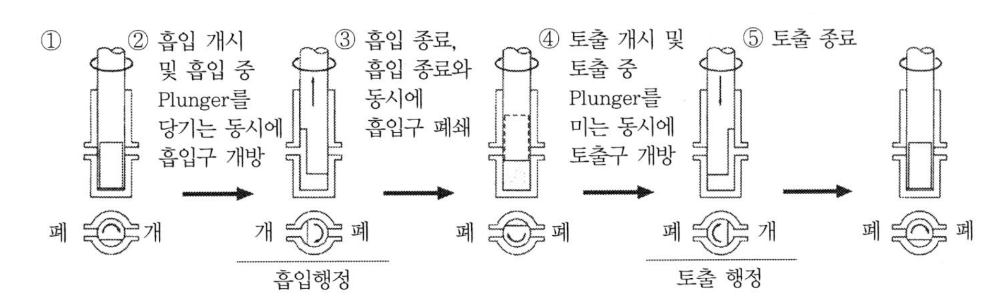

〈그림 5.2.3〉 밸브 없는 피스톤펌프

▌튜브펌프, 롤러펌프

〈그림 5.2.4〉와 같이 연질의 튜브를 롤러로 훑어서 액체를 보내는 것이다. 롤러 외에 직사각형(短冊形)의 금속을 다수 묶어 싸인카브로 hose를 바싹 당기는 것도 있다. 구조가 간단하고 호스의 크기를 바꾸면 최대 양액량이 변할 수 있다. 또 튜브 수를 증가하면 1대의 펌프로 복수의 약액을 같은 비율로 액체를 이송할 수 있다. 튜브의 수명이 짧은 결점이 있다.

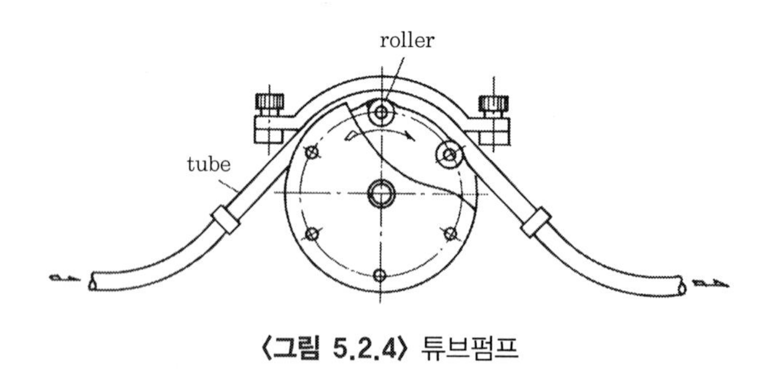

〈그림 5.2.4〉 튜브펌프

5.3 밸브 · 배관류

(1) 조절밸브

▮밸브 구경과 Cv값

조절밸브 선정에서 가장 중요한 것은 밸브 직경이다.

밸브직경을 과대하게 하면 조절동작이 on-off에 가깝게 되고 평활한 제어를 할 수 없다. 스무스한 제어를 하기 위해서는 조절밸브 전개 시 압력손실을 전 관로 압력손실의 30%(조절밸브를 제외한 압력손실의 50%) 이상으로 취한다. 이것은 수동, 자동을 불문하고 모두 해당된다.

조절밸브의 구경은 다음 식에서 Cv값을 계산하여 〈표 5.3.1〉과 같이 조절밸브 제작자가 제시한 선정표에서 선정한다.

$$Cv = \frac{11.56 \times Q\sqrt{\rho}}{\sqrt{p_1 - p_2}} \tag{1}$$

여기서 Q : 유량[m^3/h], p_1 : 밸브입구압력[kPa], p_2 : 밸브출구압력[kPa], ρ : 액체밀도 [kg/m^3]

조절밸브는 유량조절 기능만을 담당하도록 하고, 액체를 완전히 차단하는 전폐 기능은 별도로 스톱밸브를 설치한다.

〈표 5.3.1〉 조절밸브의 Cv값과 밸브 구경

호칭경 [mm]	(주)모또야마제작소		일본다이아밸브(주)		요시까와전기(주)		
	더블시트	싱글시트	다이아프램		싱글시트	더블시트	선다스밸브
			라이닝 없음	고무라이닝			라이닝 없음
3		0.23			0.06~0.22		
6		0.78			0.22~0.7		
10		1.7			0.7~1.7		
15		3.2	6	4.2	1.7~3		1.5~2.8
20	8	5.4	8.2	5.9	3~5	5~8	2.8~6.5
25	12	9	15.9	16.3	5~8.5	8~13	6.5~15
40	28	21	45	35	16~20	17~26	15~32
50	48	36	88	57	20~34	26~45	32~54
65	72	54	99	83	34~50	45~70	54~100
80	100	75	176	126	50~70	70~95	100~140
100	165	124	228	236	70~120	95~155	140~240
125	250	185	555	310	120~240	155~240	240~320
150	360	270	530	440	240~340	240~340	320~500

▮ 액츄에이터

조절밸브를 구동하는 액츄에이터는 공기압식과 전동식이 있다. 아날로그 제어에는 조절밸브는 정방향, 역방향으로 끊임없이 움직이지 않으면 안 된다. 이러한 동작을 하는 장소에서는 공기압식이 고장이 적다. 이 경우에는 공기공급장치, 공기배관 및 전기-공기 포지셔너를 필요로 한다.

전동식 액츄에이터는 반도체 스위치의 채용으로 과거에 문제되었던 동작이나 제어기기의 수명에 있어 약점이 개선되었고 디지털 제어에서는 넓게 사용되고 있다.

(2) 스톱밸브

▮ 밸브의 형식

약품주입에 사용되는 소형밸브는 글로브형(구슬형), 스루스형, 다이아프램형, 버터플라이형, 볼형 등이 있다.

글로브형은 물용으로 널리 사용되고 있다. 그랜드에서 누설을 방지하기 위해 닫았을 때 그랜드부에 압력이 걸리지 않는 방향으로 취부한다. 주로 청수계통에 사용한다.

스루스형은 완전 열림했을 때의 압력손실이 거의 0에 가깝다. 완전열림 시 폐색이 적다.

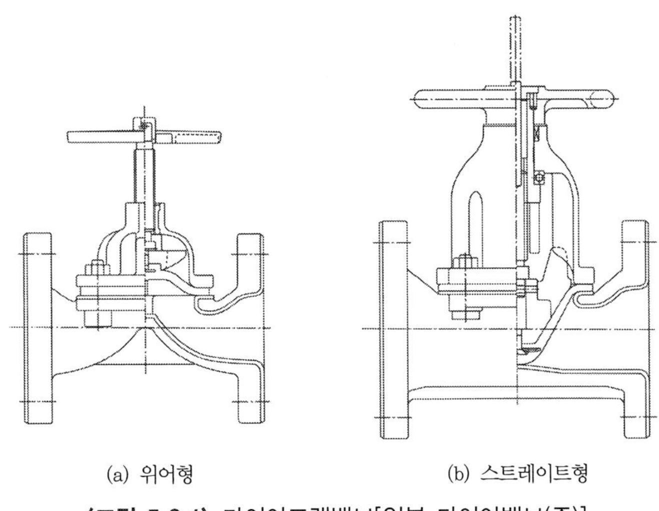

(a) 위어형 (b) 스트레이트형

〈그림 5.3.1〉 다이아프램밸브[일본 다이아밸브(주)]

슬러리 형태의 액체에 적합한 것처럼 보이나 밸브홈에 현탁물이 걸리면 전폐될 수 없게 되는 수가 있다. 내식 라이닝은 할 수 없다.

볼형은 구경과 같은 치수의 구멍을 가진 구형태의 밸브 몸체를 회전하는 것에 의해 개폐를 행한다. 코크(cock)의 일종이다. 최대 회전각도는 90°이고 전개하면 압력손실이 거의 0이 될 수 있다.

다이아프램형은 밸브 작동 기구와 액이 다이아프램으로 격리되어 있기 때문에 누설이 없고 약액용으로서 적합하여 거의 액체에 적용한다. 보통은 밸브 시트가 밸브 바닥에서 돌출되어 있고 여기에 다이아프램을 눌러 폐지한다(위어형). 슬러리의 퇴적을 꺼리는 경우에는 돌출부가 없는 것을 사용한다(스트레이트형). 스트레이트형은 전폐 시 다이아프램의 연신율이 크기 때문에 다이아프램의 수명이 단축된다.

액츄에이터

수동 밸브에는 핸드휠을 회전하는 것과 레버를 90° 돌리는 것이 있다. 핸들식은 안나사식과 바깥나사식이 있고 성능적으로는 차이가 없다.

자동 또는 원격조작밸브 개폐에 사용되는 액츄에이터는 전동식, 공기식, 전자식이 있다.

전동식은 100mm 이상의 벨브에서 스뎀을 회진하여 개폐하는 형식으로 한다. 전동기외 상하한의 리미트 스위치, 제어 측에는 전동기의 정회전, 역회전 릴레이가 필요하다. 전원이 차단될 때 전동식은 보통 원위치를 지킨다.

공기작동밸브는 정작동, 역작동 및 복작동의 3종류가 있다. 정작동은 통기 시 닫히고 역작동은 통기 시 열림, 복작동은 개폐할 때마다 공기압을 공급한다. 공기 공급장치가 필요하나 밸브의 구조가 간단하여 확실성이 높다. 정작동밸브 및 역작동밸브의 조작에는 3방향 포트, 복작동밸브는 4방향 포트의 공기용 전자밸브를 파이로트밸브로 사용한다.

전자식은 구조가 간단하다. 공기계통의 파이로트밸브나 소구경의 밸브에 적합하다. 액츄에이터에는 전기나 공기의 공급이 끊어질 때 밸브를 자동적으로 열림 상태로 하는 것, 닫힘 상태로 하는 것 및 현 위치를 유지하는 것이 있다. 또 파이로트밸브를 사용하는 공기작동밸브는 통전-통기-열림, 통전-폐기-열림, 통전-통기-닫힘, 통전-폐기-닫힘의 4가지의 동작을 선택할 수 있다.

어느 경우에도 동력원이나 조작전원에 이상이 있을 때, 예를 들면 정전이 일어났을 때 안전측으로 동작하는 액츄에어터를 선택한다. 대부분 통전-열림(정전일 때 닫힘)의 밸브로 하는 것이 안전하다.

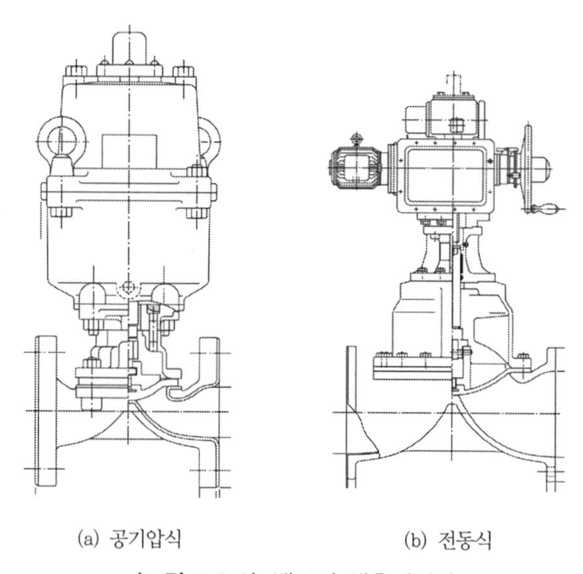

(a) 공기압식 (b) 전동식

〈그림 5.3.2〉 밸브의 액츄에이타

(3) 체크밸브

주로 펌프의 토출부에 접속하여 펌프가 정지할 때 역류를 방지하는 밸브이다. 체크밸브에는 볼형, 리프트형, 스윙형, 급폐형 등이 있다. 볼형은 밸브 몸체가 구형으로 이 볼의 무게로 액의 역류를 차단한다. 리프트형은 상하로 움직이는 밸브 몸체로 역류를 차단하는 것, 스윙형은 편측 힌지의 날개 구조의 밸브 몸체가 개폐하는 것이다. 급폐형 체크밸브는 스프링의 힘으로 밸브가 눌려 역류가 일어나기 시작하면 재빠르게 닫히는 구조이다. 약액용으로 고장이 적은 것은 볼형이다.

볼체크밸브를 사용할 때에는 유체밀도를 고려한다. 물용 체크밸브를 유용하는 등으로 할 때 볼의 겉보기 밀도를 액체의 밀도보다 작게 만들었을 경우, 예를 들면 펌프가 정지하면 최초의 순간 볼은 역압에 의해 눌려 내려와 액체는 차단된다. 흐름이 멈추면 볼은 떠서 위로 올라가고 밸브가 열린다. 다시 역류가 생기면 밸브는 닫힌다. 이런 반복으로 격렬한 진동이 일어나 관로가 파손된다.

볼의 겉보기 밀도를 필히 액체의 밀도보다 크게 한다. 즉, 볼을 사용액 중에 놓았을 때 가라앉는 것이 아니면 안 된다.

체크밸브의 발주를 위해서는 액체의 밀도 외 밸브의 설치 방향에 대하여 수직으로 설치할 것인지 수평으로 설치할 것인지를 시방서에 명기한다. 형식에 대해서는 세로로 놓는 것 밖에 할 수 없는 것이 있다. 볼형은 수직 설치가 원칙이다.

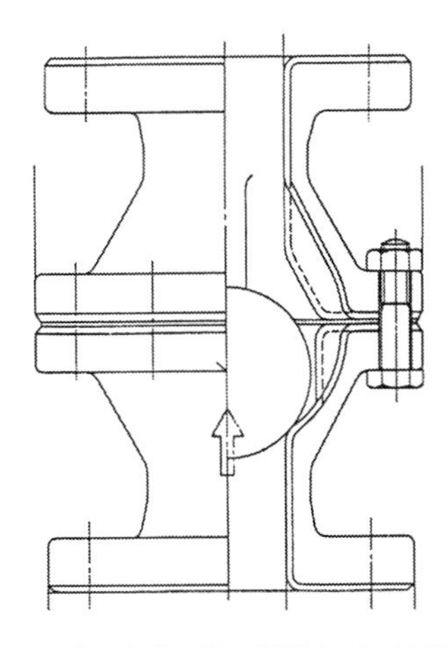

〈그림 5.3.3〉 볼체크밸브[일본 다이아밸브(주)]

(4) 기타 밸브

▮플로우트밸브

탱크 내 액위가 고액위가 되면 유입액체를 차단하는 밸브이다. 액위를 일정하게 유지하는 경우에도 사용한다. 밸브 몸체에 약품이 석출하여 고착되기 쉽기 때문에 저농도 액이나 용해수 등의 청수계통에 적용한다. 20mm 이하의 소구경에서는 플로우트의 동작을 링크 기구로 밸브 몸체에서 전달하여 밸브를 개폐하고 있다. 구경이 큰 것은 플로우트로 파이로트밸브를 작동시켜 별도의 실린더에 수압을 도입하여 밸브를 닫는 방식을 취하고 있다.

▮안전밸브

탱크나 배관 내의 압력이 이상 상승할 때 압력을 대기로 개방하여 기기나 배관을 보호하기 위해 설치하는 밸브이다. 염소, 암모니아, 이산화탄소, 산소 등의 액화가스탱크, 기화기, 가스 대기탱크 등에 설치한다.

용량 제어펌프나 용적식 펌프의 토출측 배관에 밸브를 설치한 경우 밸브가 닫힌 상태로 펌프를 운전하면 압력이 이상적으로 높아져 배관 계통이 파손된다. 이러한 오조작으로 관로파괴를 방지하기 위해 펌프와 밸브 사이에 안전밸브를 설치한다.

▮배압밸브

용량 제어펌프는 펌프토출측 배압이 작으면 유량 정밀도가 저하된다. 이것을 방지하기 위해 펌프 출구측 배관에 배압밸브를 설치한다. 배압밸브는 밸브 몸체를 스프링으로 눌러 배압을 발생시키고 있어 왕복동펌프에서는 맥동이 발생하고 배압밸브가 개폐 동작을 반복한다.

특히 배압밸브 후에 공기가 머무르면 맥동이 심하기 때문에 배압밸브의 직후에 에어벤트를 설치한다. 펌프와 배압밸브 사이에 압력탱크(accumulator)를 설치하면 더욱 좋다.

▮자동배기밸브

차아염소산소다와 같이 가스를 분리하기 쉬운 액체는 배관 도중에 볼록한(凸) 부분이 있으면 여기에 가스가 머물러 액체 이송을 방해한다. 소위 가스록 또는 에어록이라고 하는 현상이다. 이 가스를 빼기 위해 배기관이나 배기밸브를 설치한다. 자동배기밸브는 구조가 섬세하기 때문에 동작되는 부분에 약액이 고착하여 정상적으로 움직이지 못하게 되는 경우가 있다. 제4장에서 기술한 바와 같이 배관에 볼록한 부분이 생기지 않도록 일방향 상승하도록 배관하는 것이 제일이다. 지형이나 구조물의 관계에서 어떻게 하여 볼록부가 나오는 배관이 되는 경우에는 동수구배선 이상의 높이 까지 개방관을 세워 올린다〈그림 4.1.3〉. 배기밸브를 설치하는 경우에도 수동밸브로서 정기적으로 개폐하는 유지관리로 대응하는 것이 고장이 적다.

▮ 감압밸브

유체압력을 일정하게 하는 밸브이다. 염소주입기에는 가스용 감압밸브가 사용되고 있다. 또 조작용 공기공급장치에도 감압밸브를 반드시 설치한다. 약액이나 청수 계통에 감압밸브가 필요하게 되는 일은 거의 없다.

(5) 배관설계

▮ 배관재질

시장에서 용이하게 입수할 수 있는 재료를 사용한다. 배관용 탄소강강관(가스관) SPP, 압력배관용 탄소강강관 SPPS, 고압배관용 탄소강강관 STS, 염화비닐관 VP, HIVP, 스테인리스강관 등이다. 각종 재료의 내약품성에 대해서는 절을 바꾸어 기술하지만 일반적으로는 다음과 같은 선정기준으로 한다.

용해수등, 청수계통 : 내면 폴리에틸렌라이닝 가스관, STS302
산성약품계통 : VP, HIVP, 경질고무라이닝SPP, STS316
진한 황산계통 : SPP, SPPS
알카리계통 : SPP
액화염소, 염소가스 : STS
습염소, 염소수계통 : VP, HIVP, 경질고무라이닝SPP
건조오존계통 : STS304
습오존, 오존수 : STS316, HIVP

▌배관경

관내 유속은 긴 주입관에서는 1m/s 정도, 펌프 주변의 배관은 3m/s 이하로 설계한다. 기체는 관(덕트) 내 유속을 6~20m/s로 한다. 10m/s 이하로 하면 실수가 적다. 이렇게 결정한 배관경이 20mm에 도달하지 않은 경우에도 극히 짧은 거리의 배관을 제외하면 20mm 이상으로 하는 것이 좋다.

▌직관의 압력손실

약품주입관은 직경이 작고 게다가 관내 유속이 작게 되는 경향이 있다. 그렇기 때문에 관내 흐름은 층류가 되는 경우가 많다. 배관마찰손실을 계산하는 경우에는 레이놀즈수를 계산하여 층류계산식을 적용할 것인지 난류계산식을 적용 할 것인지 확인해야 한다. 직관부의 마찰손실은 다음 식에 따라 계산한다.

$Re < 2100$의 경우(층류)

$$h = \frac{32\mu v L}{\rho g D^2} \tag{2}$$

$Re \geq 2100$의 경우(난류)

$$h = f\frac{v^2 L}{2gD} \tag{3}$$

여기까지, h : 마찰손실수두[m], μ : 액체점도[kg/(m · s)], v : 관내 유속[m/s], L : 배관길이[m], ρ : 액체밀도[kg/m^3], g : 중력가속도[m/s^2]. D : 배관직경[m], f : 마찰손실계수[−], Re : 레이놀즈수($=\rho D v/\mu$)

f값은 〈표 5.3.2〉에 나타냈다.

〈표 5.3.2〉 직관의 마찰손실계수(f)

관호칭경[mm]	강관	염화비닐관
20	0.035	0.030
25	0.030	0.027
40	0.027	0.023
50	0.025	0.022
65	0.023	0.020
80	0.022	0.019
100	0.020	0.018

밸브 · 배관 피팅의 압력손실

배관설계를 하는데 밸브류 등의 배관피팅(fitting)의 마찰손실을 알 필요가 있다. 마찰손실의 표시방법은 다음 두 가지가 있다.

① 마찰손실수두 $fv^2/(2g)$의 f의 값을 표시한다.
② 동일 직경의 직관길이로 환산한 값 L_{eq}로 표시한다.

이 두 종류의 표기법으로 표시한 각종 배관피팅의 마찰손실에 관한 데이터를 〈표 5.3.3〉에 나타내었다.

〈표 5.3.3〉 각종 피팅의 손실계수와 직관환산길이

피팅		f	$\frac{L_{eq}}{D}$
나사 접속	45° 엘보	0.42	14
	90° 엘보	0.90	30
	180° 벤드	2.00	67
	티이	1.80	60
90° 엘보	$R/D=$ 1	0.48	16
	1.5	0.36	12
	2	0.27	9
	4	0.21	7
	6	0.27	9
	8	0.36	12
스톱 밸브	스루이스	0.21	7
	글로브	10.0	333
	앵글	5.0	167
	다이아프램	3.5	117
역지 밸브	스윙	2.5	83
	볼	3.0	100

피팅		f	$\frac{L_{eq}}{D}$
급확대관	$D_1/D_2=$ 0.1	0.98	33
	0.2	0.92	31
	0.3	0.83	28
	0.4	0.71	24
	0.5	0.56	19
	0.6	0.41	14
	0.7	0.28	9.3
	0.8	0.13	4.3
	0.9	0.04	1.3
급축소관	$D_2/D_1=$ 0.1	0.46	15
	0.2	0.45	15
	0.3	0.42	14
	0.4	0.40	13
	0.5	0.36	12
	0.6	0.28	9.3
	0.7	0.19	6.3
	0.8	0.10	3.3
	0.9	0.04	1.3

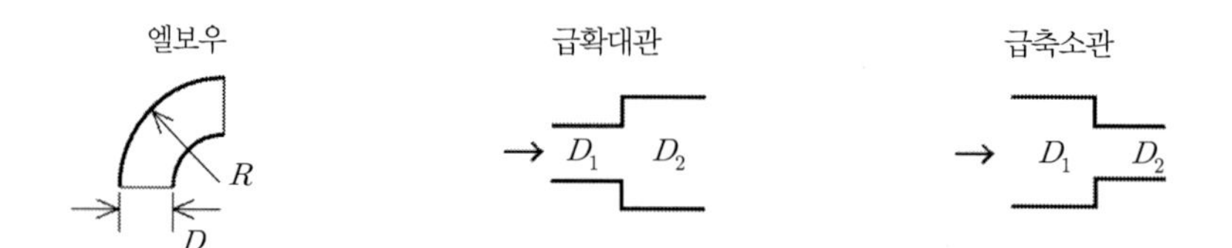

5.4 이젝터

이젝터는 인젝터와 제트펌프라고도 한다. 피구동유체와 구동유체의 종류는 액체-액체, 기체-액체, 기체-기체, 액체-기체의 4종류가 있다.

약품주입에서는 기체-액체(물) 이젝터가, 염소가스 흡인·수송에 액체(약품)-액체(물) 이젝터가 펌프수송에 대체하여 사용하고 있다

(1) 액-액 이젝터

액-액 이젝터의 설계에 대해서 아래의 설계식이 제안되고 있다〈그림 5.4.1〉.

$$\alpha = \frac{p_d - p_2}{p_1 - p_d} \tag{1}$$

$$\gamma = \frac{Q_2}{Q_1} \tag{2}$$

$$\epsilon = \left(\frac{D_n}{D_t}\right)^2 = 1.04m\frac{\alpha}{1+\alpha} = \frac{0.69}{1+2\gamma} \tag{3}$$

$$m = 1 + 0.05\left(\frac{L_s}{D_t}\right)^2 \tag{4}$$

여기서, Q_1 : 구동수 유량 [m^3/s], Q_2 : 피흡인액 유량[m^3/s], p_1 : 구동수압[kPa], p_2 : 흡인액 유입압[kPa], p_d : 이젝터 배압[kPa], L_s : nozzle 선단에서 throat까지 길이[m], D_n : nozzle 구경[m], D_t : throat 구경[m], m : 보정계수

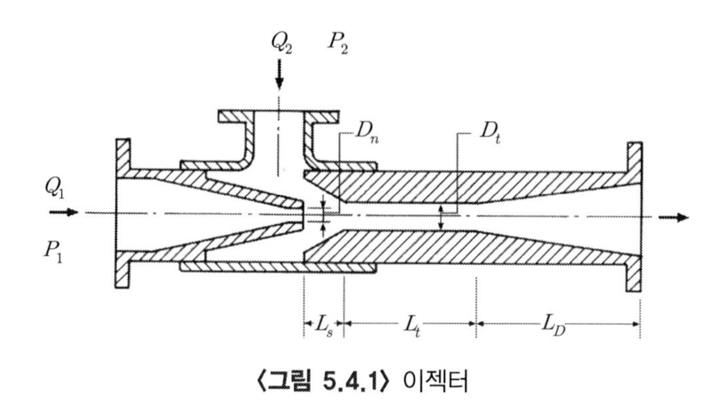

〈그림 5.4.1〉 이젝터

각부의 압력과 유량이 주어져 설계하는 경우에는 주어지는 조건에서 α와 γ를 설계하고 이로부터 ϵ과 m을 계산할 수 있으므로 L_s나 D_t의 하나를 가정하면 각부의 길이를 결정할 수 있다. Throat 부의 입구와 출구의 원추각은 각각 25° 및 10° 정도로 하고 있다.

구동수량이 주어지지 않는 경우에는 〈표 5.4.1〉에서 적당한 γ의 수치를 가정한다. 구동수량을 작게 하고 싶은 경우에는 γ를 크게 잡는다. 그 대신 취하는 α 값은 작아지고 구동수의 압력을 높이지 않으면 안 된다. 표는 식 (1)~(3)에서 계산한 것이다. 식 (4)에서 m은 1 이상으로 되지 않으면 안 되기 때문에 $m \leq 1$에 있는 경우의 값은 생략한다.

〈표 5.4.1〉 보정계수 m 값

α \ γ	0.10	0.20	0.30	0.40	0.50	0.60	0.70	0.80	0.90	1.00	1.10	1.20
0.1	6.08	5.21	4.56	4.05	3.65	3.32	3.04	2.81	2.61	2.43	2.28	2.15
0.2	3.32	2.84	2.49	2.21	1.99	1.81	1.66	1.53	1.42	1.33	1.24	1.17
0.3	2.40	2.05	1.80	1.60	1.44	1.31	1.20	1.11	1.03			
0.4	1.94	1.66	1.45	1.29	1.16	1.06						
0.5	1.66	1.42	1.24	1.11								
0.6	1.47	1.26	1.11									
0.7	1.34	1.15										
0.8	1.24	1.07										
0.9	1.17											
1.0	1.11											
1.1	1.06											
ϵ	0.575	0.493	0.431	0.383	0.345	0.314	0.288	0.265	0.246	0.230	0.216	0.203

(2) 염소주입기용 이젝터

〈표 5.4.2〉 및 〈표 5.4.3〉에 염소주입기용 이젝터의 흡인용량, 구경, 수량 및 수압의 예를 나타냈다.

〈표 5.4.2〉 염소주입기용 이젝터에 필요한 수량과 압력 (1)

주입량 [g/h]	이젝터 배압[kPa]												
	0	33	67	103	137	206	274	412	549	686	823	960	1,098
190	82	137	172	241	310	450	588	902	1,030	1,274	1,520	1,764	1,960
	4.5	5.3	6.1	7.2	8.4	9.9	11.3	13.6	15.1	16.7	18.2	19.7	21.2
475	82	125	206	274	343	480	588	902	1,078	1,274	1,520	1,764	1,960
	9.8	12	6.8	8.0	8.7	10.2	11.3	13.6	15.1	16.7	18.2	19.7	21.2
760	103	137	241	310	343	480	588	902	1,098	1,245	1,480	1,687	1,891
	16	18	7.2	8.4	8.7	10.2	11.3	13.6	15.5	23.8	26.1	27.6	29.5
950	118	159	206	310	412	549	657	823	1,078	1,274	1,480	1,725	1,931
	19	19	21	19	9.5	11.0	12.1	13.6	15.1	24.2	26.1	28.0	29.9
1,430	152	206	241	343	451	588	657	823	1,029	1,245	1,617	1,764	1,931
	19	21	23	28	23	26.1	27.2	31.0	34.4	37.9	27.2	28.0	29.9
1,900	90	137	186	310	379	588	725	931	1,176	1,274	1,480	1,686	1,931
	27	33	38	50	30	26.1	28.8	32.6	36.7	38.2	41.3	44.0	47.0
2,850	103	159	241	310	333	549	617	862	1,078	1,303	1,450	1,686	1,891
	30	35	44	50	52	66.3	37.5	44.3	49.6	55.0	57.5	62.1	66.0
3,800	152	206	274	343	379	588	725	902	1,176	1,617	1,823	1,764	1,891
	34	40	47	52	54	68.5	40.5	45.5	52.0	43.6	45.5	63.2	66.0
4,750	151	206	274	343	379	588	725	874	1,176	1,617	1,823	1,764	1,891
	34	40	47	52	54	68.5	40.5	45.5	52.0	43.5	45.5	63.2	66.0
5,700	206	274	343	412	466	617	686	1,078	1,343	1,519	1,725	1,931	1,999
	40	47	52	57	62	70.0	74.3	72.0	78.8	59.0	62.9	66.0	67.4
7,600	241	310	412	480	549	686	823	1,000	1,176	1,411	1,931	2,068	
	45	50	57	62	66	74.2	81.0	88.7	97.6	106	66.0	69.0	
9,500	241	310	412	480	519	657	794	960	1,176	1,382	1,656	1,960	
	54	61	87	95	98	111	98	109	119	129	115	122	
13,300	241	310	412	519	588	686	862	1,078	1,343	1,548	1,687		
	82	93	108	98	105	114	102	114	127	137	143		
19,000	241	310	412	480	549	665	823	1,029	1,343	1,519			
	95	109	126	117	125	140	152	139	158	168			

(주) 상단 : 이젝터 공급압, 하단 : 수량[ℓ/min]

〈표 5.4.3〉 염소주입기용 이젝터에 필요한 수량과 압력 (2)

주입량 [kg/h]	공급압 [kPa]	이젝터 배압[kPa]									
		0	20	41	55	82	96	123	137	165	
20	206	122	175								
	274	95	150	182							
	412	78	146	158	184	282					
	549	77	133	150	163	228	256				
	686	106	106	125	148	203	222	271	305		
	823	95	95	120	138	185	205	246	261	349	
	960	103	103	130	130	175	175	222	241	307	
25	206	140									
	274	120	172	203							
	412	99	158	171	197	284					
	549	95	137	150	181	228	256	323			
	686	87	125	148	168	203	222	271	305		
	823	95	120	138	163	185	185	246	261	349	
	960	103	130	130	149	175	199	222	241	307	
30	206	456									50ϕ 가변 ejector
	274	140	185	233							
	412	131	171	184	211	284					
	549	112	150	181	197	230	256	323			
	686	106	142	168	168	222	260	305	345		
	823	95	138	163	163	185	205	246	261	349	
40	206	208									
	274	172									
	412	158	197	222	258						
	549	137	181	197	228	271	284				
	686	125	168	187	203	233	254	208	305		
	823	120	163	163	185	223	223	261	277	349	
60	412	222	284								
	549	197	242	271	297						
	686	187	222	233	260	305	320	345			
	823	185	205	223	246	277	298	334	349	365	

〈표 5.4.3〉 염소주입기용 이젝터에 필요한 수량과 압력 (2)(계속)

주입량 [kg/h]	공급압 [kPa]	이젝터 배압[kPa]									
		0	20	41	55	82	96	123	137	165	
60	206	417									
	274	382	583	692							
	412	364	466	513	666						
	549	349	485	586	651	823	947				
	686	306	466	466	534	666	730	859	980		
75	206	530									
	274	482									
	412	466	560	666	814						
	549	417	537	594	651	823	974				
	686	378	534	603	666	730	795	1067			
95	272	621									
	412	515	666	814							75ϕ 가변 ejector
	549	485	594	651	768	914					
	686	534	603	666	730	863	908	(110kPa)			
	823	512	598	663	739	791	866	931			
115	412	621	814								
	549	594	712	760	871						
	686	603	666	730	795	980					
	823	598	739	739	791	931					
132	412	715									
	549	651	823	871	914	(686kPa)					
	686	666	730	795	859	1067					
	823	663	791	791	866	931					

(주) 수량[ℓ/min]

참고문헌

1) 出本与一郎, 제트펌프의 설계, 수도협회잡지, No.409, pp.31~33(1968).

5.5 계기류

(1) 유량계

유량계에는 전자, 초음파, 면적식, 열식, 용적식, 차압식, 위어식, 익차식, 칼만 볼텍스식 및 코리오리(Coriolis)식이 있다.

약품에 사용하는 유량계의 특징은 소유량에서 내약품성이 요구되는 것이다. 소유량을 정확하게 측정할 수 있고 액누설이 없는 유량계가 좋다.

제3장에서 말했듯이 유량계의 오차(정밀도) 표시법은 2가지가 있다. 많은 유량계에서는 풀스케일을 기준으로 정밀도가 표기되어 있지만, 전자유량계와 같이 지시치를 기준으로 하여 정밀도가 보증되는 유량계도 있다. 후자가 측정유량 전체에 걸쳐 정밀도가 좋다. 약품유량측정에 사용되는 유량계에 대해서 개략을 나타내면 〈표 5.5.1〉과 같다.

〈표 5.5.1〉 약품에 적용할 수 있는 유량계

<table>
<tr><th>유량계</th><th>대상 유체</th><th>정밀도</th><th>사용 조건</th><th>비고</th></tr>
<tr><td>전자 유량계</td><td>도전성 유체</td><td>지시치의 0.5%</td><td>직관부 길이
상류 ≥ 5D
하류 ≥ 2D</td><td></td></tr>
<tr><td>면적식 유량계</td><td>액체, 가스</td><td>풀스케일의 1.5%</td><td>–</td><td>주로현장지시용</td></tr>
<tr><td>차압식 유량계</td><td>액체, 가스</td><td>–</td><td>–</td><td rowspan="2">기체 이외에는
거의 사용하지
않았다.</td></tr>
<tr><td>용적식 유량계</td><td>액체</td><td>–</td><td>적산유량에 적합</td></tr>
<tr><td>열식 유량계</td><td>액체, 가스</td><td>풀스케일의 1~3%</td><td>–</td><td>청수계</td></tr>
<tr><td>초음파유량계</td><td>액체, 가스</td><td>지시치의 1~2%</td><td>$Re \geq 104$</td><td rowspan="2">약품의 유량측정에
실적 없다.</td></tr>
<tr><td>칼만볼텍스
유량계</td><td>액체, 가스</td><td>지시치의 1%</td><td>$Re \geq 200$</td></tr>
</table>

▮ 전자 유량계

전자유량계는 자계 내를 도체가 움직이면 도체는 그 속도에 비례한 전위차가 생긴다는 원리에 따르고 있다. 발생전위차를 전자회로를 사용하여 증폭하고 지시계기 및 제어계기를 움직이고 있다. 액체에 접하는 것은 작은 전극뿐이므로 밀폐관로 내에서 측정할 수 있다. 유체는 도전성으로 되지 않으면 안 되나 5μS/cm(물은 20μS/cm) 이상이면 전도율에 관계없이 측정할 수

있다.

전자유량계는 정밀도가 높고(Full Scale 유속 1m/s 이상에서는 지시값의 0.5% 정도) 누액의 걱정이 없으므로 약액의 유량계로서 가장 널리 쓰이고 있다.

충분한 전위차를 얻기 위해 전자유량계의 관내 유속은 큰 편이 좋고 관내 평균유속은 풀스케일에 대해 1m/s 이상으로 한다. 정밀도가 다소 떨어져도 좋은 경우에는 0.3m/s 정도까지 작게 할 수 있다. 유속이 큰 편은 10m/s 정도까지 지장이 없어서 약제주입 유량범위가 10 : 1 이상으로 넓게 되는 경우 다른 유량계에서는 대 · 소 2대가 필요하나 전자유량계에서는 레인지 절환증폭기를 사용함으로써 1대로 대응할 수 있다.

유량계의 상류측에 $5D$ 이상(확대관이나 각종 밸브 후에는 $10D$ 이상), 하류 측에 $2D$의 직관부가 필요하다(D는 관직경).

면적식 유량계

테이퍼를 가진 유리관 내에 플로우트를 두고 하부에서 유체를 흐르게 한다. 플로우트는 플로우트 전후 유체의 차압과 플로우트 중량이 균형되는 높이까지 상승하여 유리관의 적당한 위치에서 멈추므로 이 위치에 의해 유량을 알 수 있다.

〈표 5.5.2〉 면적식 유량계 구경

구경 [mm]	액체(물)		기체(공기)	
	풀스케일[m^3/h]	압력손실[kPa]	풀스케일[Nm^3/h]	압력손실[kPa]
15	0.024~1.5	5~20	0.7~30	2.5~12
20	0.75~2		15~60	
25	1~6		15~150	
40	3~10		80~200	
50	6~25		130~600	
65	15~27		150~800	
80	15~60		350~1,000	
100	40~100		850~1,100	

(주) 물 또는 공기 이외의 유체는, 다음 식에서 수환산유량 Q_w 또는 공기 환산 Q_a를 계산 하여 상기 표를 적용한다.

액체 : $Q_w = Q\sqrt{\rho(\rho_f - \rho_w) / \rho_w(\rho_f - \rho)}$

Q : 액체유량[m^3/h], ρ : 액체밀도[g/m^3], ρ_w : 물의밀도(=1,000kg/m^3),

ρ_f : 플로우트밀도(스테인리스의 경우 7,700kg/m^3)

기체 : $Q_a = Q\sqrt{\rho p_0(273+T)/273\rho_a(p_0-p)}$

Q : 기체유량[m^3/h], ρ : 기체압력[kg/Nm^3], ρ_a : 표준상태공기(=1.29kg/Nm^3), p 기체압력 : [MPa], p_0 : 표준상태의 압력(=0.1013MPa), T : 온도[°C]

대부분은 현장지시기로 사용한다. 원격발신하는 경우에는 테이퍼 관 밖에 설치한 자기센서 또는 광학센서에 의해 플로우트 위치를 외부에 보내도록 한다. 기체에는 전자유량계를 사용하지 않기 때문에 염소가스 유량측정과 원격 발신에는 이 방법이 사용되고 있다.

면적식 유량계를 액체에 사용할 때 플로우트의 상부에 기포가 점차 쌓여 플로우트가 부력을 잃어버리는 수가 있다. 특히 점도가 높은 액체에 사용하면 자주 일어나는 문제이다. 플로우트에 비스듬한 노치를 넣어 플로우트가 회전하도록 궁리한 것도 있으나 완전한 문제 해소 방안으로는 되지 않는다.

면적식 유량계의 구경은 〈표 5.5.2〉를 참고하여 선정한다.

초음파 유량계

초음파 유량계는 유로에 따라 설치한 초음파 발신기에서 음파의 전달시간이 유체유속에 의해 다른 것을 이용한 유량계이다. 발·수신기가 배관 외부에 있고 액체 중에 가동 부분이 없어서 원리적으로는 약액용으로 적합하다. 그러나 가격을 포함한 성능이 전자유량계를 능가하지 못하기 때문에 약액용으로 사용되고 있지 않다. 레이놀즈수 $Re \geq 10,000$의 난류역, Full Scale에서 유속 0.5~10m/s에서 사용한다. 정밀도는 Full Scale 속도를 1m/s 이상으로 한 경우 지시값의 ±1~2%로 할 수 있다.

열식 유량계

검출소자를 가열하여 가스를 통하면 가스의 질량유량에 의해 검출소자의 온도가 변화한다. 이를 이용해 CO_2, O_2, SO_2, NH_3, 공기 등의 유량을 측정하고 있다. 구체적으로는 유체의 온도를 측정하는 측온저항체와 가열용 시즈 히터를 내장한 측온저항체를 배관 중에 설치하여 양자의 온도차가 일정하게 되도록 시즈히터(저항 R)를 가열한다. 가스가 반출하는 열량 RI^2은 가스의 질량 유량의 관수가 되니까, 이 전류값 I에서 유량을 알 수 있다. 측정값은 유체의 온도나 압력에 의존하지 않고, 기체의 분자수에 의존한다. 정밀도는 풀스케일의 1~3% 정도이다. 수처리 약품의 유량측정에 사용되는 것은 없다.

▮ 칼만볼텍스 유량계

흐름 속에 소용돌이 발생체를 놓으면 하류 양쪽에 칼만 소용돌이가 생긴다. 단위시간당 발생하는 소용돌이의 수(소용돌이 주파수)는 속도에 비례하니까 이것을 측정하면 속도를 알 수 있다.

레이놀즈수가 약 200 이상에서는 유체의 점도나 밀도에 영향을 받지 않고, 액체에서는 최대 유속 10m/s, 기체에서는 80m/s까지 측정할 수 있다. 정밀도는 지시치의 ±1% 정도이다. 유량계 근처에 단차나 장애물이 있으면 유속 분포가 흐트러져 오차가 발생하므로 유량계 전후의 직관 길이를 충분히 취하고, 플랜지나 패킹류에 돌기가 없도록 한다. 밀폐관로 내에서 측정이 가능하지만, 수처리 약품의 유량계로 사용되는 것은 없다.

▮ 기타 유량계

용적식 유량계는 적산유량을 계측하는 데 적합하며 주유소에서 잘 사용된다. 루쯔형이나 삼엽형이 있다. 약품의 유량계로서 적용한 것이 있으나 액중에 회전 부분이 있으므로 전자유량계의 출현 이후 사용되지 않고 있다.

익차식 유량계는 수도미터에 사용되고 있다. 청수계 이외의 약품에는 용적식과 같은 이유로 사용하지 않는다.

오리피스식 차압 유량계는 전자 유량계의 출현 이전에는 약액유량측정에 사용된 것도 있다. 그러나 교축 부분이나 차압 취출구에 약재가 폐쇄하는 문제로부터 피할 수 없기 때문에, 이제는 공기와 산소 같은 가스계통에만 사용되고 있다.

위어 유량계는 대유량을 측정하는 데 사용되고 있다. 약품주입에 관해서는 약액의 균등분배 장치로 이용된 것에 지나지 않는다.

코리올리식 질량유량계는 코리올리의 힘이 유체질량×유체회전속도×유체속도에 비례하는 것을 이용한 것이다. 유량계의 역사와 실적은 적다.

(2) 액위계

▌레벨 스위치와 액면계

레벨계에는 액위의 어느 1점 내지는 복수점의 위치를 알리는 레벨 스위치와 액위를 연속적으로 측정하는 액면계가 있다.

전자에는 전극식, 플로우트식 및 정전용량식이 있고 외부로의 신호는 접점 또는 전압에서 공급된다. 특수한 경우를 제외하면 접점 공급하는 것이 좋다.

후자의 액위 검출방법에는 플로우트, 토크튜브, 압력, 공기압, 초음파 및 마이크로파가 있다.

각종의 레벨 스위치와 액위계를 나타내면 〈표 5.5.3〉과 같다.

〈표 5.5.3〉 레벨 스위치와 액면계

구분	방식	측정원리, 신호교환방법	비고
레벨 스위치	전극식	액체의 도전성	
	플로우트식	플로우트 변위	
	정전용량식	전극 간 전기용량	
액면계	사이트그라스	유리관 현장지시 플로우트/자기카플링	현장 지시
	플로우트식	플로우트 변위 플로우트/자기/리드스위치 플로우트/자왜(磁歪)/초음파	
	토로크튜브식	부력(스프링바란스)	
	초음파식	음파 왕복시간	분체에도 적용 가능
	정전용량식	전극간 정전용량	
	마이크로파식	마이크로파 왕복시간/주파수차	
	압력식	아이아프램 등의 수압력	밀도 보정 필요
	공기압식	송기의 배압	밀도 보정 필요

▌전극식 레벨 스위치

도전성의 액체가 전극 간에 채워지면 도체가 통하는 것을 이용한 것이다. 액위의 상한 등의 경보나 펌프의 on-off 운전 제어에 사용한다. 구조가 간단하고 염가이다. 순수와 같은 비도전성의 액체에서는 사용하지 않는다.

사이트그라스

탱크 하부 측면에 노즐을 설치하고 이것에 그라스관이나 아크릴관을 수직으로 세운 것이다. 액체염소탱크와 같은 압력 탱크에서는 액면보다 위에도 노즐을 설치하여 그라스관 상단을 접속한다. 그라스가 파괴되지 않도록 튼튼하게 철구조로 보강하든가, 그라스관을 스테인리스관으로 교체하고 자기에 의해 외부의 flapper 조각을 움직여 색의 변화로 액면을 알 수 있는 것이다. 기본적으로 현장 지시계기이다.

플로우트식 액면계

액체에 떠올린 플로우트의 위치를 플로우트를 수직으로 매달은 로프나 테이프를 감는 드럼의 회전각에 변환하여 액위를 측정한다. 측정값은 액체의 밀도에 영향을 받지 않는다. 플로우트가 수직으로 상하 운동하도록 파방지관이나 가이드와이어를 설치한다. 플로우트의 무게와 부력과의 차이를 보상하는 기구에는 추에 의한 것과 스프링에 의한 것이 있다.

약품 속에 추가 가라앉기를 꺼려지는 경우에는 후자를 택한다. 플로우트를 가볍게 하여 감아올리는 기구를 생략한 것도 있다.

회전각 또는 플로우트 위치에서 전기 신호로의 변환 방법에는 포텐쇼저항, 초음파 진동, 자기, 토크 등이 있다. 옛날에는 시계기술을 사용한 교묘한 전기 방식이나 셀신(Selsyn) 방식도 사용되었다.

초음파식 액면계

초음파 송신자에서 발사한 50~100kHz의 초음파 펄스가 피측정물체 표면에서 반사하고 돌아오기까지의 시간을 측정하여 액위로 환산한다. 비접촉으로 측정이 가능하고 액체, 분체의 어느 쪽에도 적용할 수 있다. 사다리, 배관 등이 전파 장애가 되거나 센서부의 결로, 부유 분진, 액중의 거품 등이 오차를 일으키는 원인이 된다.

마이크로파식 액면계

전자파가 액면의 같은 유전율이 다른 물체에서 반사되는 왕복 시간을 도프라 효과를 이용하여 측정한다. 온도나 압력의 영향을 받지 않고 증기, 가스, 먼지에 의한 오차가 없다.

▮압력식 액면계

탱크 측벽에 노즐을 설치하고 여기에 플랜지 접합하여 사용한다. 압력을 다이아프램 또는 벨로우즈로 받아 그 변위를 감압소자에 의한 전기신호로 변환한다. 액위 발신기의 장착위치는 측정해야 할 최저용액보다 아래로 한다. 압력계를 그대로 사용하기 때문에 지시값은 액체의 밀도로 보정할 필요가 있다.

▮침수식 액면계

압력식 액면계의 일종이다. 검출부를 와이어로 달아서 메어 놓거나 탱크바닥에 설치한다.

▮정전용량식 액면계

전극간의 정전용량을 측정하여 액위로 환산한다. 조벽이 수직이면 1개의 전극과 탱크벽 간의 정전용량을 검출하는 방법으로 좋다. 탱크벽이 절연물이거나 수직이 아닌 경우에는 2개 전극으로 한다.

▮공압식 액면계

관을 액중에 삽입하고 이것에 공기를 보내면 액위에 비례하여 공기의 배압이 높아진다. 이 배압을 측정하여 액위로 환산한다. 구조가 간단하지만, 공기원장치가 필요하다. 일종의 압력계이므로 액체밀도에 의한 보정이 필요하다.

(3) 압력계, 밀도계

압력계의 수압력부에는 부르돈관, 다이어프램 및 벨로우스가 사용되고 있다. 이것들의 변위를 직접 지침의 회전각으로 변환하여 현장 지시한다. 원격 지시하는 경우에는 반도체식 또는 정전용량식 변환기를 통해 전기신호로 변환하고 있다.

액체밀도는 저장탱크 내가 액체이면, 상하 2점의 압력을 측정하여 계산하면 얻어진다. 흐르고 있는 액체의 밀도를 연속적으로 측정하는 계기로서 링밸런스형이나 U-튜브형의 계측장치가 제안되는 것도 있다. 그러나 수요가 적고 보급에는 이르지 않고 있다.

(4) 수질계기

약품주입량 제어에 관련되는 수질계기로는 pH계, 탁도계, 잔류염소계, 염소요구량계, 오존농도계, 알칼리도계 등이 있다.

약품의 주입 제어하는 입장에서는 자리에서 이들 측정장치의 계측시간이 문제가 된다. pH계나 탁도계는 순시에 계측값이 나타나나 잔류염소계, 염소요구량계 및 알칼리도계는 측정값이 나오기까지 시간이 걸린다. 시간지연이 있는 계통은 제어가 어려우므로 제4장에서 설명한 바와 같이 대비가 필요하게 된다.

(5) 조절신호

발신기, 수신계기, 조절계 및 조작단의 상호간 신호로는 다음과 같은 것이 사용되고 있다. 하나의 시설에서 다양한 신호가 혼재하면 혼란이 일어나니까 계기를 주문할 때에는 출력신호를 통일한다.

- 아날로그 신호
  공기압 : 20~100kPa
  전압 : 0~10mV, 1~5V, 0~5V
  전류 : 2~10mA, 4~20mA, 10~50mA

- 디지탈 신호
  펄스 신호 : 펄스수, 펄스폭

아날로그 전기 신호는 제작사마다 가지각색이나 4~20mA로 통일하고 있다. 1~5V와 4~20mA와는 250Ω의 저항을 통해 상호변경할 수 있다.

컴퓨터 제어의 경우 컴퓨터의 출력신호에는 펄스 수, 펄스 폭 및 아날로그 신호가 있고 조작단은 이 신호로 직접 구동하는 경우와 아날로그 전류로 변환하여 구동하는 경우가 있다.

(6) 계장용 공기압축기

조절밸브 및 자동조작밸브에 공기를 이용하는 경우 공기원장치의 제원은 다음과 같이 정한다. 우선, 기기의 공기소비량의 합계를 구하여 그것에 의해 압축기 용량과 공기탱크 용량을 결정한다. 대부분의 경우, 시판의 이른바 소용량 공기압축기를 간편하게 사용한다.

▮공기사용량

공기를 사용하는 대상 시설의 소비공기량은 회사마다 차이가 있다. 〈표 5.5.4〉에는 그 범위와 계산값을 나타냈다.

〈표 5.5.4〉 각종 공기사용 대상시설의 공기소비량[ℓ/분]

구분	감압밸브	조절밸브	전공변환기	밸브 포지셔나	*퍼지세트	공기 작동밸브
소비량범위	6 ~ 14	2 ~ 40	5 ~ 15	21 ~ 50	0.4 ~ 2	1회의 작동당 실린더 용적분
계산치	10	15	15	30	1	

(주) * 퍼지세트는 공기식액위계에의 공기공급 등에 사용하는 것이다.

▮압축기 용량

공기압축기 용량은 상기의 공기소비량의 합계치에 20~50%의 여유를 감안한다. 공기압축기는 공기탱크의 상하한 압력에서 on-off 운전하는 것이 되기 때문에 운전율(1/5~1/6)을 고려해서 용량을 결정한다.

〈표 5.5.5〉 공기압축기 전동기 용량

전동기 용량[kW]	압축기 용량[Nm^3/h]
0.4	3.5 ~ 6
0.75	7 ~ 10
1.5	13 ~ 17
3.7	34 ~ 38

5.6 내약품 재료

약품에 접촉하는 탱크, 기기, 배관재료는 약품에 대하여 내식성이 없어서는 안 된다. 내식성이 부족한 금속으로 만들 경우에는 적당한 라이닝을 입힌다.

〈표 5.6.1〉에 각종 약품에 대하여 범용성재료의 내식성을 나타냈다. 사용재료선정에 참고하기 바란다. 오존과 관련하여 기기나 배관의 사용장소에 보다 적절한 재료가 다르게 되므로 별첨 〈표 5.6.2〉에 나타냈다.

〈표 5.6.1〉 재료의 내식성

약품명		금속					플라스틱					라이닝재		다이아프램, 개스킷			
		강, 주철	STS 304	STS 316	티탄	하이텔로이 C	PVC	폴리에틸렌	폴리프로필렌	삼불화에틸렌	테프론	glass	에폭시수지	천연고무	네오프렌	하이팔론	바이톤
아염소산소다	$NaClO_2$	×	×	×					○	○	○		×		×	○	○
아황산가스 건	SO_2		○	○		○	○			○	○				○	○	○
아황산가스 습	SO_2		×	○	△	○	○			○	○				×		△
아황산소다	$Na_2SO_3 \cdot 7H_2O$	×	○	○	○	○	○	○	○	○	○			○	○	○	○
암모니아	NH_4OH	○	○	○	○	○	○	○	○	○	○	×	△	○		△	×
에탄올	C_2H_5OH	○	○	○	○	○	○	○	○	○	○	○			○	○	○
염화알루미늄	$AlCl_3$	×	×	×	○	○	○	○	○	○	○	○			○	○	○
염화암모늄 희	NH_4Cl	×	×	×	○	△	○	○	○	○	○	○		○	○	○	○
염화암모늄 농	NH_4Cl	×	×	×	○		○	○	○	○	○	○		×	○	○	○
염화칼륨	KCl	×	×	×	○	○	○	○	○	○	○	○			○	○	○
염화제일철	$FeCl_2$	×	×	×	○	○	○	○	○	○	○	○			○	○	○
염화제이철	$FeCl_3$	×	×	×	○	○	○	○	○	○	○	○			○	○	○
염화마그네슘	$MgCl_2$	×	×	△	○	○	○	○	○	○	○	○			○	○	○
염산 희	HCl	×	×	×	○	○	○	○	○	○	○	○	○	○	○	○	○
염산 농	HCl	×	×	×	×	○	○	○	○	○	○	○	△	×		×	×
염소 건가스	Cl_2	○	△	△	×	○	×			△	○[*1]	○			×		○
염소 습가스	Cl_2	×	×	×	×	○	×					○	×	×	×		×
염소 용액	Cl_2	×	×	×	○	○		×	○	△	○		×	×	×	△	
염소산칼륨	$KClO_3$		○	○		○			○		○	○			○	○	○
염소산칼슘	$Ca(ClO_3)_2$	×	×	×		△	○	○	○	○	○	○			○	○	○
염소산소다	$NaClO_3$	×	×	○	○	○	○	○	○		○	○		△	○	○	○
오존[*2]	O_3	×		○	○						○	○	×			○	○
해수		×	×	×	○	○	○	○	○	○	○	○		○	○	○	○
과염소산 10%	$HClO_4$	×	○	○	○						○				○	×	○
과염소산 76%	$HClO_4$						○	○	○		○				×		○

〈표 5.6.1〉 재료의 내식성(계속)

약품명		금속					플라스틱					라이닝재		다이아프램, 개스킷			
		강, 주철	STS 304	STS 316	티탄	하이텔로이 C	PVC	폴리에틸렌	폴리프로필렌	삼불화에틸렌	테프론	glass	에폭시수지	천연고무	네오프렌	하이팔론	바이톤
과염소산소다	$NaClO_4$	×	○	○	○		○	○	○		○				○	○	○
과산화수소 희	H_2O_2		○	○		○	○	○	△	○	○		×		×	×	○
농			△	×	○	○	○		○	○	○		×		×	△	○
가성소다 희	$NaOH$	○	○	○	○	○	○	○	○	○	○	×	○	○	○	○	○
농		○	○	○	○	○	○	○	○	○	○	×	○	○	○	○	×
과망간산칼륨	$KMnO_4$		○	○	○	○	○	○	○		○				×	○	○
감자(사탕수수) 당액			○	○	○	○	○	○	○	○	○	○		○	○	○	○
구연산				○			○	○	○		○				○	○	○
규산소다	Na_2SiO_2	○	○	○		○	○	○	○		○	○		○	○	○	○
규불화수소산	H_2SiF_6	×	×	×		×	○	△	△		○	×			○	○	○
초산 희	CH_3COOH	×	○	○	○	○	○	○	○	○	○	×	○	×	×	○	×
농		×	△	○	○	○	×	×	△	○	○	×		×	×	×	×
산화칼슘	CaO	○	○	○	○	○	○	○	○		○			○	○	○	○
표백분	$Ca(ClO)_2$	×	×	×	×	×	○	○	○	○	○	○	×		×	△	×
차아염소산소다	$NaClO$	×	×	×	○	×	○	○	○	○	○	○	×	×	×	×	○
수산 희	$(COOH)_2$		○	○	△	○	○	○	○	○	○				○	○	○
농	$\cdot 2H_2O$		×	×	△	△	○	○	○	○	○		×		×		×
브롬 건가스	Br_2	×	×	×		○						○					×
습		×	×	×	○	○	×	×	×	○	○	○			×	×	
소석회	$Ca(OH)_2$	○	○	○	○	○	○	○	○	○	○	○		○	○	○	○
식염수	$NaCl$	×	×	×	○	○	○	○	○	○		○	○	○	○	○	○
수소가스	H_2						○			○	○				○	○	○
건		○															○
탄산가스	CO_2		○	○	○	○	○	○			○	○		○	○	○	
습		×															
탄산가스(소다회)	Na_2CO_3	○	○	○	○	○	○	○	○	○	○	×	○	○	○	○	○
타닌산			○	○	○	○	○	○	○		○				○	○	○
요소	$CO(NH_2)_2$		○	○													
히드라진	N_2H_4	×	×	×				×	×		○						○
불화암모늄	NH_4F			○			○	○	○		○				○	○	○
불화소다	NaF	×	×	×	○	○	○	○	○		○				○	○	○
폴리염화알루미늄		×	○	○			○	○	○	○	○	○	○	○		○	
명반	$Al_2(SO_4)_2 \cdot K_2SO_4$	×	○	○		○	○	○		○	○	○	○	○	○	○	○
메틸알코올	CH_3OH		○	○	○	○	○	△	○	○	○	○			△	○	×
요소가스 건	I_2	○	○	○													
습		×	×	×		×	×	×		○	○	○			×		○
황화소다	Na_2S	×	×	○	○	○	○	○	○	○	○			○	○	○	○

〈표 5.6.1〉 재료의 내식성(계속)

약품명		금속					플라스틱					라이닝재		다이아프램, 개스킷			
		강, 주철	STS 304	STS 316	티탄	하이텔로이 C	PVC	폴리에틸렌	폴리프로필렌	삼불화에틸렌	테프론	glass	에폭시수지	천연고무	네오프렌	하이팔론	바이톤
황산 희	H_2SO_4	×	×	×	×	○	○	○	○	○	○	○	△	△	△	○	○
농		○	○	○	×	○		×	○		○	○	×	×	×	×	○
황산알루미늄	$Al_2(SO_4)_3$	×	○	○	○	○	○	○	○	○	○	○	○	○	○	○	○
황산암모늄	$(NH_4)_2SO_4$	×	○	○	○	○	○	○	○	○	○	○		○	○	○	○
황산제일철	$FeSO_4$	×	○	○	○		○	○	○	○	○	○	○	○	○	○	○
황산제이철	$Fe_2(SO_4)_3$	×	○	○	○		○	○	○	○	○	○	○	○	○	○	○
황산구리	$CuSO_4$	×	○	○		○	○	○	○	○	○	○		○	○		○
인산 희	H_3PO_4	×	×	×	○	○	○	○	○	○	○	○	○	○		○	○
농		×	×	×	×	○	○	○	○	○	○	○	△			○	○
인산암모늄	각종		○	○		○	○	○	○	○	○			○	○	○	○
인산소다	각종		○	○	○	○	○	○	○		○				×	○	○

(주) 1. 전체 상온 부근에서의 내식성을 나타냈다.
2. ○ : 사용 가능, △ : 조건부 사용 가능, × : 사용 불가
*1. 테프론은 염소에 내식성이 있으나 라이닝재나 Packing으로 사용하는 경우, 염소가 테프론을 투과하여 금속을 침식한다.
*2. 오존의 내식재질에 대해서는 〈표 5.6.2〉를 참조

〈표 5.6.2〉 오존주입설비용 재질[1]

계통	조건	기기	사용 재질	적요
공기 계통	상온 압력 공기	관, 피팅, 프랜지, 탱크, 밸브, 제습기, 압축기	탄소강, 주철, 알루미늄	오존발생기공급 차단밸브에는 적용하지 않는다. 보통 개스킷 사용가능
	습고온		STS 304, 316	
산소 계통	습산소 부화공기	배관, 피팅	STS 304, 316	용접이 필요 없는 곳
		프랜지	STS 304, 316	용접이 필요한 장소, TIG 용접으로 한다.
		지수밸브, 트림 패킹	Blonze, PTFE	최저 150#급 프랜지
		버터플라이 밸브 Body Seat Stem Bushing	주철 BC, STS304, 316, Buna-N STS 304, 316 BC	최저에서도 125#급, 물용 프랜지로 한다.
	건조산소	배관	탄소강	polished welding, 최대 산소속도 8m/s
오존 발생 계통	건조 오존	오존발생기	STS 316, 321	비용접 구조
			STS 316L, 321	용접방식 : TIG
		배관	STS 304, 316	비용접
			STS 304L, 316L	TIG 용접
		밸브 Gasket Body Shaft 밸브디스크 Sheet	PTFE 충진 Viton-A 라이닝주철 STS316, STS316 Viton-A	
접촉조 계통 오존 분해 계통	습 오존	배관, 피팅, 프랜지, 밸브, Demister, 분해조	STS 316, 316L	오존 접촉조에 직접 접촉하는 장소가 아닌 타 부속품
		head space seals, gas stops	PTFE, STS316, Hypalon	
		접촉조	Type Ⅱ, Ⅴcement	저수-cement 비
		철근	아연피복, 또는 10% oversize	최소 피복 50mm
		Fitting, hatch, 공기빼기, Valve 등	STS 316L	특히 concrete 관통부
	오존수	수중베어링, 전염관(傳染管)	Type Ⅱ, Ⅴcement, PVC, STS 316	통상의 지수, 방수 사용가능

참고문헌

1) Sleeper, W. and Hebry, D., Durability Test Result of Construction and Process materials Exposed to Liquid and Phase Ozone News, Vol.129, No.6, pp.20~31.

제6장
주요 약제의 제성상

약품주입설비를 설계에는 약품의 성상을 아는 사실이 필요하다. 성상 중 부식성이나 사용재료, 관폐색이나 가스 잠김(Lock)을 일으키기 쉬움 등에 대해서는 각 장에서 기술하였다. 본 장에서는 잘 사용되고 있는 약품의 규격과 밀도, 점도의 데이터를 정리하였다. 본 장에 수록하였던 약품에 대해서는 〈표 1.1.1〉을 참고한다.
규격, 특히 불순물의 함유율에 관해서는 자주 개정이 이루어졌다. 약품제조업에 영향을 줄 수 있는 중요한 사항이 있으나 설계작업에 사용하는 밀도나 점도까지 변하는 것은 아니다.

제6장
주요 약제의 제성상

6.1 응집제

〈표 6.1.1〉 수도용 황산알루미늄 및 폴리염화알루미늄 규격

종류		수도용 황산알루미늄 $Al_2(SO_4)_3 \cdot nH_2O$		수도용 액체 황산알루미늄 $Al_2(SO_4)_3$	수도용 폴리염화알루미늄 $[Al_2(OH)_n Cl_{6-n}]_m$
규격		JIS K 1450		JIS K 1450	JIS K 1475
		1호	2호		
산화알루미	Al_2O_3	15% 이상	14% 이상	8.0~8.2%	10.0~11.0%
암모니아성질소	N	0.03% 이하		100ppm 이하	100ppm 이하
납	Pb	10ppm 이하		5ppm 이하	5ppm 이하
비소	As	4ppm 이하		2ppm 이하	1ppm 이하
카드뮴	Cd	2ppm 이하		1ppm 이하	1ppm 이하
수은	Hg	0.2ppm이하		0.1ppm 이하	0.1ppm 이하
크롬	Cr	10ppm 이하		5ppm 이하	5ppm 이하
산화제이철	Fe_2O_3	0.7% 이하	2.0% 이하	−	−
철	Fe	0.06% 이하	1.5% 이하	200ppm 이하	0.01% 이하
망간	Mn	25ppm 이하	150ppm 이하	15ppm 이하	15ppm 이하
황산이온	SO_4^{2-}	−	−	−	3.5% 이하
유리황산	H_2SO_4	0.3% 이하	0.3% 이하	−	−
불용분		0.1% 이하	0.3% 이하	−	−
밀도(20°C)kg/m³		−	−	−	1,190 이상
염기도		−	−	−	45~65%
pH(1% 액체)		3.0 이상	2.5 이상	3.0 이상	3.5~5
외관		−	−	투명한 액체	무색 또는 담황갈색의 투명액

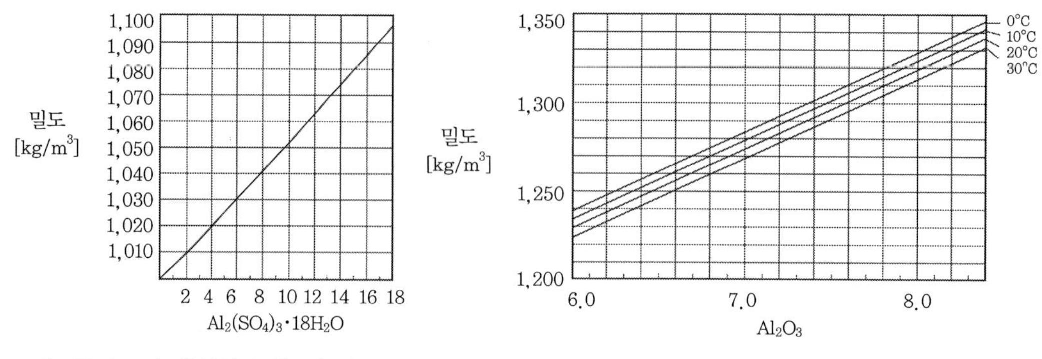

〈그림 6.1.1〉 황산알루미늄의 밀도　　〈그림 6.1.2〉 액체 황산알루미늄의 밀도

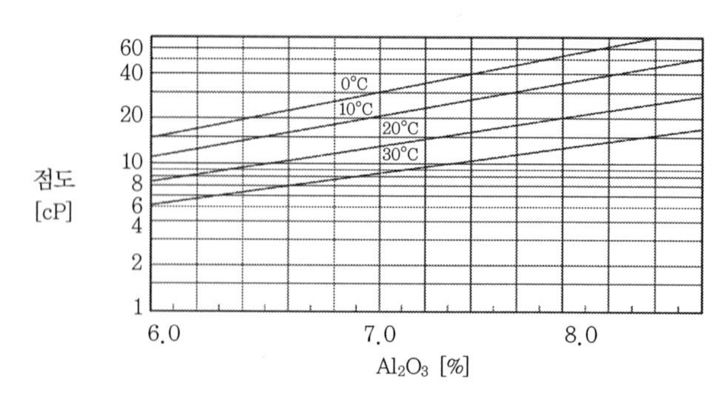

〈그림 6.1.3〉 황산알루미늄의 점도

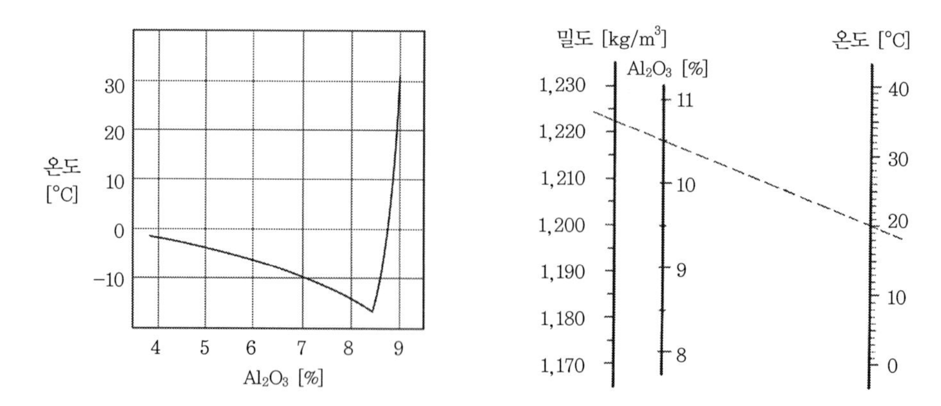

〈그림 6.1.4〉 액체 황산알루미늄의 융점(녹는점)　〈그림 6.1.5〉 폴리염화알루미늄의 밀도 nomograph

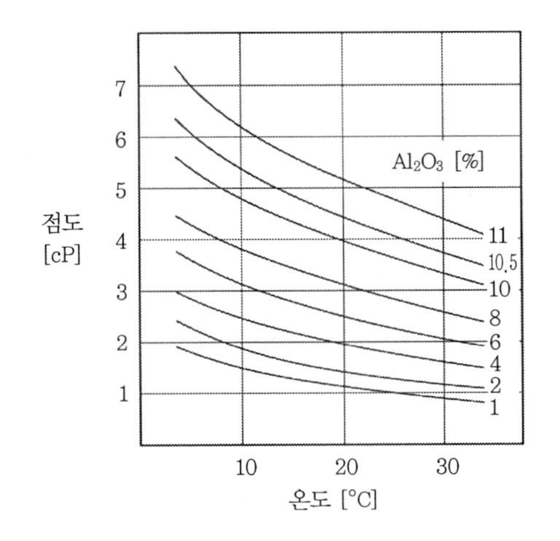

〈그림 6.1.6〉 폴리염화알루미늄의 점도

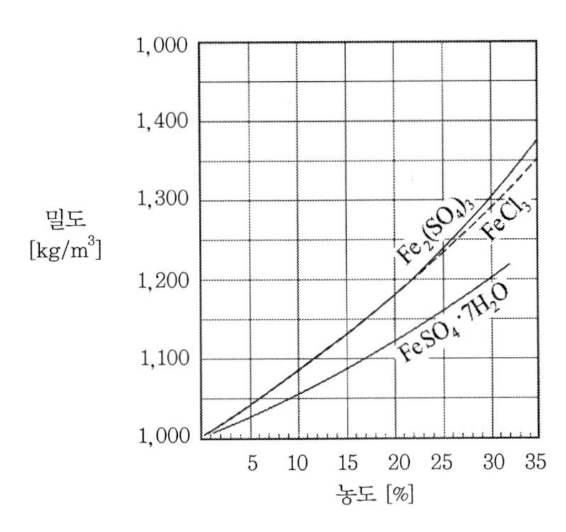

〈그림 6.1.7〉 황산철 및 염화철 밀도

〈표 6.1.2〉 황산제2철 용액규격(JIS K 8981)

수용상	적갈색 액체, 아주 조금 현탁 이내
밀도(15°C)	1,550kg/m^3
염화물 Cl	0.05% 이하
제2철 Fe^{3+}	11.45% 이하
전황산	33.0% 이하
암모니아	0.8% 이하
농도	41.0% 이하

〈표 6.1.3〉 염화제2철($FeCl_3 \cdot 6H_2O$) 규격

항목	JIS K 1447			Maker 규격
	1종	2종	3종	신일본제철(주)
외 형				적갈색액체
비중(baume 15/4°C)	40° 이상	45° 이상	48° 이상	40° 이상
염화제1철 $FeCl_3$	37% 이상	41% 이상	44% 이상	38.0% 이상
염화제2철 $FeCl_2$	0.30% 이하	0.25% 이하	0.20% 이하	0.1% 이하
유리산 HCl	0.50% 이하	0.25% 이하	0.25% 이하	0.3% 이하
카드늄 Cd				0.05ppm 이하
납 Pb				0.5ppm 이하
비소 As				0.1ppm 이하
총수은 Hg				0.002ppm 이하
동 Cu				10ppm 이하
아연 Zn				40ppm 이하
망간 Mn				500ppm 이하
니켈 Ni				100ppm 이하
크롬 Cr				3ppm 이하

〈표 6.1.4〉 황산제1철 규격($FeSO_4 \cdot 7H_2O$, JIS K 1446)

항목			1호		2호
			A	B	
철	Fe	[%]	19.2 이상	19.2 이상	18.4 이상
황산제2철	$Fe_2(SO_4)_3$	[%]	0.5 이하	–	–
티탄	TiO_2	[%]	0.005 이하	0.005 이하	0.5 이하
동	Cu	[%]	0.002 이하	0.002 이하	0.005 이하
망간	Mn	[%]	0.1 이하	0.1 이하	0.6 이하
수불용분		[%]	0.2 이하	0.2 이하	0.2 이하
염산불용분		[%]	0.02 이하	0.02 이하	0.2 이하
부착수분		[%]	3.0 이하	3.0 이하	5.0 이하

6.2 응집 보조제, 고분자 응집제

〈표 6.2.1〉 수도용 폴리아크릴아미드(JWWA K 126)

외형		백색분말
아크릴아미드 monomer		0.05% 이하
카드뮴	Cd	2ppm 이하
납	Pb	20ppm 이하
수은	Hg	1ppm 이하

〈표 6.2.2〉 규산소다(규산나트륨) 규격

항목			JIS K 1408				수도용 (JWWA K 122)
			1호	2호	3호	4호	
밀도		[kg/m^3]	1,696 이상	1,560 이상	1,400 이상	1,240 이상	1,380 이상
수불용분		[%]	0.2 이하	0.2 이하	0.2 이하	0.2 이하	0.2 이하
산화제2철	Fe_2O_3	[%]	0.05 이하	0.05 이하	0.03 이하	0.03 이하	–
무수규산	SiO_2	[%]	36 ~ 38	34 ~ 36	28 ~ 30	23 ~ 25	20 ~ 30
산화나트륨	Na_2O	[%]	17 ~ 18	14 ~ 15	9 ~ 10	6 ~ 7	9 ~ 10
철	Fe	[%]	–	–	–	–	0.02 이하
비소	As	[ppm]	–	–	–	–	5 이하
카드뮴	Cd	[ppm]	–	–	–	–	2 이하
납	Pb	[ppm]	–	–	–	–	10 이하
수은	Hg	[ppm]	–	–	–	–	0.2 이하
색			물미끼 증상의 무색 또는 약간 착색				

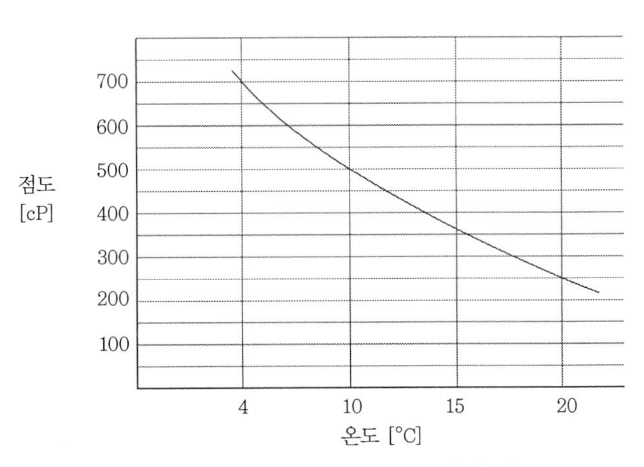

〈그림 6.2.1〉 규산소다(규산나트륨)의 점도

〈표 6.2.3〉 수도용 알긴산소다(JWWA K 103)

항목	제1호	제2호
알긴산소다 [%]	90 이상	25 이하
염산 불용해 회분 [%]	2 이하	5 이하
건조감량 [%]	15 이하	15 이하
비소 As [ppm]	5 이하	30 이하
카드뮴 Cd [ppm]	10 이하	10 이하
중금속 Pb [ppm]	20 이하	20 이하
수은 Hg [ppm]	0.2 이하	0.2 이하

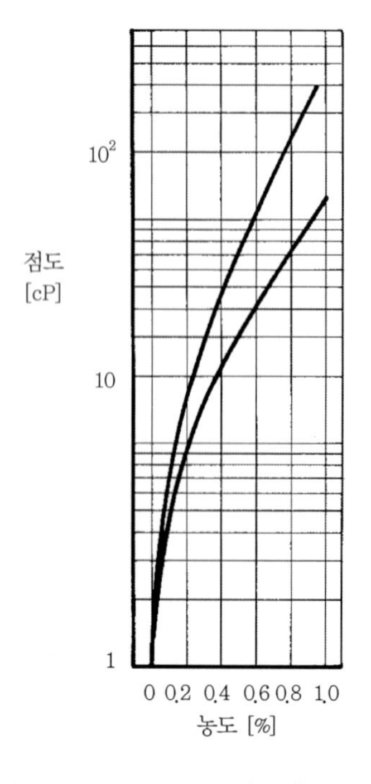

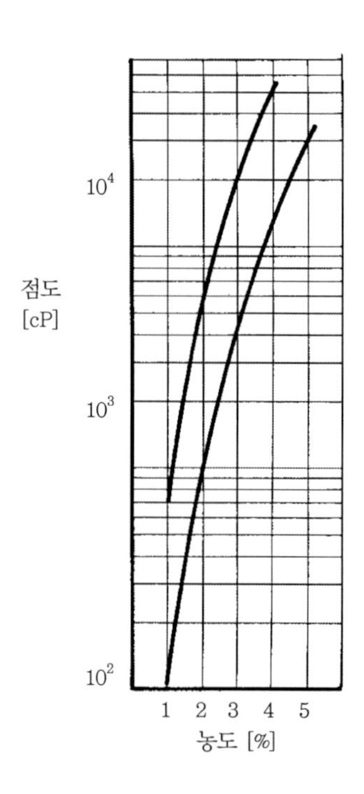

〈그림 6.2.2〉 알긴산소다의 점도

〈표 6.2.4〉 유기고분자 응집제의 상품명과 성상

maker (상품명)	명칭	형태	성분	이온성	유효 pH 영역	사용 농도 (%)	특징 및 용도
(주) 에바라제작소 (에바구로스)	N-200	분말	polyacrylamide계	비 이온	3~12	0.05~0.2	산성영역에서의 응집·탈수
	N-800	〃	〃	〃	〃	〃	
	A-796	〃	〃	강 Anion	5~12	〃	알카리성 영역에서 고성능, cation과의 이제법(二劑法)도 유효
	A-151	〃	〃	중 Anion	〃	〃	약산성, 약알카리성 영역에서 고성능
	A-153	〃	〃	〃	〃	〃	
	A-207H	〃	〃	〃	〃	〃	
	B-034	〃	polyacryl산ester계	양성	3~4	0.1~0.3	하수, 분뇨, 식품, 금속가공폐수 등의 슬러지처리
	B-094	〃	〃	〃	〃	〃	
	C-104G	〃	〃	강 Cation	3~11	〃	하수·분뇨슬러지의 탈수, 식품·석유화학·제지폐수의 응집, 침전슬러지나 잉여슬러지의 탈수
	CS-291	〃	〃	〃	〃	〃	
	CS-309	〃	〃	〃	〃	〃	
	CS-303	〃	〃	중 Cation	〃	〃	분뇨희석 처리슬러지, 하수·식품 등의 잉여슬러지의 탈수
	CS-313	〃	〃	〃	〃	〃	
	C-144	〃	〃	약 Cation	〃	〃	하수의 각종 슬러지, 분뇨희석 처리슬러지의 탈수
	CS-374	〃	polyamidine계	강 Cation	3~9	0.1~0.5	하수생슬러지·부패슬러지의 탈수
	L-51	액상	polyamine계	〃	3~12	1~50	난탈수성슬러지의 탈수, anion polymer도 병용
	LEA-201	〃	polyacrylamide계	중 Anion	〃	0.1~0.5	오수·분뇨의 고도처리
	LEB-201	〃	〃	양성	〃	〃	하수·분뇨·각종 산업폐수처리에서 발생한 유기성슬러지의 탈수
	LEC-101	〃	polyacryl산ester계	강 Cation	〃	〃	
	LDC-301	〃	〃	약 Cation	〃	〃	
	N-101	분말	polyacrylamide계	비 이온	3~12	0.05~0.2	정수처리(응집침전, 여과보조제 등) 잔류 acrylamide monomer-50ppm 이하
	N-501	〃	〃	〃	〃	〃	
	A-121	〃	〃	약 Anion	〃	〃	

〈표 6.2.4〉 유기고분자 응집제의 상품명과 성상(계속)

maker (상품명)	명칭	형태	성분	이온성	유효 pH 영역	사용 농도 (%)	특징 및 용도
(주)에바라제작소(에바구로스)	A-521	분말	polyacrylamide계	약 Anion	3~12	0.05~0.2	정수처리(응집침전, 여과보조제 등) 잔류 acrylamide monomer-50ppm 이하
	A-141	〃	〃	중 Anion	〃	〃	
	A-142	〃	〃	〃	〃	〃	
	A-143	〃	〃	〃	〃	〃	
	A-541	〃	〃	〃	〃	〃	
	A-542	〃	〃	〃	〃	〃	
	A-543	〃	〃	〃	〃	〃	
	A-161	〃	〃	강 Anion	〃	〃	
	C-141	〃	〃	약 Cation	4~9	0.1~0.3	정수슬러지의 탈수 잔류 acrylamide monomer-50ppm 이하
	C-162	〃	〃	중 Cation	〃	〃	
(주) 동아합성 (아론프록)	A-104	분말	polyacrylamide계	강 Anion	6~13	0.1~0.3	중성 이하의 pH 영역에서의 응집
	A-101	〃	〃	중 Anion	5~11	0.05~0.2	약산성~알카리성까지의 각종 현탁액의 침강, 농축, 슬러지의 탈수
	A-102	〃	〃	〃	〃	〃	
	A-106	〃	〃	약 Anion	5~10	〃	
	N-101	〃	〃	비 이온	3~9	〃	산성~약알카리성까지의 각종 현탁질의 응집 및 슬러지의 탈수
	N-107	〃	〃	〃	4~9	〃	
	N-110	〃	〃	〃	2~9	〃	
	C-310	〃	polyacryl산ester계	약 Cation	1~13	0.1~0.3	생활오수·산업폐수의 각종 유기슬러지의 탈수
	C-310B	〃	〃	〃	〃	0.1~1.0	
	C-310J	〃	〃	〃	〃	〃	
	C-402	〃	〃	중 Cation	1~8	0.1~0.3	
	C-402B	〃	〃	〃	〃	0.1~1.0	

〈표 6.2.4〉 유기고분자 응집제의 상품명과 성상(계속)

maker (상품명)	명칭	형태	성분	이온성	유효 pH 영역	사용 농도 (%)	특징 및 용도
동아합성(주) (아론프록)	C-311	분말	polyacryl산ester계	중 Cation	1~13	0.1~0.3	생활오수·산업폐수의 각종 유기슬러지의 탈수
	C-403B	〃	〃	강 Cation	1~8	0.1~1.0	
	C-312H	〃	〃	〃	1~13	0.1~0.3	
	A-13	액상	polyacrylamide계	강 Anion	6~13	1~4	중성 이상의 pH 영역에서의 응집
	A-1	〃	〃	중 Anion	5~11	〃	중성 부근의 pH 영역에서의 응집
	N-3	〃	〃	비 이온	3~9	〃	약산성 영역에서의 응집·탈수
	C-1	〃		중 Cation	1~13	1~10	유기슬러지의 탈수
	C-10	〃		강 Cation	1~9	임의	염색폐수의 탈색
	C-20	〃		〃	〃	〃	유기슬러지의 탈수
다이아프록(주) (다이아프록)	AP-335B	분말	polyacrylamide계	강 Anion	3~12	0.1~0.2	
	AP-825B	〃	〃	〃	〃	〃	알카리 영역에서의 무기현탁액의 응집·탈수
	AP-630C	〃	〃	〃	〃	〃	
	AP-120	〃	〃	중 Anion	〃	〃	중성~알카리성 영역에서 각종 응집제와 병용, 각종 현탁액의 응집 및 탈수
	AP-520	〃	〃	〃	〃	〃	
	AP-805C	〃	〃	〃	〃	〃	
	AP-410	〃	〃	약 Anion	〃	〃	
	AP-732B	〃	〃	〃	〃	〃	중영 영역에서의 응집침전 및 탈수
	AP-771	〃	〃	〃	〃	〃	
	NP-500	〃	〃	비 이온	〃	〃	중성~산성 영역에의 응집침전·탈수
	NP-800	〃	〃	〃	〃	〃	
	KP-201G	〃	polyacryl산ester계	강 Cation	3~11	0.1~0.3	하수슬러지, 산업폐수 잉여슬러지의 탈수
	KP-1200H	〃	〃	〃	〃	〃	
	KP-1200B	〃	〃	〃	〃	〃	
	KP-1201H	〃	〃	〃	〃	〃	

〈표 6.2.4〉 유기고분자 응집제의 상품명과 성상(계속)

maker (상품명)	명칭	형태	성분	이온성	유효 pH 영역	사용 농도 (%)	특징 및 용도
다이아프록(주) (다이아프록)	KP-1227B	분말	polyacryl산ester계	강중 Cation	3~11	0.1~0.3	하수슬러지, 산업폐수 잉여슬러지의 탈수
	KP-205B	〃	〃	중 Cation	〃	〃	
	KP-206B	〃	〃	〃	〃	〃	
	KP-1207B	〃	〃	약 Cation	〃	〃	
	KA-003	〃	〃	양성	〃	〃	
	KA-205	〃	〃	〃	〃	〃	
	AP-335CPWS	〃	acrylamide계	강 Anion	3~12	0.1~0.2	정수처리 잔류acrylamide monomer-50ppm 이하
	AP-825CPWS	〃	〃	〃	〃	〃	
	AP-520PWS	〃	〃	중 Anion	〃	〃	
	AP-410PWS	〃	〃	약 Anion	〃	〃	
	NP-800PWS	〃	〃	비 이온	〃	〃	
삼정사이텍(주) (아코프록)	N100	분말	polyacrylamide계	〃	3~10	0.05~0.2	산업폐수의 응집침전·탈수처리
	A95	〃	〃	약 Anion	4~10	〃	
	A100	〃	〃	〃	〃	〃	
	A110	〃	〃	중 Anion	5~12	〃	
	A125	〃	〃	〃	〃	〃	
	A150	〃	〃	강 Anion	〃	〃	
	A235H	〃	변성polyacrylamide계	약 Anion	3~10	〃	제지펄프폐수의 응집침전·탈수처리
	A245H	〃	〃	중 Anion	5~12	〃	
	N100PWG	〃	polyacrylamide계	비 이온	3~10	〃	정수장의 슬러지처리 잔류acrylamide monomer-500ppm 이하
	A95PWG	〃	〃	약 Anion	4~10	〃	
	A100PWG	〃	〃	〃	〃	〃	

〈표 6.2.4〉 유기고분자 응집제의 상품명과 성상(계속)

maker (상품명)	명칭	형태	성분	이온성	유효 pH 영역	사용 농도 (%)	특징 및 용도
삼정사이텍(주) (아코프록)	A110PWG	분말	polyacrylamide계	중 Anion	5~12	0.05~0.2	정수장 슬러지 처리 잔류acrylamide monomer−500ppm 이하
	A125PWG	〃	〃	〃	〃	〃	
	N100PWG−S	〃	〃	비 이온	3~10	〃	정수장의 정수·여과처리 잔류 acrylamide monomer−500ppm 이하
	A95PWG−S	〃	〃	약 Anion	4~10	〃	
	A100PWG−S	〃	〃	〃	4~10	〃	
	A110PWG−S	〃	〃	중 Anion	5~12	〃	
	A125PWG−S	〃	〃	〃	〃	〃	
	C492H	〃	polyacryl산ester계	강 Cation	4~9	0.1~0.3	제지펄프슬러지의 탈수처리
	C496H	〃	〃	중 Cation	〃	〃	하수·분뇨 등 유기슬러지의 탈수처리
	C480	〃	〃	강 Cation	3~10	〃	
	C470H	〃	〃	〃	〃	〃	
	CX4562	〃	변성polyacrylamide계	Cation	〃	〃	
	CX4853	〃	〃	〃	〃	〃	
	C492PWG	〃	polyacryl산ester계	약 Cation	4~9	〃	응집침전·탈수처리 잔류 acrylamide monomer−50ppm 이하
	C496PWG	〃	〃	중 Cation	〃	〃	
	C573	액상	polyamine계	강 Cation	3~12	5~10	일반산업폐수의 응집침전·탈수처리
	C581	〃	〃	〃	〃	〃	
	C591	〃	polyacrylamine계	〃	〃	〃	
	C595	〃	〃	〃	〃	〃	
삼정사이텍(주) (슈퍼프록)	2300	〃	polyacrylamide계	비 이온	3~10	0.125~0.75	일반산업폐수의 응집침전·탈수처리
	2341	〃	〃	중 Anion	4~10	0.15~0.5	
	3380	〃	polyacryl산ester계	강 Cation	3~10	0.25~0.75	제지펄프슬러지의 탈수처리
	3560	〃	〃	중 Cation	〃	〃	하수·분뇨 등 유기슬러지의 탈수처리

〈표 6.2.4〉 유기고분자 응집제의 상품명과 성상(계속)

maker (상품명)	명칭	형태	성분	이온성	유효 pH 영역	사용 농도 (%)	특징 및 용도
하이모(주) (하이모프록)	ZP-700	분말	vinylholmamidde계	강 Cation	3~9	0.1~0.6	하수슬러지, 식품슬러지, 슬러지 전반
	MP-366	〃	polyacrylamide계	중 Cation	〃	0.1~1.0	하수슬러지, 분뇨산화 잉여슬러지, 식품슬러지, 제지슬러지
	MP-184	〃	polyacryl산ester계	〃	3~10	0.1~0.3	분뇨잉여슬러지, 하수소화슬러지, 슬러지 전반
	MP-284	〃	〃	〃	〃	〃	하수슬러지, 분뇨잉여슬러지, 소화슬러지
	MP-684	〃	〃	약 Cation	3~9	〃	분뇨잉여슬러지, 소화슬러지, 식품슬러지, 제지슬러지
	MP-984	〃	〃	〃	〃	0.1~0.3	제지슬러지
	MP-173H	〃	〃	강 Cation	3~10	0.1~0.4	슬러지 전반, 하수혼합생슬러지, 소화슬러지
	MP-373H	〃	〃	중 Cation	〃	〃	하수혼합생슬러지, 분뇨심조폭기슬러지, 식품슬러지
	MP-180	〃	〃	강 Cation	3~8	0.1~0.3	분뇨잉여슬러지, 식품슬러지
	MP-151	〃	〃	〃	3~9	〃	분뇨해수희석 잉여슬러지, 고함염류 폐수슬러지
	MX-490	액상	〃	〃	3~10	0.25~0.50	슬러지 전반, 하수·분뇨슬러지, 제지잉여슬러지, 식품슬러지
	MX-460	〃	〃	중 Cation	〃	〃	〃
	Q-101	〃	polyamine계	강 Cation	〃	5~10	응결제, 생활슬러지 침강촉진제, 모래이용폐수의 청징화 등
	Q-311	〃	〃	〃	〃	〃	〃
	Q-501	〃	〃	〃	〃	〃	〃
	SS-200H	분말	polyacrylamide계	비 이온	0.5~10	0.05~0.2	공업용수, 저 pH 영역의 침강·탈수
	SS-300	〃	〃	약 Anion	〃	〃	중금속 수산화물의 탈수
	SS-500	〃	〃	〃	4~12	〃	전로고로폐수, 압연폐수, 수산화알루미늄 침강·탈수
	SS-100	〃	〃	중 Anion	6~14	〃	산업폐수전반
	SS-120	〃	〃	〃	〃	〃	정수장 슬러지탈수, 제지백수의 침강, 분뇨3차리
	SS-130	〃	〃	강 Anion	〃	〃	모래이용토목폐수, 수산가공폐수, 세탄폐수
	AP-105	〃	〃	약 Anion	3~11	0.05~0.1	초지폐수, pH 변동이 심한 폐수

〈표 6.2.4〉 유기고분자 응집제의 상품명과 성상(계속)

maker (상품명)	명칭	형태	성분	이온성	유효 pH 영역	사용 농도 (%)	특징 및 용도
하이모(주) (하이모프록)	AP-120	분말	polyacrylamide계	중 Anion	4~11	0.05~0.1	
	IFP-210	액상	〃	약 Anion	6~8	〃	탈먹물폐수
	IFP-212	〃	〃	〃	5~7	〃	
	AX-310	〃	〃	〃	6~8	〃	산업폐수전반
	AX-340	〃	〃	강 Anion	〃	〃	산업폐수전반, 모래이용토목폐수
	OK-107	〃	〃	〃	〃	1~2	중금속수산화물침강, 산업폐수전반
	OK-307	〃	〃	약 Anion	〃	〃	수산화알루미늄 침강·탈수
	E-315	〃	polyacryl산ester계	약 Cation	3~10	0.1~0.3	하수·분뇨·제지·식품·수산가공·화학공업 등 염류농도의 영향을 받지 않음
	E-535	〃	〃	중 Cation	〃	〃	
	E-395	〃	〃	강 Cation	〃	〃	
오르가노(주) (오르프록)	OX-110	분말	〃	강 Cation	2~8	0.05~0.3	하수·분뇨·산업폐수의 각종 유기슬러지의 탈수
	OX-606S	〃	〃	〃	2~12	〃	
	OX-101	〃	〃	〃	〃	〃	
	OX-108	〃	〃	〃	〃	〃	
	OX-304	〃	〃	〃	〃	〃	
	OX-302	〃	〃	중 Cation	〃	〃	
	OX-305	〃	〃	〃	〃	〃	
	OX-501	〃	〃	〃	〃	〃	
	OX-303	〃	〃	〃	〃	〃	
	OX-188	〃	〃	〃	〃	〃	
	OX-505	〃	〃	〃	〃	〃	
	OX-808	〃	〃	〃	〃	〃	
	OX-433	〃	〃	〃	2~8	〃	
	OX-202	〃	〃	약 Cation	2~12	〃	

〈표 6.2.4〉 유기고분자 응집제의 상품명과 성상(계속)

maker (상품명)	명칭	형태	성분	이온성	유효 pH 영역	사용 농도 (%)	특징 및 용도
오르가노(주) (오르프록)	OX-700	분말	polyacryl산ester계	약 Cation	2~12	0.05~0.3	산성영역에서의 응집·탈수
	ON-1	〃	polyacrylamide계	비 이온	4~10	0.05~0.2	
	ON-2	〃	〃	〃	〃	〃	약산성~알카리성 각종 폐수의 응집침전, 탈수
	OA-4	〃	〃	약 Anion	〃	〃	
	OA-22	〃	〃	〃	〃	〃	
	OA-23	〃	〃	〃	〃	〃	
	OA-31	〃	〃	〃	〃	〃	
	OA-33	〃	〃	〃	〃	〃	
	AP-1	〃	〃	중 Anion	6~10	〃	
	OA-2	〃	〃	〃	〃	〃	
	OA-8	〃	〃	〃	〃	〃	
	OA-3	〃	〃	강 Anion	7~12	〃	알카리 영역에서의 응집·침전, 탈수성
	OA-7	〃	〃	〃		〃	
	OA-9	〃	〃	〃		〃	
	WGN-080	과립	〃	비 이온			monomer-함유율 < 50ppm 정수용
	WGN-120	〃	〃	〃			
	WGN-160	〃	〃	〃			
	WGA-08	〃	acrylamide와 acryl산의 공중합물	Anion			
	WGA-12	〃	〃	〃			
	WGA-16	〃	〃	〃			

〈표 6.2.4〉 유기고분자 응집제의 상품명과 성상(계속)

maker (상품명)	명칭	형태	성분	이온성	유효 pH 영역	사용 농도 (%)	특징 및 용도
율전공업(주) (구리프록)	PN-162	분말	polyacrylamide계	비 이온	4~6	0.1~0.3	저 pH 영역에서의 응집처리
	PN-133	〃	〃	약 Anion	5~8	0.1~0.2	중성영역의 응집처리
	PN-171	〃	〃	〃	〃	〃	중성영역의 응집처리, EPA 인가품
	PA-328	〃	〃	〃	6~9	〃	중성~약알카리성 영역의 응집
	PA-371	〃	〃	〃	〃	0.05~0.15	
	PA-322	〃	〃	중 Anion	7~12	0.01~0.1	중성 이상의 응집
	PA-331	〃	〃	〃	〃	〃	중성 이상의 응집전반, 응집슬러지탈수
	PA-349	〃	〃	강 Anion	〃	0.05~0.15	무기슬러지탈수, 고농도무기 폐수처리
	PA-372	〃	〃	〃	〃	〃	알카리성 영역의 응집, 탈수
	PA-363	〃	〃	약 Anion	4~7	0.1~0.2	저 pH 영역에서의 응집처리
	PA-362	〃	〃	〃	4~8	0.05~0.2	유효 pH 영역이 넓고, 제탁
	PA-374	〃	〃	중 Anion	7~12	0.05~0.15	무기슬러지탈수, 고농도무기 폐수처리
	PA-375	〃	〃	약 Anion		〃	
율전공업(주) (구리픽스)	CP-631	〃	polyacryl산ester계	강 Cation		0.1~0.7	박리성 양호, 벨트프레스, 필타프레스, 원심, 하수, 분뇨
	CP-632	〃	〃	〃		0.1~1.0	저점성, 벨트프레스, 원심, 분뇨, 식품
	CP-604	〃	〃	〃		0.1~0.5	잉여슬러지, 원심, 벨트프레스, 분뇨, 하수, 화학, 식품
	CP-614	〃	〃	〃		〃	〃
	CP-644	〃	〃	〃		〃	함수율 저하, 원심, 벨트프레스, 분뇨, 하수, 화학
	CP-656	〃	〃	〃		0.1~0.7	저점성, 원심, 벨트프레스, 분뇨, 식품
	CP-633	〃	〃	중 Cation		0.1~1.0	〃
	CP-625	〃	〃	〃		0.1~0.5	함수율 저하, 원심, 분뇨, 화학, 식품
	CP-881	〃	〃	〃		〃	잉여슬러지, 혼합생슬러지, 원심, 하수, 분뇨, 화학, 식품
	CP-615	〃	〃	〃		〃	잉여슬러지, 원심, 하수, 분뇨, 화학
	CP-655	〃	〃	〃		0.1~0.7	응집슬러지혼합, 원심, 분뇨, 식품

〈표 6.2.4〉 유기고분자 응집제의 상품명과 성상(계속)

maker (상품명)	명칭	형태	성분	이온성	유효 pH 영역	사용 농도 (%)	특징 및 용도
율전공업(주) (구리픽스)	CP-654	분말	polyacryl산ester계	약 Cation		0.1~0.5	함수율 저하, 원심, 분뇨, 식품
	CP-638	〃	〃	〃		0.1~0.7	잉여슬러지 전반, 원심, 분뇨, 제지, 식품
	CP-911	〃	〃	〃		0.1~0.3	첨가율 저감, 원심, 스크류프레스, 제지, 하수슬러지
	CP-624	〃	〃	〃	1~10		응집슬러지혼합, 원심, 제지
삼공화성공업(주) (산포리)	N-500	〃	polyacrylamide계	No ion	2~9		산~중성 영역에서의 현탁질 응집, 제지 철강 등
	A-731	〃	〃	약 Anion	〃		산~중성 영역에서의 현탁질 응집
	A-503	〃	〃	〃	〃		공업용수의 처리, 저탁도 폐수의 플록 성장촉진
	A-510	〃	〃	〃	〃		
	A-512	〃	〃	중 Anion	〃		
	A-520S	〃	〃	〃	〃		넓은 pH 영역에서의 현탁질의 응집제지, 알루미늄, 강철, 토목, 모래이용 기타산업폐수전반
	A-305	〃	〃	〃	〃		
	A-520	〃	〃	〃	〃		
	A-530	〃	〃	약 Anion	〃		고농도폐수의 농축, 중성~알카리 영역에서 효과적
	A-100	〃	〃	〃	4~6		식품첨가물 규격에 적합, 식품공업의 폐수처리
	K-744	〃	polyacryl산ester계	강 Cation	〃		유기슬러지 전반의 농축, 탈수
	K-505	〃	〃	중 Cation	〃		유기슬러지 전반, 무기와의 혼합슬러지에 농축탈수, 하수, 분뇨, 식품, 화학, 제지 등
	K-2030	〃	〃	〃	〃		
	K-220	〃	〃	〃	〃		
	K-215	〃	〃	약 Cation	〃		유기, 무기 혼합슬러지의 농축탈수, 하수, 제지, 화학, 하수, 분뇨, 식품, 화학 등
	K-210	〃	〃	〃	〃		
	K-205	〃	〃	〃			

6.3 알칼리제와 산

〈표 6.3.1〉 액체가성소다 규격

항목		수도용 액체 수산화나트륨 JWWA K 122	JIS K 1203(45% 함유품)			
			1호	2호	3호	4호
외형		무색 또는 조금 착색한 투명액				
수산화나트륨	NaOH	≥ 45%	≥ 45%	≥ 45%	≥ 45%	≥ 45%
탄산나트륨	Na_2CO_3	–	≤ 1.0%	≤ 1.0%	≤ 1.0%	≤ 1.0%
염화나트륨	NaCl	≤ 1.5%	≤ 0.1%	≤ 0.5%	≤ 1.3%	≤ 1.6%
산화제2철	FeO_3	–	≤ 0.065%	≤ 0.01%	≤ 0.02%	≤ 0.03%
비소	As	≤ 0.4ppm				
카드늄	Cd	≤ 1ppm				
납	Pb	≤ 5ppm				
수은	Hg	≤ 0.1ppm				
크롬	Cr	≤ 2.5ppm				

〈표 6.3.2〉 수도용 소석회 규격(JWWA K 107-1997)

외형		백색
산화칼슘	CaO	72% 이상
체잔분		5% 이하
비소	As	3ppm 이하
카드늄	Cd	5ppm 이하
납	Pb	20ppm 이하
수은	Hg	0.1ppm 이하
크롬	Cr	50ppm 이하

〈표 6.3.3〉 수도용 소다회 규격(JWWA K 108-1997)

외형		백색분말 또는 입상
전알카리 as Na_2CO_3		99% 이상
가열감량		5% 이하
비소	As	0.4ppm 이하
카드늄	Cd	1ppm 이하
납	Pb	10ppm 이하
수은	Hg	0.1ppm 이하
크롬	Cr	2.5ppm 이하

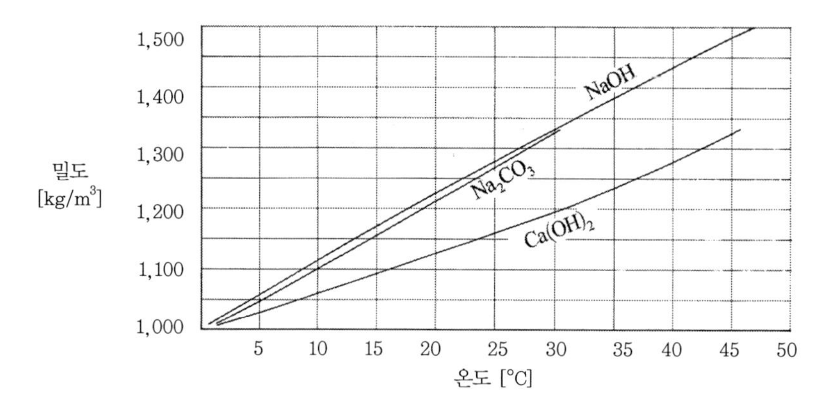

〈그림 6.3.1〉 각종 알칼리제 용액의 밀도

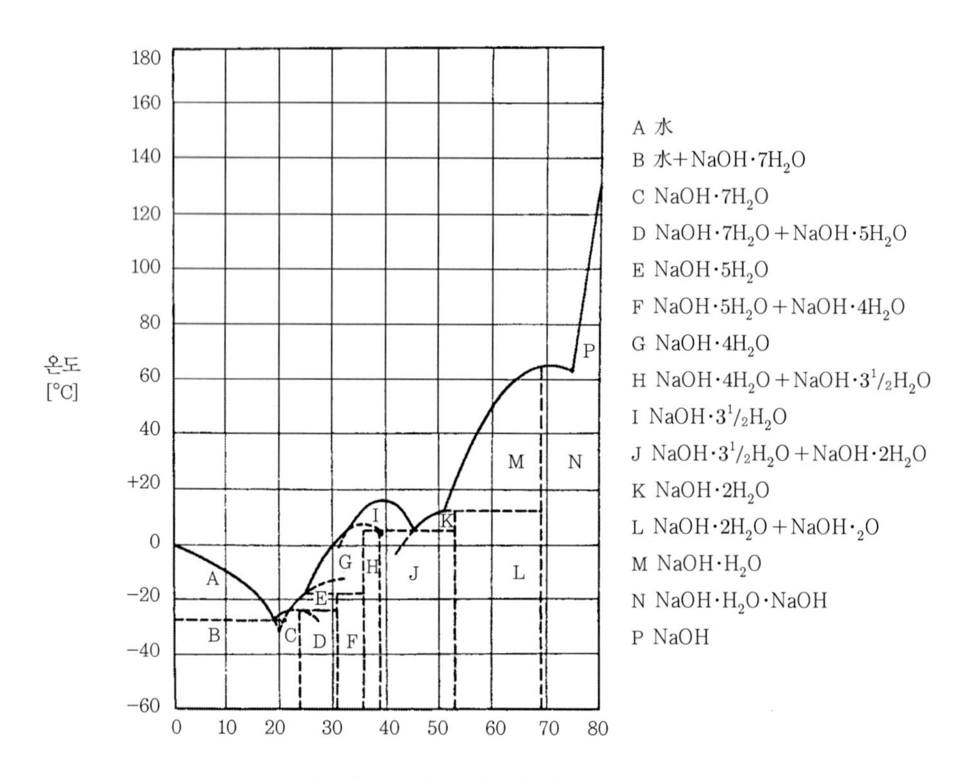

〈그림 6.3.2〉 가성소다 용액의 융점

〈표 6.3.4〉 가성소다와 소다회용액의 점도(cP)

	(%)	10℃	20℃	30℃
가성소다 NaOH	5		1.30	1.05
	10		1.86	1.45
	15		2.78	2.10
	20		4.48	3.30
	25		7.42	5.25
소다회 Na_2CO_3	5		1.29	1.03
	10		1.74	1.38
	15		2.55	1.97
	20		4.02	2.91
	25			4.77
	30			8.53

〈표 6.3.5〉 석회 현탁액의 농도와 밀도

밀도(15℃)[kg/m^3]	비중[° Be]	CaO[g/ℓ]	$Ca(OH)_2$[g/ℓ]	현탁액성상
1,010	1.44	11.7	15.46	연한 슬러지
1,020	2.84	24.4	32.24	
1,030	4.22	37.1	49.02	
1,040	5.58	49.8	65.81	
1,050	6.91	62.5	82.59	
1,060	8.21	75.2	99.37	
1,070	9.49	87.9	116.15	
1,080	10.74	100.0	132.14	
1,090	11.97	113	149.32	통상 슬러지
1,100	13.18	126	166.50	
1,110	14.37	138	182.35	
1,120	15.54	152	200.85	희석 paste
1,130	16.68	164	216.71	
1,140	17.81	177	233.89	
1,150	18.91	190	251.07	
1,160	20.00	203	268.24	
1,170	21.07	216	285.42	
1,180	22.12	229	302.60	
1,190	23.15	242	319.78	
1,200	24.17	255	336.96	
1,210	25.16	268	354.14	
1,220	26.15	281	371.31	
1,230	27.11	294	388.49	
1,240	28.06	307	405.67	
1,250	29.00	321	424.17	
1,260	29.92	331	437.38	paste
1,270	30.83	343	453.24	
1,280	31.72	356	470.42	
1,290	32.60	370	488.92	
1,300	33.46	382	504.77	
1,310	34.31	396	523.27	
1,320	35.15	410	541.77	
1,330	35.98	422	557.63	
1,340	36.79	435	574.81	

〈표 6.3.6〉 황산과 염산 규격

항목		황산			염산	
규격	JIS K 1301	JIS K 1302	JWWA K 164	JIS K 1310		
종류	엷은 황산	진한 황산	수도용 진한 황산	1호	2호	3호
순도	60~80%	90~100%	≥ 93%	≥ 37%	≥ 35%	≥ 35%
강열잔분	–	≤ 0.05%		≤ 0.005%	≤ 0.01%	–
철	–	≤ 0.03%	≤ 200ppm	≤ 0.0005%	≤ 0.002%	–
불순물	황산분의 ≤ 0.005%	–		–	–	–
비소 As			≤ 2ppm			
세슘 Se			≤ 1ppm			
카드늄 Cd			≤ 1ppm			
납 Pb			≤ 5ppm			
수은 Hg			≤ 0.1ppm			
크롬 Cr			≤ 5ppm			

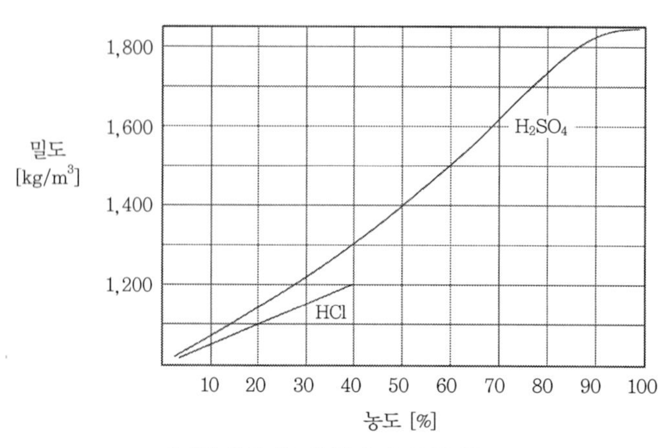

〈그림 6.3.3〉 황산과 염산의 밀도

〈표 6.3.7〉 황산 및 염산의 점도(cP)

	(%)	10℃	20℃	30℃		(%)	10℃	20℃
황산 H_2SO_4	10	1.56	1.23	0.98	염산 HCl	5	1.38	1.08
	20	2.01	1.55	1.23		10	1.45	1.16
	40	3.48	2.70	2.16		15		1.24
	60	7.5	5.7	4.58		20		1.36
	70	14.0	10.2	7.7		30		1.70
	80	31	22	15.4				
	90	39	24	16				
	100	39	27	19				

6.4 염소제와 산화제

〈표 6.4.1〉 각종 염소제의 규격, 외형, 농도

염소제 명칭		규격	외형	농도	비고
염소		JIS K 1102	액화가스	99.4% 이상	
표백분	1호 2호 3호	JIS K 1425	분체	33% 이상 32% 이상 30% 이상	
고도표백분	1호 2호	JIS K 1425	분체	70% 이상 60% 이상	
차아염소산소다 (차아염소산나트륨)		JWWA K 120	액체	5% 이상 12% 이상	
표백액체		JIS K 1207	액체	3% 이상	
고형염소제		maker 규격	정제	74%	일조하이쿠론
염소화 이소시아누르산		maker 규격	과립 30g정제	54% 90%	네오쿠로르 일산 Highlight clean

〈표 6.4.2〉 염소가스와 액화염소의 성상

항목	염소가스	액화염소
색상	황녹색	황색
비중	2.491(0°C, 공기=1)	1.4402(10°C, 물=1) 1.5575(-33.6°C, 물=1)
밀도(kg/m^3)	3.167(0°C)	1.469(0°C)
비열(kcal/kg°C)	0.1241	0.2262(0~24°C)
비점(1기압)	-33.6°C	
융점	-102°C	
임계온도	144°C	
임계압력	76.1atm	

〈표 6.4.3〉 염소의 증기압, 비중, 비용적

온도[℃]	압 력		비 중	비용적
	[kgf/cm²]	[kPa]	물 = 1	[mℓ/kg]
−33.6	0	0	1.5575	642
−10	1.684	165	1.4965	669
0	2.749	269	1.4685	681
10	4.082	400	1.4402	694
20	5.807	569	1.4108	709
30	8.008	785	1.3799	725
40	10.850	1,063	1.3477	742
50	14.152	1,387	1.3141	761
60	18.181	1,782	1.2789	782
68.8	21.146	2,102	1.2500	800

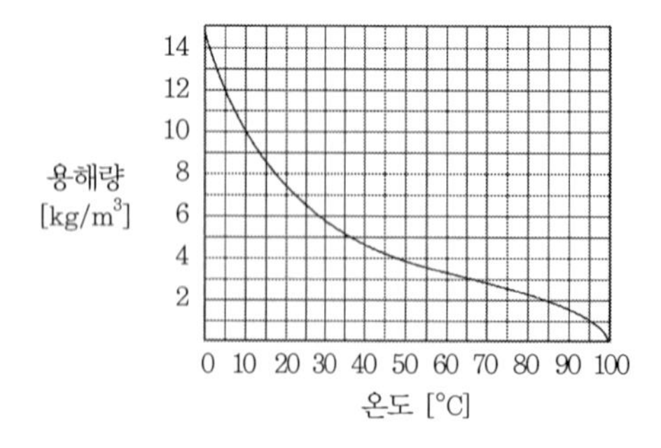

〈그림 6.4.1〉 염소가스의 물에 대한 용해량

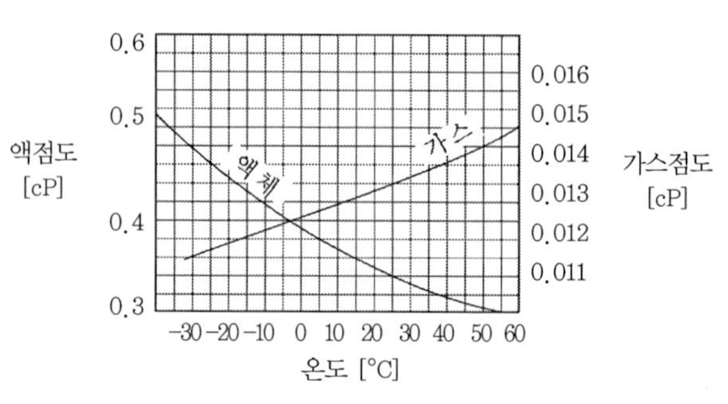

〈그림 6.4.2〉 염소의 점도

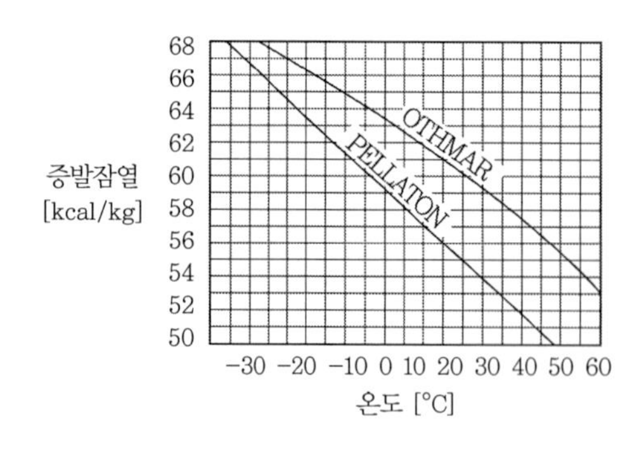

〈그림 6.4.3〉 액화염소의 증발잠열

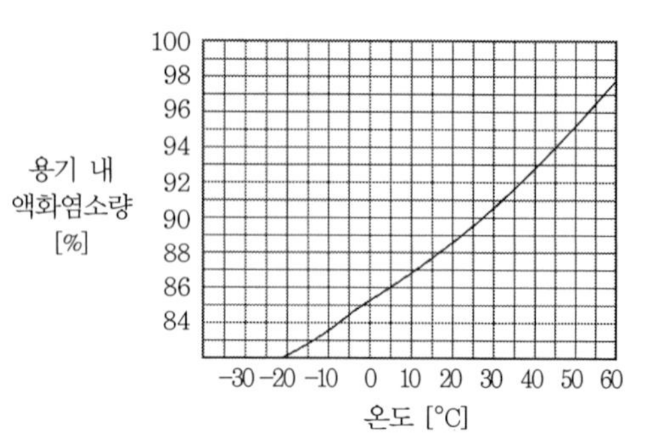

〈그림 6.4.4〉 용기의 용적에 대한 액화염소의 용량비

〈표 6.4.4〉 차아염소산소다(차아염소산나트륨) 규격(액체)

항목	수도용 JWWA K 120	오야락스		쯔르구론
		뷰락스	뷰락스-10	빠이겐락스
외형	담황색투명액			
차아염소산나트륨	≥ 5%	6%	10%	≥ 12%
유리알카리	≤ 2%	0.09%	0.18%	
식염		3.2%	4.87%	
pH		11.7	12.0	12.5
밀도		1,078kg/m^3	1,135kg/m^3	1,190kg/m^3
점성계수				1.85cP
중금속류		검출 없음	검출 없음	
비소 As	≤ 0.2ppm			
카드늄 Cd	≤ 0.5ppm			
납 Pb	≤ 0.5ppm			
수은 Hg	≤ 0.1ppm			
크롬 Cr	≤ 1ppm			

〈표 6.4.5〉 오존의 제원

분자량	48
끓는점 [°C]	−111.9±0.3
임계온도 [°C]	−12.1±0.1
임계압력 [MPa]	5.53
비중(공기=1)	1.657
밀도(0°C, 1atm)	2.143kg/Nm^3

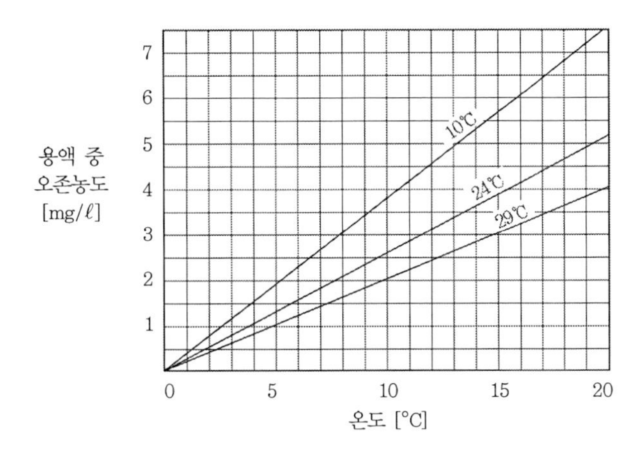

〈그림 6.4.5〉 오존의 순수에 대한 용해도

〈표 6.4.6〉 과망간산칼륨의 밀도[1]

농도(%)	1	2	3	4	5	6
밀도(kg/m^3)	1.0060	1.0130	1.0200	1.0271	1.0342	1.0414

〈표 6.4.7〉 과망간산칼륨의 물에 대한 용해도[1]

온도(℃)	0	10	20	25	30	40
용해도(%)	2.75	4.15	5.95	7.08	8.3	11.16

〈표 6.4.8〉 염소산소다 $NaClO_3$밀도(15°C)[1]

농도(%)	4	8	10	14	16	18	22	26	30	34	40
밀도(kg/m^3)	1.026	1.054	1.068	1.098	1.113	1.129	1.161	1.195	1.231	1.268	1.329

〈표 6.4.9〉 염소산소다의 점도(10°C)[1]

농도(%)	11.50	20.59	33.54
점도(cP)	1.44	1.63	2.21

참고문헌

1) 常用化学便覧, 誠文堂新光社, pp.509~510.

6.5 기 타

〈표 6.5.1〉 식염수의 밀도(kg/m³)

농도(%)		4	8	10	12	14	16	18	20	22	24	26
밀도	0℃	1,030	1,061	1,077	1,092	1,108	1,124	1,140	1,157	1,173	1,190	1,207
	10℃	1,029	1,059	1,074	1,089	1,105	1,121	1,136	1,153	1,169	1,186	1,203
	20℃	1,027	1,056	1,071	1,086	1,101	1,116	1,132	1,148	1,164	1,180	1,197
	30℃	1,024	1,052	1,067	1,082	1,097	1,112	1,127	1,143	1,159	1,175	1,192

〈표 6.5.2〉 식염포화용액의 농도와 밀도

온도(℃)	0	10	20	25	30	40	50
식염농도(%)	26.34	26.35	26.43	26.48	26.56	26.71	26.89
밀도(kg/m³)	1,209	1,204	1,200	1,198	1,196	1,191	1,187

〈표 6.5.3〉 식염용액의 점성계수(cP)

온도(℃)		0	10	20	30	40	50
농도(%)	5	1.86	1.39	1.07	0.87	0.71	0.60
	10	2.01	1.51	1.19	0.95	0.78	0.67
	15	2.27	1.69	1.34	1.07	0.89	0.75
	20	2.67	1.99	1.56	1.24	1.03	0.87
	25	3.31	2.38	1.86			

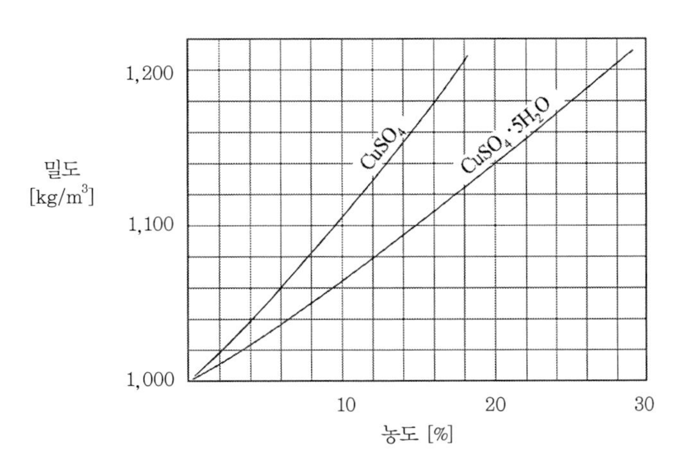

〈그림 6.5.1〉 황산구리용액의 밀도

〈표 6.5.4〉 수도용 분말활성탄 규격(JWWA K 113)

항목	규격	
pH	4~11	
전기전도율	900μs/cm	이하
염화물	0.5%	이하
비소	2ppm	이하
아연	50ppm	이하
카드늄	0.5ppm	이하
납	5ppm	이하
Phenol 가	25	이하
ABS 가	50	이하
methylene blue 탈색력	150mℓ/g	이상
요오드흡착력	950mℓ/g	이상
건조감량	50%	이하(dry탄에서는 1% 이하)
75μm체 통과율	90%	이상
취기물질의 흡착능	9.0	이하

(주) 소방법 지정가연물

〈표 6.5.5〉 공기와 물의 점성계수

온도 [℃]	물		공기	
	μ[kg/(s·m)]	ν[m²/s]	μ[kg/(s·m)]	ν[m²/s]
0	1.829×10^{-6}	1.794×10^{-6}	1.743×10^{-6}	13.22×10^{-6}
10	1.336	1.310	1.794	14.10
20	1.029	1.010	1.844	15.01
30	816	0.804	1.893	15.93
40	666	0.659	1.942	16.89
50	560	0.556	1.989	17.86
60	479	0.478	2.036	18.85
70	415	0.416	2.083	19.86
80	364	0.367	2.129	20.89
90	323	0.328	2.174	21.94
100	289	0.296	2.218	23.0

찾아보기

(ㄱ)

(ㄴ)

(ㄷ)

(ㄹ)

(ㅅ)

(ㅇ)

(ㅈ)

(ㅌ)

(ㅍ)

(ㅎ)

(기타)

저자 소개

후지타겐지(藤田賢二)

1934년　출생
1959년　도쿄대학공학부 토목공학과졸업
　　　　에바라인필코(주) 근무경력
1975년　도쿄대학 조교수
1977년　도쿄대학 교수
1995년　사이타마(埼玉) 대학교수, 도쿄대학 명예교수
2003년　10월 현재 (재)수도기술 연구센터 회장, (재)급수공사기술진흥재단 이사장

전문　수처리공학, 위생공학, 환경공학
　　　　공학박사, 기술사

저서　『상수도공학연습』(공저), 학헌사, 1974.
　　　　『수처리공학』(분담집필), 기보당 출판, 1976.
　　　　『하수도공학연습』, 학헌사, 1978.
　　　　『수처리 단위조작과 산업용수 · 폐수』(분담집필), 기보당 출판, 1976.
　　　　『Water, Wastewater and Sludge Filtration』, CRC Press, 1989.
　　　　『지구환경공학 핸드북』(분담집필,) 오옴사, 1991.
　　　　『도시와 환경』(분담집필), 교세이, 1992.
　　　　『콤포스트화기술』, 기보당 출판, 1993.
　　　　『급속여과, 생물여과, 막여과』(공저), 기보당 출판, 1994.

역자 소개

김 상 배
- 동부엔지니어링 상하수도부 부사장(산업기계설비기술사)
- 경희대학교 기계공학과 졸업(학사)
- (주)도화엔지니어링 기전부 근무, (주)삼안 상하수도 감리부 근무,
  (사)한국유체기계학회 환경기계분과 운영위원, (사)한국생활폐기물기술협회 기술이사

김 일 복
- (사)한국생활폐기물기술협회 회장
- 중앙대학교 기계공학과 졸업(학사), 한국산업기술대학 졸업(공학석사)
- 인하대학교 산학협력단 교수, 대한민국 산업현장교수
  (주)유신 환경플랜트부 전무이사(산업기계설비기술사), 대한석탄공사 환경실장

김 채 석
- 한국토지주택공사 전문위원
- 국민대학교 기계공학과 졸업(학사), 한양대 21세기 개발 · 경영 · 정책과정 수료
- (사)한국유체기계학회 폐기물플랜트분과 운영위원,
  (사)한국생활폐기물기술협회 정책자문단장, 한국토지주택공사 환경시설 팀장,
  환경부 물순환 이용 자문위원, 상명대학교 BEMS 기술전문위원.

김 창 수
- (주)해인기술 대표이사
- 한양대학교 공학대학원 졸업(공학석사)
- 삼성중공업 근무, (사)유체기계학회 폐기물플랜트분과 운영위원,
  (사)한국생활폐기물기술협회 위원

박 종 문

- 동명기술공단 상하수도 감리부 전무이사(산업기계설비기술사)
- 인하대학교 기계공학과 졸업(학사), 연세대학교 공학대학원 졸업(공학석사)
- (사)한국유체기계학회 사업이사, 환경기계분과 부회장, 펌프 및 수차분과 회장 역임, 경원대학교 겸임교수 역임, (주)한국종합엔지니어링 플랜트부 근무
- 저・역서 : 『수처리기술』(도서출판 씨아이알), 『수차의 이론과 실제』(동명사)

이 준 영

- 한국토지주택공사 부장
- 홍익대학교 기계공학과 졸업(학사), 아주대학교 대학원 환경공학과 졸업(공학석사), 박사과정수료
- 한국폐기물학회 정회원, 대한환경공학회 정회원, (사)한국유체기계학회 환경기계분과 운영위원, (사)한국생활폐기물기술협회 편집이사

장 춘 만

- 한국건설기술연구원 환경연구실 연구위원
- 인하대학교 기계공학과 졸업(학사), 큐슈대학교 기계에너지공학과 졸업(공학박사)
- 국토교통부 중앙건설기술심의위원, 대한설비공학회 플랜트부문 위원장, 대한기계학회 부편집인, (사)한국유체기계학회 편집이사, 큐슈대학교 문부과학교관 근무, (주)LG전자 리빙시스템 연구소 근무, (사)한국생활폐기물기술협회 학술자문

실무자를 위한 **수처리 약품 기술**

초판발행 2015년 4월 13일
초판 2쇄 2021년 12월 30일

저 자 후지타겐지(藤田賢二)
역 자 김상배, 김일복, 김채석, 김창수, 박종문, 이준영, 장춘만
펴 낸 이 김성배
펴 낸 곳 도서출판 씨아이알

책임편집 최장미
디 자 인 백정수, 정윤선
제작책임 김문갑

등록번호 제2-3285호
등 록 일 2001년 3월 19일
주 소 100-250 서울특별시 중구 필동로8길 43(예장동 1-151)
전화번호 02-2275-8603(대표)
팩스번호 02-2275-8604
홈페이지 www.circom.co.kr

I S B N 979-11-5610-124-6 93530
정 가 28,000원